実験医学 別冊

目的別で選べる

遺伝子導入プロトコール

発現解析とRNAi実験が
この1冊で自由自在！
最高水準の結果を出すための
実験テクニック

編集／仲嶋一範，北村義浩，武内恒成

羊土社
YODOSHA

【注意事項】本書の情報について──────────────────────────────
　本書に記載されている内容は，発行時点における最新の情報に基づき，正確を期するよう，執筆者，監修・編者ならびに出版社はそれぞれ最善の努力を払っております．しかし科学・医学・医療の進歩により，定義や概念，技術の操作方法や診療の方針が変更となり，本書をご使用になる時点においては記載された内容が正確かつ完全ではなくなる場合がございます．また，本書に記載されている企業名や商品名，URL等の情報が予告なく変更される場合もございますのでご了承ください．

序

　本書の企画の話が最初に持ち上がったのは，2009年の秋頃であったかと思う．北村義浩先生と仲嶋とで編集を担当させていただき，2003年に羊土社より刊行された『必ず上手くいく遺伝子導入と発現解析プロトコール』を発展的に改訂した新しい実験書をつくってはどうかというご提案を武内恒成先生からいただいた．その後，編集部を含めた数回の打ち合わせを経て，遺伝子発現実験と発現（機能）阻害実験の両方を含めた新しいプロトコール集としてまとめることになった．前書では「発現解析」に重きを置いていたが，本書では「発現（機能）阻害」にも同程度の重きを置くことになったのは，この約10年の間に発展した「遺伝子阻害」技術と，それに伴う時代の要請によるものといえる．論文で，ある特定の遺伝子の機能を報告しようと思えば，強制発現実験と発現（機能）阻害実験をセットで行い，必要かつ十分であることを示すことは今や必須である．発現（機能）阻害については，ドミナントネガティブ体などの強制発現による古典的な機能阻害に加え，RNA干渉法（RNAi法）のノウハウの蓄積やさまざまな新しいシステムの開発によって，初学者でも比較的簡便に行うことが可能になった．

　本書では，前半は主に「発現実験」と「発現（機能）阻害実験」の戦略と原理について，基本的なことから解説をしていただいた．いずれも力作であり，これから実験を開始するという大学院生の方などは，まずはこの前半をじっくり読まれることをおすすめする．後半は，より具体的なプロトコール集であり，各自の実験内容によって必要なときに参照されるのがよいかと思う．それぞれの手法については，その長所短所を含めた特徴と原理，各自で条件検討される際に留意すべきポイントやトラブルシューティングについても解説されている．これらの多くは，論文からは読み取ることができず，実際にその方法を用いて試行錯誤した経験がないとなかなか身につけることができない「実験のプロのコツ」である．是非ご活用いただければと願っている．

　最後になってしまったが，大変ご多忙ななか，快く執筆をお引き受け下さった執筆者の先生方と，企画の段階から辛抱強くご尽力下さった羊土社編集部の冨塚達也氏，蜂須賀修司氏をはじめとするスタッフの皆様に，この場をお借りして改めて深く感謝申し上げます．

2012年6月

編者を代表して
仲嶋一範

本書の構成と使い方

本書の構成

1章 戦略を立てる
機能解析のために必要かつ十分な実験デザイン法とは？蛍光タンパク質の選び方とは？目からウロコがきっとある，遺伝子導入の基礎を紹介．

2, 3章 抑制実験に強くなる
RNAiを中心とした遺伝子抑制実験の原理から，その使い分けまで．特徴を比較し，デザインや修飾といった実験のコツまで具体的に解説．目的と対象にあった抑制実験を選択するための知識を伝授．

4章 実験をする
さまざまな導入法を，さまざまな対象ごとに徹底解説．イメージしやすいよう，具体的な使用機器，試薬を列挙し，ポイントとなる操作方法をビジュアル化．注意点，コツはもちろん，実験の「なぜ？」がみえてくるため，トラブルに強くなる．

5章 ルールを知る
組換え実験をするには，守らなければいけないルールがある．関係する法律や省令を具体例を挙げて解説．

プロトコールの使い方

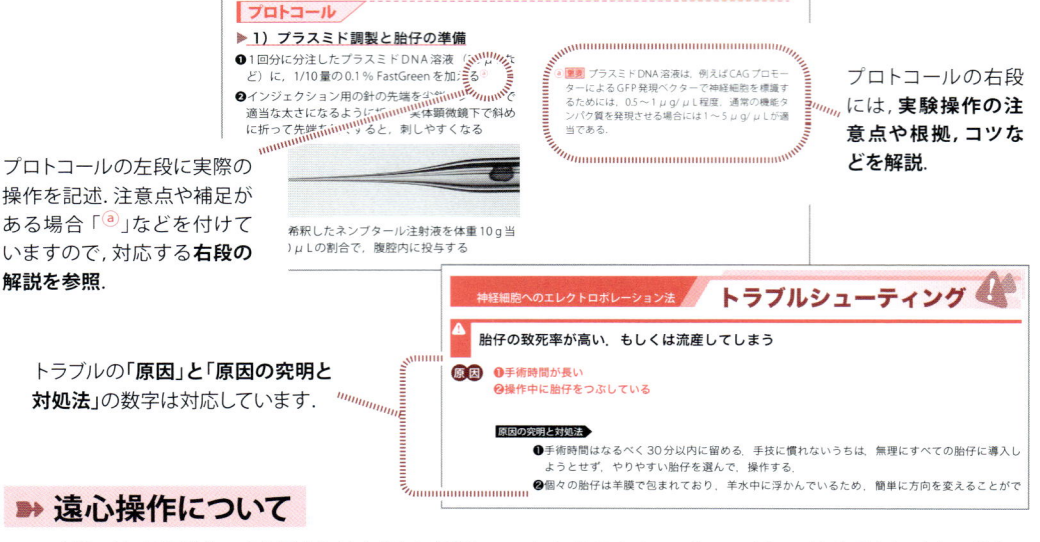

プロトコールの左段に実際の操作を記述．注意点や補足がある場合「ⓐ」などを付けていますので，対応する**右段の解説**を参照．

プロトコールの右段には，**実験操作の注意点や根拠，コツ**などを解説．

トラブルの「**原因**」と「**原因の究明と対処法**」の数字は対応しています．

➡ 遠心操作について

本書では，回転数（rpm）と重力加速度（G）を併記しています．使用するローターに応じて，適宜重力加速度の数値から回転数を求め，遠心操作を行ってください．

➡ "水"について

本書では，特に断わらない限り下のいずれかの水を使用しています．
脱イオン水：逆浸透膜やイオン交換膜により塩，イオンを除去した一次純水
超純水：一次純水を超純水用イオン交換樹脂に通し，殺菌，濾過後，比抵抗が18 MΩ·cmを超える水

目的別で選べる 実験医学別冊 contents

遺伝子導入プロトコール

発現解析と**RNAi実験**がこの1冊で自由自在！
最高水準の結果を出すための実験テクニック

序 ———————————————————————— 仲嶋一範

1章　発現戦略　9

1 機能を調べるための実験デザイン ———————— 北村義浩　10

2 各種蛍光タンパク質の使い分け ————————— 三輪佳宏　17

2章　発現と機能の抑制戦略　25

1 遺伝子抑制解析の動向と戦略 ———————— 武内恒成，河嵜麻実　26

2 遺伝子抑制法の種類とメカニズム ————— 萩原啓太郎，落谷孝広　31

3章　RNAi 実験の準備と実践　39

1 RNAi の原理 ———————————————— 程久美子，北條浩彦　40

2 siRNA デザインの方法と検索ウェブサイト ———————— 程久美子　44

3 修飾基のついた siRNA の RNAi 効果とその選択
西賢二，高橋朋子，長沢達矢，程久美子　　*50*

4 siRNA，dsRNA の取扱いと導入の基本
北條浩彦　　*55*

5 shRNA 発現ベクターの構築と導入の基本
松下夏樹　　*59*

4章　遺伝子導入実験プロトコール　　*71*

【DNA,RNA を導入する】

1 リポフェクション法
内野慧太，落谷孝広　　*72*

2 エレクトロポレーション法による細胞・組織への導入

❶ 培養細胞への NEPA21 を用いた遺伝子導入　　舛廣善和，小島裕久　　*83*

❷ 培養細胞への Gene Pulser MXcell を用いた遺伝子導入
藤木亮次　　*90*

❸ 電気パルスを用いた筋肉への遺伝子導入　　宮崎純一，宮崎早月　　*94*

❹ ニワトリ胚への遺伝子強制発現およびノックダウン　　仲村春和　　*99*

3 エレクトロポレーション法による神経細胞への導入

❶ 子宮内胎仔脳への遺伝子導入　　田畑秀典，久保健一郎，仲嶋一範　　*112*

❷ 網膜への遺伝子導入　　松田孝彦　　*121*

❸ 培養皿上の成熟神経細胞への遺伝子導入　　田谷真一郎，星野幹雄　　*131*

contents

- ❹ 分散した神経細胞へのキュベット電極を用いた遺伝子導入
  ――――― 楠澤さやか, 仲嶋一範 *137*
- ❺ 脳スライス培養への遺伝子導入 ――――― 石田綾, 岡部繁男 *141*

4 超音波遺伝子導入法 ――――― 立花克郎 *148*

5 レーザー熱膨張式微量インジェクターを用いた試料導入
――――― 筒井大貴, 東山哲也 *158*

6 アテロコラーゲンを用いた生体 siRNA デリバリー法
――――― 竹下文隆, 落谷孝広 *167*

7 コレステロールを用いた生体内での siRNA デリバリー法
――――― 桑原宏哉, 仁科一隆, 横田隆徳 *175*

【ウイルスベクターを導入する】

8 ウイルスベクターの特徴と原理, 製品など ――――― 北村義浩 *180*

9 レトロウイルスベクターによる高効率遺伝子導入法
――――― 北村俊雄, 高橋まり子 *187*

10 レンチウイルスベクター ――――― 北村義浩 *196*

11 E1 欠損型アデノウイルスベクター ――――― 三谷幸之介 *206*

【タンパク質を導入する】

12 タンパク質直接細胞内導入法 ――――― 道上宏之, 松井秀樹 *220*

5章　遺伝子導入実験におけるカルタヘナ法および関連法令　*229*

1 カルタヘナ法 ──────────── 三浦竜一　*230*
2 関連法令 ──────────── 三浦竜一　*241*

付録・Tag抗体リスト ──────── 仲嶋一範，北村義浩，武内恒成　*246*
索引 ──────────────── *248*

Column

1. 遺伝子抑制法（RNAi法）の発展のために ──────── 武内恒成　*38*
2. RNAiによる治療への試み ──────── 桑原宏哉，仁科一隆，横田隆徳　*67*
3. shRNAライブラリースクリーニング ──────── 恵口　豊　*68*
4. ケージドDNA/RNAを用いる遺伝子発現の光制御 ──────── 古田寿昭　*69*
5. トランスポゼースを用いた遺伝子発現 ──────── 高橋淑子　*110*
6. 針電極を使った視床への導入法と，そのエッセンス ──────── 下郡智美，松居亜寿香　*120*

ONE POINT

- 遺伝子銃　*15*
- ノックダウンとノックアウトの違い　*42*
- 長鎖dsRNAでもRNAiを観察（誘導）できる哺乳動物細胞　*43*
- 配列選択のルール　*44*
- トランスフェクション効率の影響　*58*
- サイドエフェクトと発現リーク　*63*
- 超音波の基本知識　*148*
- コレステロール結合siRNAの細胞内でのプロセシング　*176*
- 抽出したHDLの特性の確認　*179*
- レトロウイルスゲノムのスプライシング　*190*
- HIVベクターの実験分類　*200*
- mock infection　*202*
- 濃縮法　*203*
- コンフルエンシーと過増殖　*204*
- アデノウイルス使用実験の一般的な注意点　*207*
- ベクターの力価の確認方法　*215*

1章

発現戦略

1 機能を調べるための実験デザイン
2 各種蛍光タンパク質の使い分け

1章 発現戦略

1 機能を調べるための実験デザイン

北村義浩

❶ ゲノムからタンパク質へ，遺伝子から遺伝子間相互作用へ

　ヒトゲノムが解読されて10年ほどが経過し，現在の生命科学は，技術的に大きな変化の渦中である．それまでは個々の研究者の見出した興味ある現象から，少数の遺伝子群がクローン化され解析が進められてきた．個々の遺伝子に関する知識の蓄積から，複雑な生命を記述できると考えたからである．しかし，それはあまりに単純であって，いくら個々の遺伝子機能を調べても相互関係を明らかにしない限りは生命を記述できないことに多くの研究者は気づいた．その状況に登場したのがゲノム医科学である．生命個体は遺伝子の集合体ではなく，遺伝子の「相互作用」の集合体である．この10年間，ゲノム解析の成果は遺伝子のクローン化の方法を変え，そのスピードを劇的に早めた．DNAマイクロアレイなどの技術のおかげで，mRNAのダイナミックな状態を網羅的に高速大量（high throughput：HTP）に解析できるようになった．このようなめまぐるしい技術進歩は，「相互作用」を認知可能にした．**生命科学者のものの見方・考え方を根本的に規定している概念的枠組の大きな変化（パラダイムシフト）が起こったのである．**

❷ 遺伝子導入実験の意義

　しかし，実験科学としてのウェットな生物学の研究室では，多くの場合HTPな解析を行う研究ではなく，個々の遺伝子の機能を解析する研究がなされると思う．これはなぜだろうか．遺伝情報と生命体の活動には階層性があり，実験の対象レベルもそれに従って設定される．すなわち，ゲノムDNA→mRNA→タンパク質→細胞→組織／器官→個体→集団である．細胞レベルでいえば生命現象を担うのはタンパク質であって，ゲノムではない．例えば，薬の開発について考えてみよう．現在ではSNPsなどの塩基配列の個人差を駆使し，ヒト個体におけるコモンディジィーズの遺伝的基盤にせまりつつある．しかし，実際に薬を開発するためには，そのSNPs解析で明らかになった遺伝子がコードするタンパク質の解析なくしてはありえない．ゲノム塩基配列を解析したからといって，薬は開発できない．タンパク質の構造やタンパク質間相互作用を含む広義のタンパク質機能を，遺伝情報から予想することは現在できない．

　興味の対象の個々のタンパク質の性質（構造と機能）は予測不可能であるので，結局のところ「遺伝子＝DNA・ゲノム」の機能を調べるためには対象のタンパク質を合成して，そ

の性質を調べる必要がある．具体的な実験方法の観点でいうと，構造研究の分野では in vitro 転写・翻訳でタンパク質を合成するような手法も活用されているが，機能研究の分野では遺伝子（その変異体を含む）あるいは siRNA を生細胞や個体の中で発現させて，タンパク質をつくらせたりタンパク質合成を抑制したりしなければならない．遺伝子などを細胞に導入し発現する技術はすべての実験において従来にも増して重要な基本技術となっている．技術は進歩し従来に比べて短期間で解析を終了できるし，従来よりも高感度に解析ができる．しかし，その素晴らしい解析は，遺伝子導入の基盤の上に成り立っていることを忘れてはならない．本書では，現在の最高水準での遺伝子導入手法と遺伝子抑制法を記述したので，信頼あるデータを出すことに大いに寄与できると思う．

❸ 戦略（実験デザイン）

以下では遺伝子導入を含む実験系を組み立てるにあたり，知っておくべきステップについて述べる．

1 問題設定の重要性

問題は long-term な問題と short-term な問題に分けて設定する．前者は global な問題ともいい，一研究者が一生をかけて明らかにするようなもの，または，さしあたっての 5 年くらいの間に明らかにする問題点である．例えば，「ヒト血液幹細胞の性質とはどんなものか？」のように，場合によっては，茫洋としている場合すらある．後者は，local な問題ともいい，いま実行する実験の問題設定，または，この数カ月間に明らかにする問題である．例えば，「A 細胞内に X タンパク質は存在しているか？」という類である．local な問題は，できる限り，「yes か，no か」や「ありか，なしか」の二者択一の解答を期待する問題に，または「Y タンパク質の量はどれだけあるか？」や「Z 現象の程度はどのくらいか？」の定量問題に，細分化して設定するべきである（図1）．

解答は常に問題に応じている．当然すぎてばかばかしいと思う方々がいるかもしれない．例えば「a は b か？」という問題には，論理上「yes」か「no」しか解答はないのである．どんなにかっこいい実験をしようとも，どんなに最先端の機器を駆使しようとも，あるいは，どんなにお金をつぎ込んでも，問題で問われている以上の解答は出ない．すなわち，問いの有する意義以上に有意義な答えは登場しない．とるに足らない質問に対しては，つまらぬ結

図1　問題設定

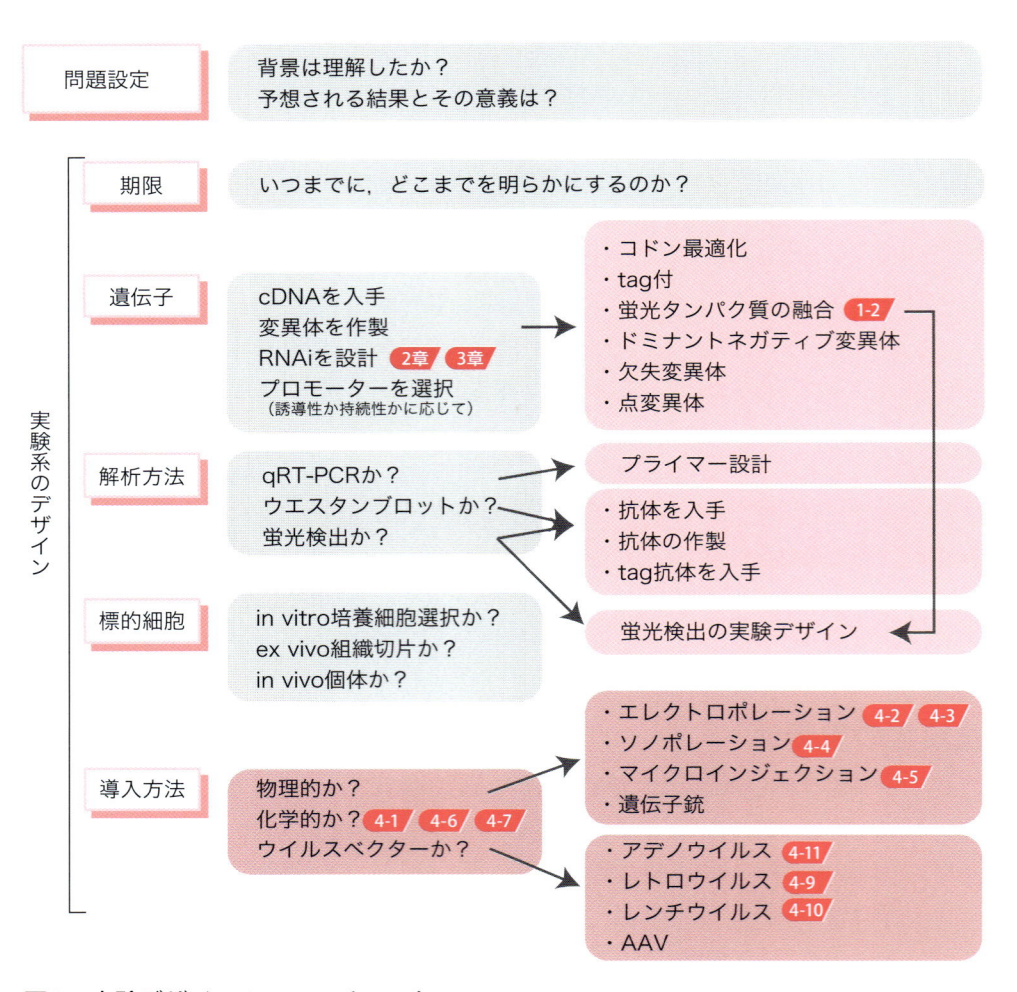

図2 実験デザインのフローチャート

| 問題設定 | 背景は理解したか？ 予想される結果とその意義は？ |

実験系のデザイン:
- **期限**: いつまでに，どこまでを明らかにするのか？
- **遺伝子**: cDNAを入手／変異体を作製／RNAiを設計 2章 3章／プロモーターを選択（誘導性か持続性かに応じて）
  - ・コドン最適化
  - ・tag付
  - ・蛍光タンパク質の融合 1-2
  - ・ドミナントネガティブ変異体
  - ・欠失変異体
  - ・点変異体
- **解析方法**: qRT-PCRか？／ウエスタンブロットか？／蛍光検出か？
  - プライマー設計
  - ・抗体を入手
  - ・抗体の作製
  - ・tag抗体を入手
- **標的細胞**: in vitro培養細胞選択か？／ex vivo組織切片か？／in vivo個体か？
  - 蛍光検出の実験デザイン
- **導入方法**: 物理的か？／化学的か？ 4-1 4-6 4-7／ウイルスベクターか？
  - ・エレクトロポレーション 4-2 4-3
  - ・ソノポレーション 4-4
  - ・マイクロインジェクション 4-5
  - ・遺伝子銃
  - ・アデノウイルス 4-11
  - ・レトロウイルス 4-9
  - ・レンチウイルス 4-10
  - ・AAV

果しか得られない．まずはこのことをしっかり意識しておこう．ただし，ときに例外が起こることがある．「HeLa細胞でXタンパク質はリン酸化されているか」に対しては「細胞周期によってyesであったり，noであったりする」という"非論理的"解答がありうる．この"予想外の"解答こそが研究の醍醐味である．老婆心ながら，問題設定には結果予想が必須である．予想される結果が頭になければ"予想外の"解答を手に入れることはできない．

2 実験系の構築

問題設定を終えると，ある遺伝子・遺伝子産物の機能を調べるために，具体的に計画を策定する必要が出てくる．遺伝子を細胞や動物に導入し発現（抑制）させる実験計画を策定する場合，①期限，②遺伝子（genes），③解析方法（assay），④標的細胞（target cells/tissues），⑤導入・発現方法（gene transfer/expression），の5点をこの順番で決めれば，実験は成立する（図2）．すなわち，これが実験系である．実験系をデザインする過程でこれら

の5点に関して材料を決めていく必要がある．

●期限

第一に，結果を出すまでの期限を設定する．上述したように問題は常に時間軸の上で設定される．時間はすべての研究者に平等に与えられたリソースであるが，あいにく無限に与えられているわけではない．この限られたリソースを有効に使うためには，常に時間の有限性を意識して実験をデザインするしかない．科研費申請にも「研究期間内に何をどこまで明らかにしようとするのか」を記載することになっている．

●遺伝子

第二に，遺伝子を決める．抱えている問いに応じて，ほぼ自動的にこの「導入遺伝子」は決定される．導入遺伝子を，例えば下記に示したなかからどれにするかを，入手しやすさなどを勘案して決める．

- 機能を調べたい遺伝子そのもの
- 調べたい遺伝子の機能を修飾する別の遺伝子（ドミナントネガティブ変異体の遺伝子なども含む）
- 調べたい遺伝子産物と結合するタンパク質をコードする遺伝子
- 未同定DNA（cDNAライブラリ，ランダム配列を有する核酸，など）
- 抑制性RNA（RNAi），またはそれをコードするベクターDNA

決めるうえでそれほど困難が伴うとは考えられない．ただし，RNAiの実験のデザインをするときはコツと運が必要である．ノックダウン実験では標的遺伝子内のどの領域を狙うのかの選定とそれに対するオリゴヌクレオチド（siRNA）あるいはノックダウン遺伝子（shRNA遺伝子）のデザインが重要である．ノックダウン保証付きの商品や既発表の配列を使う場合は別として，このデザインの段階でよいものがつくれるかどうかは運が必要だと思う．ソフトウェアが進歩して昔のように大ハズレすることはないが，欲する程度までそれなりの長期間にタンパク質レベルが低下しないことは珍しくない．複数のsiRNAを使用することでも解決しないこともしばしばである．こつこつ手間暇かければ必ず解決するわけではない．

●解析方法

第三に，解析方法を決める．これが難しい．導入・発現と解析はセットで考えるべきだからだ．定性か定量かの選択肢があるなら，定量を選ぶ．最終的に情報量が多いからだ．その定量の情報が不要と断言できるなら定性でもよい．定量にはいくつかのやり方がある．

- 導入した遺伝子のmRNAを定量する
- 導入した遺伝子の産物を定量する
- 導入した遺伝子産物の活性を測定する
- 導入した遺伝子産物の機能に起因する何らかの測定可能量を定量する

一般的にはmRNA量を定量するのが，高感度で，高特異性と思われがちである．しかし，抗体でウエスタンブロットをするにしても，*in situ* で抗体染色するにしても，感度と特異性は同じくらい高い．1つに決めるというよりも実行可能な複数の方法で発現を調べるのがよい．1つの方法だけでデータを出して論文に投稿して，エディターから他の定量方法でも発現を確認しなさいとか，タンパク質の発現の局在も確認しなさいといったコメントがつくと悲惨だ．

ところで，狭義の戦略とは導入遺伝子と解析方法の組み合わせをいう．研究者の個性を出すところであることも押さえておこう．しっかりと頭を使おう．しかし，大雑把にいうと解析方法は核酸（RNA）を調べるか，それ以外を調べるかの2つしかない．RNAの定量ならば，HTPな解析も念頭に置くべきである．この狭義の戦略は，いわばアイディアであって，これが机上の空論に終わるか，実体ある研究になるかは，さらに以下に述べる標的と導入ベクターの2点にかかっている．

● **標的**

第四に，標的の選定を行う．これは実は最も重要である．遺伝子に応じた適切なものを選ぶ必要がある．肝臓で発現することがわかっている遺伝子ならば，株化培養肝細胞を使用するのが自然である．さまざまな肝細胞が存在するので，試してみるよりなかろう．発生的に同じ系統（外胚葉，内胚葉，中胚葉）の細胞株を試すというのもよかろう．発想を転換して，思い切って一般的な線維芽細胞で試してみるという手もある．個体や卵や胚に導入する計画である場合も，予備実験として培養細胞で発現や発現抑制を試すことは重要だ．培養細胞実験の方が一般的には安価なので，高価な個体への導入実験を成功させるためには必要だ．

● **導入法**

最後に，標的に応じて遺伝子導入法を決める．狭義でいえばベクターを決めることである．本書のゴールは最新の遺伝子導入法を示すことである．以下に詳細に述べる．

3 遺伝子導入法

一般的に，細胞に遺伝子を導入するのは難しい．そもそも，導入できなくて当たり前で，数％の細胞に導入できれば大僥倖と思おう（メーカーのチャンピオンデータと現実のギャップに驚くことばかり）．とにかく，あらゆる方法をさまざまな条件で試して研究の目的に応ずるレベル，すなわち発現の解析に足るレベルにまで遺伝子導入効率が高い方法を選ぶとよいだろう．しかし，あらゆる方法をさまざまな条件で試すことは非現実的である．

● **物理的な方法か否か**

そもそも遺伝子導入法は物理的な方法とそれ以外に二分される．物理的な方法には，電気の力を利用するエレクトロポレーション法，超音波の力を利用する超音波法（ソノポレーション法），高圧気体を利用する遺伝子銃（Gene Gun）法，毛細管を介して直接細胞に注入するマイクロインジェクション法がある．非物理的遺伝子導入法はリポソームなどを用いる化学的な手段を用いる方法やウイルスの高い感染性を利用するウイルスベクター法などがある．化学的方法は，用いる化合物の多様性のみならず，磁気ビーズなどの物理的粒子と組み合わせるというコンビネーションの多彩性から，市販品はきわめて多い．本書**4章**ではこれらの方法の中から重要なものと比較的最近開発されて将来の発展が嘱望されるもの，いわば遺伝子導入界の期待の大型新人を取り上げて解説した．遺伝子銃は紙面の制限から解説しなかったので **One Point** でごく簡単にご紹介しておく．

● **選択にあたって**

どの遺伝子導入法を選択すればよいのか？　試行錯誤でやってみるしかないというのが「正解」であるけれども，それでは行き倒れの大学院生の数を増やすだけであろう．何かの

表　導入方法の比較

	低コスト[※1]	容易度	効率[※2]	再現性[※2]	低細胞毒性[※2]	おすすめ度[※3]	培養細胞の種類	参照
リン酸カルシウム	★★★	★★★	★	★	★★	★	浮遊, 接着	—
リポフェクション	★	★★	★★	★★	★★	★★★	浮遊, 接着	4章-1
エレクトロポレーション	★★★	★★★	★★★	★★★	★★	★★★	浮遊, 接着	4章-2 4章-3
ソノポレーション	★★★	★★	★	★★	★★	★	浮遊, 接着	4章-4
マイクロインジェクション	★★	★	★[※4]	★★★	★★	★	接着	4章-5
遺伝子銃	★★★	★★★	★★★	★★★	★★	★★★	接着	—
レトロウイルス	★	★	★★	★★	★★★	★★	浮遊, 接着	4章-9
レンチウイルス	★	★	★★	★★	★★★	★★	浮遊, 接着	4章-10
アデノウイルス	★	★★	★★★	★★★	★★	★★	接着	4章-11

※1：毎回のランニングコストで，機器の価格を含まない．ウイルスベクターの場合はキットの価格を含む
※2：標的細胞に大きく依存する．培養条件にも大きく依存する．一般的な株化細胞について目安を記した
※3：筆者の独断
※4：数をこなすのは大変だから★1つ．胚や卵など，そもそも少数の細胞に導入できればよい実験なら★3つ

指針があればよいと思うので筆者の私見を述べる（表）．

　物理的な方法（マイクロインジェクションは除く）をまずは試してほしい．物理的遺伝子導入法は特別な機器がなければできないという問題点がある．しかし，自分の属する研究室になくとも近所の研究室にはあることが少なくない．標的，例えば細胞の条件を一定にできれば，再現性が高い．お手軽度ナンバーワンは，リポフェクションである．細胞の条件を揃えただけでは再現性がイマイチである．あくまでも化学物質の反応に基づく方法なので，おそらくDNA溶液の状態や温度などの他の条件をそこそこ厳密に揃える必要があるからだろうと，筆者は思う．とはいえ，一般的な293細胞やHeLa細胞などの頻用される株化細胞ならそれほど悪い結果にはならないだろう．お手軽なのでこのような細胞には第一選択といってもよいかもしれない．なお，いくらお手軽といってもリン酸カルシウム法とDEAEデキストラン法（DEAEデキストランとDNAの複合体を導入する方法）は今や使われていないのですすめない．再現性がないし，細胞毒性が強い．最後の選択肢がウイルスベクターである．コマーシャル・キットを用いるのがよい．最近ではすぐに使える（ready-to-use）ウイルス粒子すら販売されていて，目的に合致するならリポソーム並みにお手軽だ．予算に余裕のあるラボなら，受託で作製をしてもらってもよいと，筆者は思う．ウイルスのロットが変わると結果が変わることが少なくないので，1つのロットを十分に用意した方がよいだろう．

ONE POINT　遺伝子銃

タングステンや金などの金属微粒子にDNA分子を付着させ細胞（植物や動物）にヘリウムガス圧を用いて高速に打ち込む方法である．最初は植物組織に遺伝子導入する目的で開発されたので，植物への遺伝子導入実績は多い．動物への遺伝子導入の実績は少ないものの，可能である．細胞種にかかわらず遺伝子導入が可能で，操作は簡単だ．個体に打ち込むことも可能で，将来のDNAワクチンはこの手法で実現するのではないかと思わせる．現在は機器のバリエーションが少なく，事実上バイオ・ラッド ラボラトリーズ社のHeliosシステムのみである．自分のラボまたは近所のラボにあるなら使ってみたらよいと筆者は思う．

4 実験結果をまとめる

みなさんの研究成果は最終的には論文の形にまとめなければならない．問題設定〜導入方法〜発現解析はセットで考えるべきモノなので，論文を書く段階でデータ不足や不適切データにならないように十分に注意して欲しい．背景を十分に理解して問題を設定した段階で"Introduction"セクションは書ける．さらに実験系をデザインした段階で"Materials & Methods"セクションが書ける．結果を予想できたなら"Results"と"Discussion"セクションが書ける．すなわち，入念な準備をすれば論文のひな形は書ける．実際に得られたデータを丁寧に解析して，図表に仕立てて，そのひな形に書き込めば論文は完成だ（図3）．

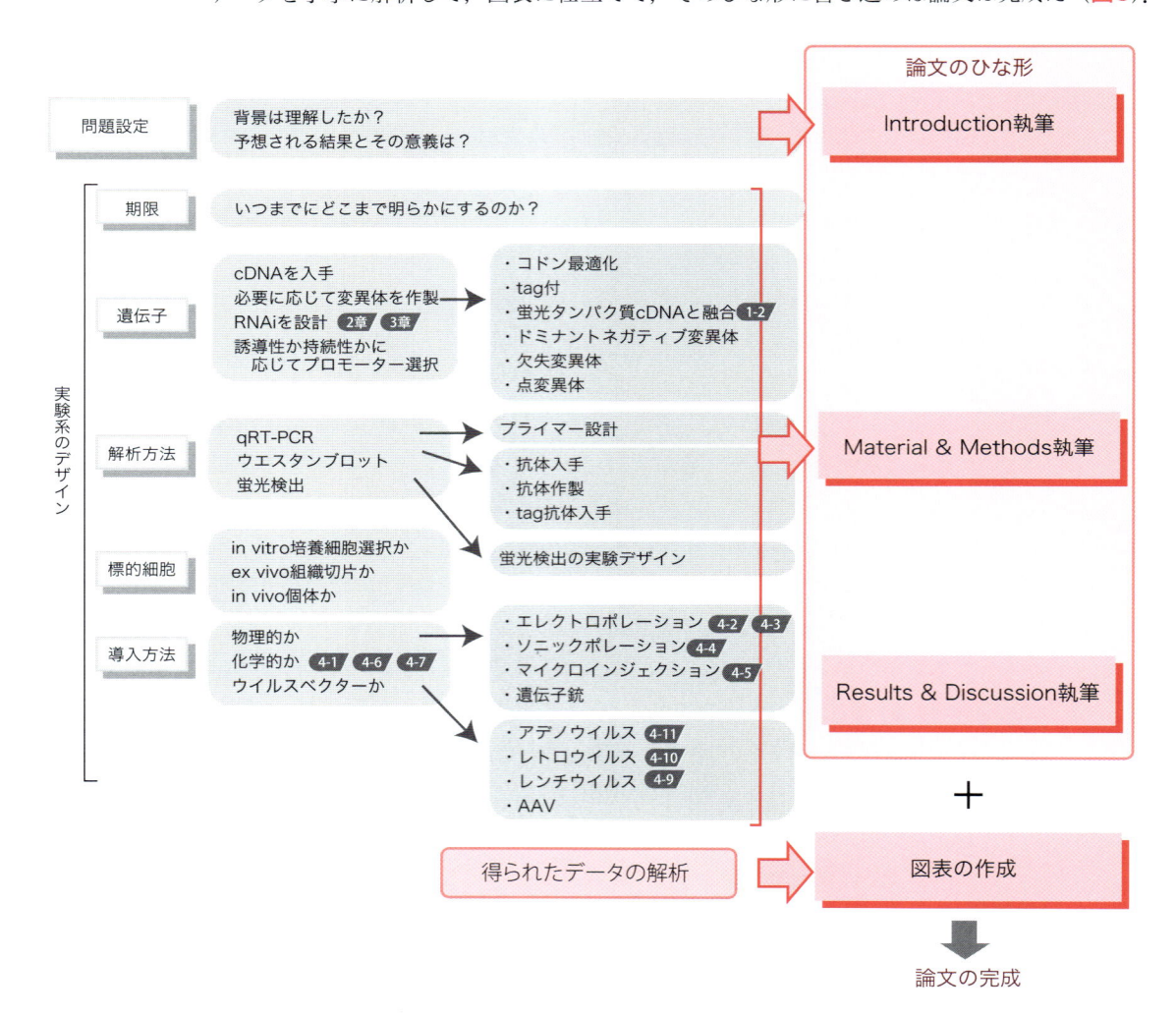

図3 実験デザインと論文の関係

各種蛍光タンパク質の使い分け

三輪佳宏

　GFP（green fluorescent protein）の遺伝子を生きた生物に導入すると，他の基質などを必要とせずに蛍光が観察されることが明らかにされて以来[1]，もはや蛍光タンパク質を用いたライブイメージングは生命科学分野の"常識"であろう．発現の確認，融合タンパク質による細胞内挙動の追跡，動物個体内における細胞の追跡など，さまざまな用途に用いられるが，これらの蛍光プローブをコードする遺伝子を目的に合った形で適切に導入・発現させるためにはベクターのデザインと実験技術の選択が必要となる[2]．また，いざ新しく使い始めようとすると，あまりにも蛍光タンパク質の種類が多様になり，しかも日進月歩で開発が進んでいるために，どの蛍光タンパク質をどのように選択すればよいかで迷ってしまうケースも多い[3]．そこで，ここであらためて蛍光タンパク質に関する情報を整理し，判断の基準を提供できればと考えている．蛍光タンパク質のもつ「タンパク質としての性質」とそれに基づく選択の指標については，同じ羊土社からの拙著[4] の中にかなり詳しく記載したので，そちらも参照していただきたい．①波長特性，②光応答性，③タンパク質としての特性，④細胞内局在，⑤特許，の5つの視点から考慮する必要がある．またすべてではないが，筆者のWEBサイト[5] に購入・分与などによって比較的簡単に入手できる蛍光タンパク質の一覧を掲載しているので，お役に立てば幸いである．本項では遺伝子導入実験としての側面に焦点を当てて，解説する．

❶ 遺伝子導入実験における蛍光タンパク質の基本

　今更ではあるが，やはり最低限の重要な基本について，簡単におさらいをしておく．まず蛍光タンパク質の構造は11本のβ鎖からなるcan構造の中に1本のαヘリックスが貫通しており，その中の–xYG–配列の部分で環状化反応が自発的に起こる．引き続き脱水反応が起こり，最後に酸化反応によってH_2O_2が発生して発色団形成が完了する．黄色以上（GFP由来のYFPは1段階だが，Phi-yellowは2段階）の長波長の蛍光タンパク質は，基本的に発色団の成熟のための酸化還元反応がさらにもう1段階起こる．これによって二重結合がさらに伸び，π電子の広がりが大きくなることによって長波長化するわけである．この構造は，すべての蛍光タンパク質において，ほとんど同じである．したがって分子量も25〜30 kDaと，ほとんどかわらない．

　以上をふまえて選ぶ基準について簡単におさらいしていく．

1 波長特性

多くの方が最も悩むところであろう．発色団の違いにより，紫外から近赤外までさまざまなものが存在する．今ではマルチカラーでの同時観察はもはや常識であるので，蛍光波長の重ならない組み合わせを考えることが重要である．同時に励起波長についても検討が必要である．光学フィルターで顕微鏡観察するなら，どんな波長でもだいたい利用可能だが，レーザーで励起する場合には，そうはいかず，使える波長はかなり限定される．使う予定の装置の光学特性を十分に確認して選択する．また複数を組み合わせて使う場合，極端に蛍光強度が異なると，どうしても撮影や解析が難しくなる．モル吸光係数と量子収率を掛け合わせた「輝度」の数値を参考に，なるべく近いものを選ぶ．ただし融合タンパク質にする場合は，融合するタンパク質の種類によって分解特性が変化し，ターンオーバー速度が変わるので，最終的な発現レベルと輝度が変わる．それをふまえたうえでの明るさを検討する．

2 光応答性

光照射によってその蛍光特性を変化させることが可能な蛍光タンパク質の種類が，かなり充実してきている．時間経過を追うような実験には非常に便利であるので，利用の可能性について一考することをおすすめする．大きく分けて3つのタイプがあり，①初めは光らないが光照射で蛍光を発するようになるphotoactivationタイプ，②光照射によって初めとは異なる色の蛍光を発するようになるphotoconversionタイプ，③2種類の光の照射によって，光ったり消光したりを繰り返すことが可能なphotocromismタイプがある．

3 タンパク質としての特性

これが蛍光タンパク質を選ぶうえでかなり重要である．

●分子集合

もともとのGFPは弱い二量体形成能しかなかったが，2つ目に見出されたDsRed以降は，強い二量体や四量体を形成するものが多い．これらをもとに変異を導入して，現在では単量体化されたものが多く存在する．単なる発現マーカーとして使うなら集合活性はあまり気にしなくてよいが，融合タンパク質にするには必ずこの単量体型を選ばなければならない．また融合のさせ方も，細胞質タンパク質であればN末端でもC末端でもよさそうだが，実際には多くのタンパク質でN末端かC末端かで局在が異なることがある．可能であれば両方つくってみて，正しい局在を示すものを選ぶ必要がある．また四量体で成熟の早いタイプだと，細胞質ですぐに四量体化するため，核膜孔を通過できず核に入れないものがある．核が暗く抜けて細胞質だけが光る状態でも目的に合うかどうかを考慮する．

●コドンの至適化

最近販売されているものには，ほとんどが哺乳動物で翻訳効率が高くなるように，コドンが至適化されているものが多くなった．この至適化によって，同じ発現系でも細胞内レベルが5倍程度違ってくる．入手する際に確認しておく．逆にそれ以外の生物に使う場合には，むしろ天然に近い配列のほうがよい場合もあるかもしれないので，検討する．

● 成熟速度

　　EGFPはかなり成熟も早く，発現させてから蛍光が検出されるまでの時間はかなり短いが，DsRedを使い始めると発現してから蛍光が検出できるまでの遅さが非常に気になった，という経験のある方も多いと思われる．そのため，DsRedについては成熟を早めた変異体が次々と開発された．例えば，初期の胚発生を研究しておられるような方の場合，光り始める頃には発生が終わっていた，というようなことでは使い物にならない．したがって自分の行っている研究のタイムスケールに合わせて，適切な成熟速度の蛍光タンパク質を選ばなければならない．一応，参考までにウェブサイトの一覧表[5]には，各メーカーが公表している検出可能になるまでの時間を記載しておいた．しかしこれは生物学的な実験系によって（細胞の種類はもちろん，飼育や培養の温度など）また検出系の違いによって当然変化する．おおまかな目安として参照していただければと思う．

● 分解速度

　　成熟した蛍光タンパク質は，一般的には非常に安定であり，各種の固定操作でも蛍光が残る場合もある．細胞内でもなかなか分解されないため，例えば転写のマーカーとして用いる場合に，発現誘導のようなoff→onへの変化は，蛍光の出現によって容易にモニターできるが，発現抑制のようなon→offの場合に蛍光が消失してくれないため，なんらかの工夫が必要ということになる．1つの解決策としてマウスオルニチンデカルボキシラーゼ（mODC）の分解促進配列をC末端に付加したものが入手できる．ただし，時間分解能は上がるが蛍光自体は非常に弱くなるので，十分な強度で発現させる工夫（ベクター，プロモーターの選択など）が必要になる．

4 細胞内局在

　　小胞体内やゴルジ体内に蛍光タンパク質が配置されるトポロジーで融合させる場合には，pH依存性に注意する．GFPをもとにつくられたYFPのように，酸性環境下では光らないものが存在するので，pHに対して安定なものを選ぶ．

5 特許

　　企業の方はライセンスについて十分に確認する必要がある．アカデミックの研究者はあまり気にしないかもしれないが，同じような波長特性で同等な明るさの蛍光タンパク質は，今ではだいたい複数種類手に入るので，将来的に企業と連携する予定のある研究ならば，事前によく選んだ方がよい．また最近はアカデミックでも購入したものを無償で第三者に分与しないように，購入時にサインさせられる場合もあるので，扱いに注意する必要がある．

❷ 発現ベクターの構築上の注意

1 コザック配列

　遺伝子導入実験として注意を要するのが，蛍光タンパク質発現ベクターにおける開始コドン周辺の配列である．リボソームはmRNAの5′端，動物細胞であればキャップ構造に結合した後，5′から3′方向に開始コドンを探しながら，スキャンしていく．このリボソームに正しく翻訳を開始させるためには開始コドン–ATG–だけでは不十分で，この分野の大家の名をとってコザックコンセンサスとよばれるその周辺の配列も非常に重要であり，最も開始効率のよい配列は–gccrccATGg–であるとされている[6]．それでも，10％弱のリボソームはここで翻訳を開始せずにさらに下流にスキャンを継続する，リードスルーが起こっていることがある．逆に，周辺配列がコンセンサスによく一致していると，ATG以外の配列でも開始コドンになる場合もある．蛍光タンパク質は上述したようにコドンの種類が哺乳動物に至適化されたものが多くなった．これは実はかなりGCリッチ配列になっていることを意味する（ほとんどの至適化コドンの3番目がCまたはGであるため）．極端な話，Metの前の2つのアミノ酸が，(Ala/Pro/Ser/Thr) – (Ala/Thr) –Metのようになる配列が開始コドンのすぐ下流，ORFの5′端に近い部位にあると，塩基配列としては–nccrccATG–となるため，きわめて効率のよい開始コドンになり，ここから翻訳が開始されたN末端欠損ポリペプチドが細胞内に一定量混在すると考えるべきである．このできてしまった部分ペプチドがどのような運命をたどるかはケースバイケースなので，全く予測できない．迅速に分解されるものもあれば，けっこう安定なものもあるかもしれない．これらが蛍光タンパク質として光る可能性はほとんどないが，抗体によっては検出されうるし，他の正常タンパク質と相互作用する場合には，何が起こるかわからない．これらのことは念頭に置いておくべきであろう．

　特に気をつけなくてはならないのは，正しいコザックコンセンサス配列の前に制限酵素のマルチクローニングサイト（MCS）が配置されているベクターである（図1A①）．例えば，ここにオリゴDNAを挿入して蛍光タンパク質のN末端になんらかのタグ配列（抗体の認識配列，核移行シグナルなど）を付加しようとしたとする．このとき，もしパーフェクトなコザック配列以外の開始コドンを使ってしまったら何が起こるか．mRNA上を5′端からスキャンしてきたリボソームは，新たに追加したオリゴ配列上の不完全な開始コドンの部位では翻訳をスタートせずに通り過ぎてしまい，リードスルーしたオリゴ配列上のリボソームは，ベクター由来の開始コドンがきちんとしたコザックであるために，ほとんどがここから翻訳を開始してしまう（図1A②）．そうするとせっかく挿入したタグをN末端にもたない単純な蛍光タンパク質が大量に混在する状態になってしまう．この現象はleaky scanningといって，ウイルスなどが1つの遺伝子から複数種類のタンパク質をつくる際に積極的に利用している方法であるほか，多くの動物遺伝子にもみられる[7]．正しいコザック配列を挿入した場合は，タグ配列の前の開始コドンからほとんどのリボソームが翻訳を開始するが，それでもここで開始せずにリードスルーするリボソームが一部存在し，それらはベクター由来の開始コドンがきちんとしたコザックであるために，ここで翻訳を開始してしまう．これにより，10％弱のタグのない蛍光タンパク質も混じってつくられてしまうのである（図1A③）．こうなると，

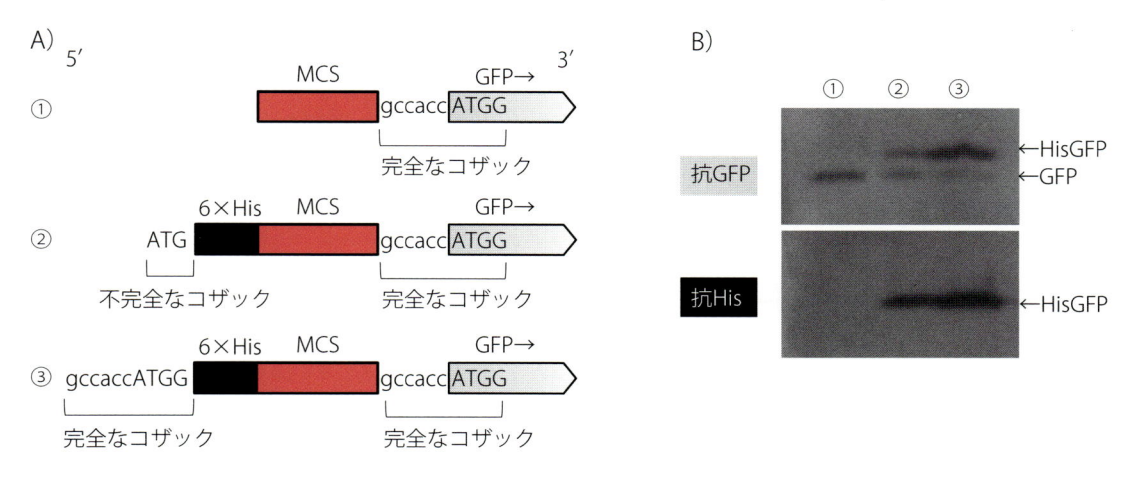

図1 コザック配列の効果
A) GFP遺伝子の上流部分のベクター構造の模式図．①市販のベクター，②最も上流側の制限酵素サイトに，不完全なコザック配列の開始コドンから6×HisをコードするオリゴDNAを挿入したベクター，③最も上流側の制限酵素サイトに，完全なコザック配列の開始コドンから6×HisをコードするオリゴDNAを挿入したベクター．B) ウェスタンブロッティングの結果．①単純なGFPタンパク質が抗GFP抗体でのみ検出された．②不完全なコザックからの翻訳開始効率が低いため，トータルのタンパク質量も少なく，HisタグのついたGFPとついていないGFPが等量発現している．③完全なコザックからの翻訳効率が高く，ほとんどのタンパク質がHisタグ付きGFPだが，わずかにタグなしGFPも存在する

蛍光タンパク質はいかんせん検出感度が高いために，融合タンパク質の挙動を見ているつもりで，一部に融合していない単純な蛍光タンパク質も混在している状態（図1B）でイメージングし，局在を議論してしまう危険性が伴う．

かなり大きなタンパク質のORFを挿入して融合させる場合はよいが，短いタグ配列を挿入する場合には，①挿入するタグ配列の開始コドンは最適なもの（完全なコザック配列）にする，②できるだけ蛍光タンパク質の開始コドンをつぶしておく（できればMetを除くのがベスト）ことが必要である．十分に注意されたい*．

2 N-end rule

例えば，ポリペプチド鎖が切断を受けたりして，Met以外のアミノ酸がN末端に露出したとき，これが19種類のアミノ酸のいずれであるかによって，非常に高速に分解を受けることが知られている．これをN-end ruleといい，実際にはほとんどのものが分解されてしまう．これを免れることが知られているのがValであり，N末端にValが露出しているポリペプチドは細胞内で安定である．

この目的のために，販売されている蛍光タンパク質は開始コドンのMetの次にValが1アミノ酸余分に挿入された配列になっていることが多い．実際，同じ発現系を利用して比較した場合，2番目がValのものはやや発現レベルが上がる傾向にあることから，N末端のMetが何らかの理由で取れてしまうことがあり，その際に次のアミノ酸がValであるおかげで分

＊本来ならN末端融合用として販売するベクターは，開始コドンを除いた状態でMCSにつないだ構造で販売すべきだと思うが，残念ながらそういうベクターばかりではない．

解を免れ，有利に働くのだと予想される．そうすると「発色団を形成する –xYG– が何番目のアミノ酸か」などを数える際に1つずれてしまい，本来の天然のアミノ酸配列で書かれている原著論文中の記載と，購入したベクターに添付されている説明書で記述が異なってしまう危険がある．これを回避するために通常はM(V)–のように括弧書きで記載して，この挿入されたValは数えないようにしている場合が多いが，そうでない場合もあるので注意する．

3 EBV-basedベクターの有用性

　本書において，さまざまな遺伝子導入方法やベクターについて解説されているが，いわゆるsemi-stableなエピゾーマルベクターについては触れられていないので，ここで紹介しておく．大腸菌にプラスミドDNAを導入すればそのままで複製・維持されるように，動物細胞中で環状DNAのままで複製・維持されるツールを用いれば，導入後数日の薬剤選択で生き残ったすべての細胞に目的遺伝子が発現している状態を簡単に実現できる．しかも，薬剤の種類だけマルチトランスフェクションも自在で1週間もかからずに実現できる．培養細胞でイメージングする場合はもちろん，動物個体の実験の前段階として，とりあえずベクターが正確に構築できており，正しい蛍光タンパク質プローブが発現できているのかどうか，その明るさはどのくらい期待できるのか，などの項目について簡単にチェックできれば，非常に安心してその先の実験に進むことができる．こうしたエピゾーマルベクターの代表の1つが，SV40Oriをもたせたベクターを，LargeT抗原を発現させた細胞に導入する方法であり，サルのCV1細胞にLargeT抗原を発現させたCOS細胞（COS1，COS7）がよく使われる．しかし，LargeTによる複製制御下では，1回の細胞周期あたりに何回も複製できてしまうため，この方法だと細胞あたりにベクターはどんどん多コピーになってゆき，最終的には大過

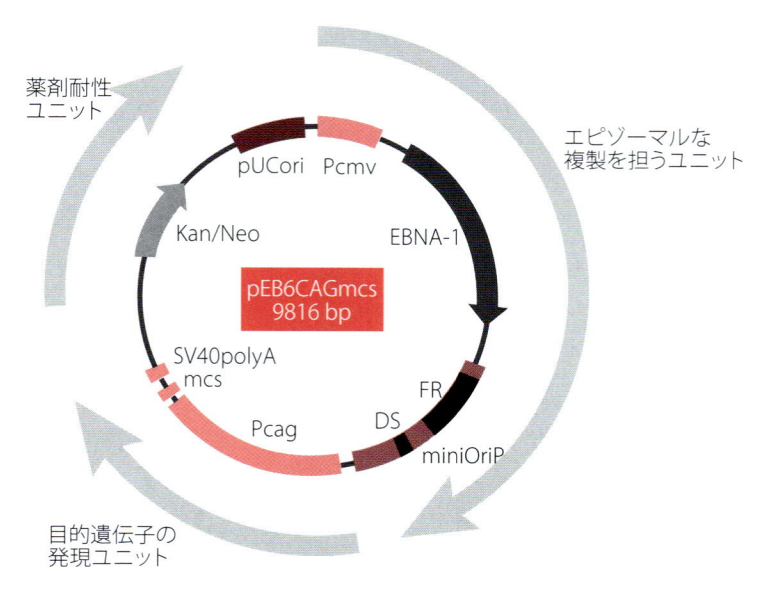

図2　EBV-basedベクターの構造
目的の遺伝子を発現させるためのユニット，薬剤耐性遺伝子の発現のためのユニットの他に，安定に複製・維持されるためのユニットからなる

剰に発現することになり，適度な発現レベルをコントロールすることは難しい．一方，細胞内のコピー数を非常に低く維持できるエピゾーマルベクターとして，EBV-basedベクターがある（図2）．コピー数が低く保たれているため，使うプロモーターの種類によって発現強度をコントロールすることができ，複数の遺伝子の同時発現実験も容易である．EBV-basedベクターの特徴や選び方，使用上の注意点に関してはそれだけでもう1章使わなければならなくなるので，ここでは割愛する．日本語で詳細な解説を書いてある[8]ので，和光純薬に問い合わせしていただければ，すぐに入手できる．

参考文献＆ウェブサイト

1) Chalfie, M. et al.：Science, 263：802-805, 1994
2) Miyawaki, A.：Nat. Rev. Mol. Cell Biol., 12：656-668, 2011
3) Shaner, N. C. et al.：Nat. Methods, 2：905-909, 2005
4) 『実験が上手くいく　蛍光・発光試薬の選び方と使い方』（三輪佳宏/編），第Ⅰ部③，羊土社，2007
5) 蛍光タンパク質一覧
   http://www.md.tsukuba.ac.jp/basic-med/pharmacology/miwa/FPtable.html
6) Kozak, M.：Gene, 234：187-208, 1999
7) Kozak, M.：Gene, 299：1-34, 2002
8) 三輪佳宏：和光純薬時報, 79：2-5, 2011

2章

発現と機能の抑制戦略

1 遺伝子抑制解析の動向と戦略
2 遺伝子抑制法の種類とメカニズム

2章 発現と機能の抑制戦略

1 遺伝子抑制解析の動向と戦略
～遺伝子導入法とのつながり～

武内恒成，河嵜麻実

❶ はじめに（遺伝子抑制実験の重要性）

　ある分子の機能解析をするとなると，いまや当たり前のように遺伝子導入による発現実験と，さらには遺伝子発現の抑制実験も行うことになる．**1章**発現戦略において（編者，北村から）言及されている通りに，各人は実験計画を立てて，一所懸命研究を進める．ある遺伝子・タンパク質の発現パターンを調べ，細胞あるいは組織で発現させ，分子相互作用を見て…，解析できたと勇んで論文を投稿すると，「ノックアウトマウスではどうなるのか？」「RNAiで発現抑制するとどうなるのか？」と，レフェリーはあたりまえのように聞いてくる．いまやノックアウト実験（ノックアウトマウスなど）もノックダウン実験も至極簡単にできてあたりまえ，という時代になってしまっている．

　発現と抑制は実験系としては表裏一体である．より精度の高い実験を考えれば考えるほど，発現実験と抑制実験を双方向性から俯瞰することが必要である．さらに，抑制実験をクリアに行おうとすればするほど，いかに発現抑制のためのsiRNAを効率よく導入するか，あるいはshRNAをどの程度発現させてRNAi誘導の効率を上げる必要があるか，そのためにいかなる発現系やウイルスベクターを選ぶか，といった遺伝子導入法をさまざまに検討しなければならない．そのために本書では，遺伝子導入のプロトコールとともに，特にRNAiを中心とした抑制実験についても詳しく述べる構成としている．今後さらに大きく展開するであろう個体・組織における抑制実験系の構築のため，遺伝子治療などを考えて遺伝子抑制の効率を上げるためにも，遺伝子導入法をしっかり捉えておくことが抑制戦略においても必要かつ重要である．

❷ 遺伝子抑制（RNAi）実験の動向

　RNAi（RNA interference：RNA干渉）現象は，そもそも長いdsRNA（二本鎖RNA）による遺伝子抑制として植物から昆虫，哺乳類に至るまで保存されていることが見出され，真核細胞に備わった抗ウイルス機構として知られていた．

　実験系への応用に向けては，哺乳動物細胞への長いdsRNAの導入がdsRNA応答性プロテインキナーゼ（PKR）の活性化や2′5′オリゴシンセターゼ活性化などにかかわってしまい，インターフェロン応答誘導や非特異的翻訳抑制，RNA分解誘導を招くという副作用が妨げとなっていた．1998年のFireらが示した，線虫におけるdsRNAによる配列特異的な遺伝子抑制の有名な報告[1]の2年後には，Zamoreらによってショウジョウバエにおいて21～23塩

基（mer）のdsRNAでRNAiが誘導されることが見出された[2]．さらに翌2001年にはElbashirらによって，哺乳動物細胞でもRNAi機構の中間産物であるsiRNAを合成して用いることで，副作用を回避した遺伝子抑制が可能とされた[3]．また2002年にはBrummelkampらによって，siRNAを9 merのループによりパリンドローム配列として，polIII系プロモーター下にステム型につないだsiRNA発現DNAプラスミドも構築されている[4]．このRNAiが研究手法として，これらの端緒から現在に至るまでの大きな展開を迎えられた理由は，非常に簡易な方法であったことと，さまざまな遺伝子導入法が積み上げられていたことが非常に大きい．さらに，遺伝子導入法の1つウイルスベクターもそれまでに種々に開発されていたため，このRNAiのベクターとしても広く用いられている．これによって，合成siRNAの導入と比べて，より長期間の抑制効果維持が可能となった．またRNAiの展開の広がりには，近年大きな興隆を示しているRNA研究やmiRNAの解析とともに，その分子メカニズムが明らかになってきたこと，またさらには，より効果的に抑制するためのsiRNAの配列設計において，Tuschlらのグループが2001年に提唱した規則性[5]を契機として機能配列の選択，デザインの方法が数多く提示されたことも大きい．さまざまな研究室から，さらには多くの企業から，無償の検索サイトも提供されるに至っている．こうしてノックダウン実験としてのRNAi実験は，ノックアウト実験とともに遺伝子・分子機能解析のための両輪として進められるようになってきた．

個体レベルでの遺伝子抑制実験としては，第1世代のノックアウトマウスから，第2世代としてのCre/loxPシステムでの組織特異的ノックアウト，さらにはタモキシフェンなどを用いた誘導可能ノックアウト（第3世代）へと発展してきた．このノックアウト法に対して，RNAiもさまざまな遺伝子デリバリー法と組み合わされることで，個体での組織部位特異的ノックダウン法として広く進められ成果をあげてきている．最近ではノックアウト・ノックイン法として，第4世代ともいうべき手法が開発されている．人工キメラタンパク質ZFN（zinc finger nuclease）を利用した細胞・個体レベルでのノックアウト・ノックイン法である[6]．すでに数社からこのシステムによるキットや受託が展開されて，これからの普及と発展が期待される．一方，RNAi法の今後は医薬としての応用などへ向かう展開が期待される．ここでも，オフターゲット効果やインターフェロン応答などの有害な副作用をいかに除くかとともに，どのようにして効率よく細胞に導入するか，さらに全身投与でいかに高効率に標的組織へとデリバリーするか，また効果持続の期間（発現抑制時間）をいかに延ばすか，といった遺伝子導入法が決め手となる．

❸ 遺伝子抑制解析の戦略（実験デザイン）

1 RNAi実験を準備する─ターゲット配列と導入プロトコールの選択

実験を計画するうえで，まず選択されるのは上述の遺伝子抑制研究の動向からいっても，RNAiとなろう．実験者は，対象とする遺伝子情報と，これまでの変異体解析やノックアウト研究などもあれば総動員して，ノックダウン実験の研究計画を立てる（図）．すでに報告があればターゲット配列の選定は簡単であるが，なくとも今では容易にRNAi配列検索とデ

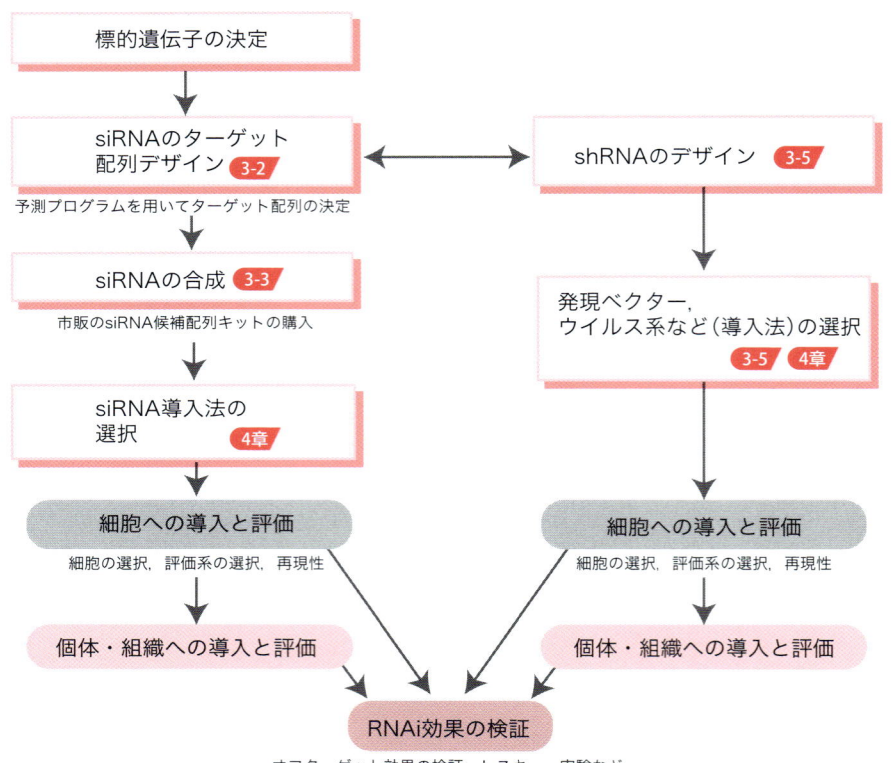

```
                    標的遺伝子の決定
                           │
           ┌───────────────┼───────────────┐
           ▼                               ▼
    siRNAのターゲット  ◄──────►      shRNAのデザイン 3-5
    配列デザイン 3-2
   予測プログラムを用いてターゲット配列の決定
           │                               │
           ▼                               ▼
    siRNAの合成 3-3                 発現ベクター,
   市販のsiRNA候補配列キットの購入    ウイルス系など（導入法）の選択
                                         3-5  4章
           │                               │
           ▼                               │
    siRNA導入法の                          │
    選択 4章                               │
           │                               │
           ▼                               ▼
     細胞への導入と評価              細胞への導入と評価
   細胞の選択，評価系の選択，再現性   細胞の選択，評価系の選択，再現性
           │                               │
           ▼                               ▼
   個体・組織への導入と評価          個体・組織への導入と評価
           │                               │
           └──────────┐       ┌────────────┘
                      ▼       ▼
                  RNAi効果の検証
         オフターゲット効果の検証，レスキュー実験など
```

図　遺伝子抑制実験の流れ

ザインができる（**3章2**）．さまざまな検索サイトを用いて，その予測プログラムからターゲット配列を選び，メーカーにsiRNA合成を依頼すればよい．また，多くの遺伝子に対して，いくつかの会社からは確実にノックダウンされることを保証したsiRNAのキットも販売されているので，利用することもできる．

　この際に実験者は，研究をどこまで推進するかを広く考えておく方がよい．つまり，細胞レベルの研究で済ませられるのか，あるいはノックアウト実験を相補するように個体のノックダウン実験へと展開するのかなどである．ある場合にはすでに細胞レベルでの研究は終えられているので，個体レベルでの解析から始めるかもしれない．この場合には，対象となる個体・臓器へのsiRNA導入方法も考えることになる．発現ベクターで進めるか，shRNAとウイルスベクターで進めるかは重要な点となる．筆者らの経験からは，siRNAとしてうまく機能するターゲット配列がそのままshRNAターゲット配列としては機能しないことは多々あるが，逆にshRNAターゲット配列として機能した配列はsiRNAとしてそのまま機能することが多い．つまりは，個体レベルでのノックダウン実験まで計画するのであれば，デザイン段階からshRNAとしても機能しうるターゲット配列を検索しておくことがすすめられる．そのために，shRNAベクター構築（**3章5**）に適した検索サイトからピックアップできるターゲット配列を基本とし，さらにsiDirect2.0をはじめとした公開サイトや各社検索サイト（**3章2**）でピックアップできるsiRNAターゲット候補配列のなかから，shRNAとsiRNA双方に使えるターゲット配列をいくつか選択する手法も有効である．さらに，目的とする実

験系にあったウイルスベクター選択（4章8〜11）も大切な戦略となる．

2 RNAi効果（発現抑制効果）を評価する

　RNAiを誘導した細胞や個体組織において，RNAi効果の検討にはさまざまな評価方法があるが，全体を通して導入効率に対しての留意は最も重要である．たとえ高いRNAi活性を誘導するターゲット配列が選択できており優れたsiRNAであっても，導入効率が悪ければ見かけの抑制効果は非常に低いものとなる．そのため蛍光色素で標識したsiRNAや蛍光タンパク質をコードするレポーター遺伝子発現ベクターのトランスフェクションによる導入効率の評価判定も必要とされる場合が多い．導入に際しては，さまざまな試薬も販売されているが，各システムにあった試薬や本書の遺伝子導入プロトコール（4章）などのさまざまな方法から最良のものを選択する．

　導入条件が決まったら，市販あるいはデザイン過程において自分で作製したネガティブコントロールのRNAiとともに，RT-PCRやウエスタンブロットによって評価する．この際に，RNAiによって発現影響を受けない遺伝子を内部コントロールとして選択し，正しくデータの再現性が取れるように実験系を組むことも重要である．導入した細胞の種類や臓器によっても，またRNAiを何を用いて誘導するか（siRNA，ベクター系，ウイルス系）によっても，RNAi効果の最も高まる時期も異なる．導入後の複数の時期を設定し（24時間，36時間，48時間などと）条件を検討することも重要である．いきなり形態変化や生理学的変化をとらえることでRNAi効果を評価することは大変危険である．蛍光染色による蛍光強度の変化のみで発現抑制率を導くことも危険である．必ずいくつかの評価方法を併用し，ネガティブコントロールのsiRNAや内部コントロールの評価から，RNAi効果の再現性を正しく取る必要がある．

3 より正確なRNAi実験とさらなる応用へ

　RNAi実験において最も注意しなければならないことは，siRNAがターゲットとしている遺伝子だけでなく，ほかの遺伝子にも影響を与えている可能性である．つまりは**オフターゲット効果**を常に警戒する必要がある．そのためにはsiRNAにさまざまな修飾基をつけて，オフターゲット効果を低減することを視野に入れることも重要である（3章3）．

　さらに，**外来性の遺伝子を入れて人工的に発現誘導，あるいは発現抑制などの制御をするということは，細胞・組織においてあくまで異常な事態を招いている**ということは常に考えておく必要がある．オフターゲット効果だけでなく，遺伝子導入による攪乱，ベクターや導入試薬，導入方法による細胞や組織の変化にも細心の注意を払わねばならない．細胞では高い効果もありオフターゲット効果も見当たらなかったsiRNAを，生体内に in utero に投与すると想定された結果が出た．しかし，後になってから，生体投与で初めてオフターゲット効果が表れて形態変化を示していたことが判明したとか，RNAi効果のないベクターのみ，あるいは導入手法のみによっても形態変化が生じていたという，笑えない結果にも数多く遭遇する．筆者らも標的とする遺伝子のノックアウトマウスの胎仔脳に，さらにその遺伝子に対するRNAiウイルスベクターを作用させると（効くはずはなく，生じるはずもない）形態変

化が生じるという結果（つまりはオフターゲット効果発見！）に至ってしまうことも経験した．

　結果に万全を期して確信をもつためには，ノックアウトマウスあるいはノックアウトされた細胞があればRNAiを作用させてみて，なんら効果が起きないことを確認する．ここまでは至らなくとも，**レスキュー実験**は試してみる価値はある．あるいはsiRNA，もしくはshRNAターゲット配列に対応する遺伝子領域に数カ所の変異を挿入した（RNAi効果をもたない）発現遺伝子を作製して導入発現することで，RNAi誘導による生理機能が相殺されるかどうか．一定レベル以上の論文では，このレベルの実験はすでに求められるようになってきた．今後，RNAi法がさらに広く生体応用や医薬としての臨床応用に耐えられるまで発展するためにも，RNAi実験を含んだ個々の研究成果が将来にわたって確かなものとして生き残るためにも，さまざまな遺伝子抑制実験と遺伝子導入の技術を総動員し，得られた結果を慎重に正確に解釈することはますます必要である．

参考文献
1）Fire, A. et. al.：Nature, 391：806-811, 1998
2）Zamore, P. D. et. al.：Cell, 101：25-33, 2000
3）Elbashir, S. M. et. al.：Nature, 411：494-498, 2001
4）Brummelkamp, T. R. et. al.：Science, 29：550-553, 2002
5）Elbashir, S. M. et. al.：Genes Dev., 15：188-200, 2001
6）Porteus, M. H. et al.：Nat. Bictechnol., 23：967-973, 2005

関連図書
1）『RNAi実験なるほどQ＆A』（程久美子，北條浩彦／編），羊土社，2006
2）『遺伝子導入なるほどQ＆A』（落谷孝広，青木一教／編），羊土社，2005
3）『改訂第5版　新遺伝子工学ハンドブック』（村松正實ほか／編），羊土社，2010

2章 発現と機能の抑制戦略

2 遺伝子抑制法の種類とメカニズム

萩原啓太郎,落谷孝広

特定の遺伝子の機能を研究するうえで,遺伝子導入技術とならび遺伝子抑制法は非常に強力なツールであり,培養細胞から個体レベルにいたるまで幅広く活用されている.また,疾患関連遺伝子を標的とした医薬への応用研究においては臨床試験にまで進んでいる方法もある.遺伝子の機能を抑制する場合,遺伝子の種類,発現機構のどの段階を制御するかによって,選択する手法が異なってくる.本項では,目的に応じた遺伝子抑制法を選ぶための知識として,基本的な遺伝子抑制法の種類と原理について概説する.

表 遺伝子抑制法の比較

	難易度	コスト	抑制効果	適用範囲	用途例
アンチジーン法	★	★	やや弱い	DNA	—※
ジーンターゲティング法	★★★	★★★	強い	DNA	遺伝子改変動物作製研究
アンチセンス法	★	★	強い	mRNA	—※
RNAi法	★	★★	miRNA:弱い siRNA:強い	mRNA	—※
リボザイム法	★★	★	やや弱い	mRNA	—※
ドミナントネガティブ法	★	★	やや弱い	タンパク質	シグナル伝達研究
アプタマー法	★★	★★★	強い	タンパク質	創薬開発研究

※:これらの遺伝子抑制法は培養細胞,動物実験などさまざまな用途が考えられる

❶ アンチジーン法

アンチジーン法は,標的となるDNA二重鎖に,合成した一本鎖DNA(三重鎖形成性オリゴヌクレオチド)を塩基配列特異的に水素結合させて,三重鎖を形成させる方法である.形成された三重鎖は,転写因子の結合を阻害,あるいはRNAポリメラーゼによる伸長を遮断することで遺伝子の発現を抑制する(図1).

アンチジーン法では,標的となるDNAがアデニン(A)やグアニン(G)といったプリン塩基が連続した配列でなければならない.これは,導入した三重鎖形成性オリゴヌクレオチドが,プリン塩基とのみ水素結合して三重鎖を形成するためである.また,標的DNAとシトシン(C)が水素結合するためには,シトシンはプロトン化する必要がある.しかしながら,プロトン化したシトシンは**酸性条件下**でのみ存在し,塩基性である核内ではシトシンはプロトン化できない.そのため人工的に改変された塩基がプロトン化シトシンの代わりに用いられている.

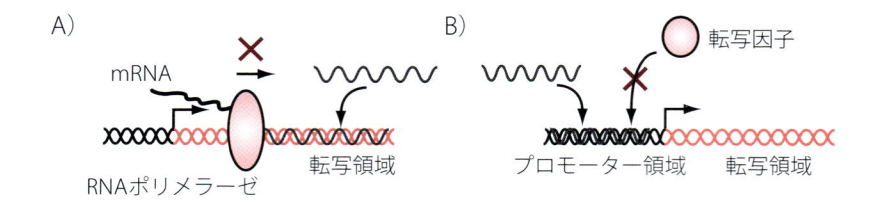

図1　アンチジーン法の原理
A) 三重鎖を形成することで，RNAポリメラーゼによる転写反応を阻害する．B) 三重鎖を形成することで，プロモーター領域の転写因子の結合を阻害する

❷ ジーンターゲティング法

　ジーンターゲティング法とは，**相同組換え**により，標的遺伝子を欠失させる手法である．相同組換えは主に，ES（胚性幹）細胞やiPS（人工多能性幹）細胞で起こり，これらの細胞を受精卵に移植することで，キメラ個体を作製し，さらにはジャームライントランスミッションを介して，ノックアウトマウスなどの遺伝子改変動物を作製する．

　相同組換えには，**ターゲティングベクター**が必要であり，これは2つの相同部分（5′arm[*1]と3′arm）と薬剤耐性遺伝子から構成される．設計したターゲティングベクターは主にエレクトロポレーション法を用いて，ES細胞やiPS細胞に導入する．その後，薬剤による選択を行い，さらにはサザンブロッティング解析により，正しく相同組換えが起きたクローンを得る．この方法は，相同組換えの効率が悪いことが問題になっていたが，現在では配列特異的にDNAを切断することが可能なZFN（zinc-finger nuclease）とよばれる人工キメラタンパク質を用いた手法（図2）が新たに開発され，より簡便に遺伝子改変動物を作製することが可能になっている．

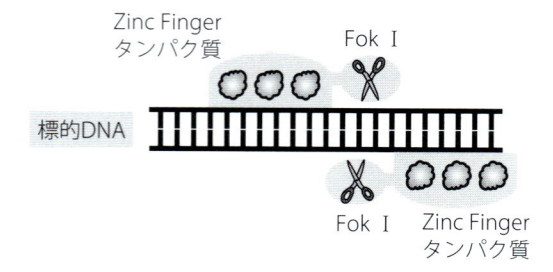

図2　ZFN（zinc-finger nuclease）法の原理
ZFNはDNAを切断するFok Iタンパク質とDNAの標的配列と結合するZincフィンガータンパク質の2つで構成されている．ZFNは，ヘテロ二量体を形成すると，DNAの二本鎖が切断される．切断されたDNAには修復機構が働くが，修復する際に，塩基対の欠損や挿入によって生じるフレームシフトによってノックアウトが誘導される．また，この時，ターゲティングベクターなどの相同部位をもつDNA断片を同時に導入すると，高頻度に相同組換えが誘導され，切断された標的部位へのノックインも可能となる

[*1] 5′arm：5′側相同配列，3′arm：3′側相同配列

❸ アンチセンス法

アンチセンス法とは，標的mRNAに相補的な配列の合成一本鎖DNAを細胞内に導入する手法である．アンチセンス法は，目的に応じて3種類の使用方法がある．

1 標的mRNAを分解する

導入した合成一本鎖DNAは，その標的mRNAと塩基対を形成する．その後，リボヌクレアーゼである**RNaseH**によって，形成された二重鎖の標的mRNA鎖は，切断・分解される（図3A）．

2 リボソームの結合を阻害する

前述した方法は，非特異的な細胞毒性が問題となっていた．そのため，現在ではモルフォリノアンチセンスオリゴとよばれるDNA類似体が使用されている．モルフォリノアンチセンスオリゴは，塩基配列AUGから始まる翻訳開始点付近の下流25塩基に結合する．形成された二重鎖は，リボソームが結合するのを妨げ，翻訳を阻害している（図3B）．

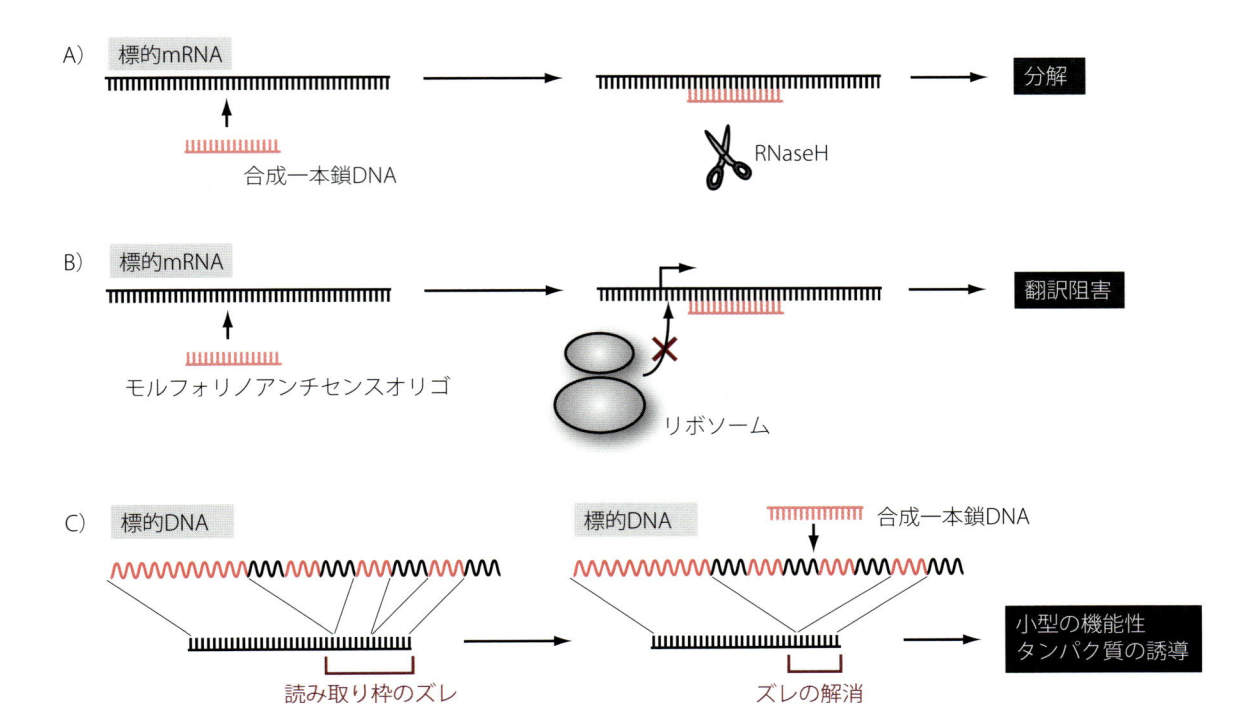

図3　アンチセンス法の原理
合成した一本鎖DNAは，通常生体内あるいは細胞内では，分解されやすいので修飾体を使用している

3 エキソンスキッピングを誘導する

エキソンが欠失すると，コドンの読み取り枠のずれが起こり，アミノ酸配列の変化や翻訳が止まってしまい，重大な疾患に結びつくことがある．そのため，欠失したエキソンがある場合，それに隣接した1つ以上のエキソンも取り除くことで，読み取り枠のずれを解消することがアンチセンス法で行われている．取り除きたいエキソンに隣接するスプライス部位やブランチ部位を標的とした一本鎖合成DNAを導入し，塩基対形成を起こす．塩基対形成を起こした部位では，スプライシングが阻害されて，エキソン配列がスキップされる．これにより，前駆体mRNAから読み取り枠のずれの原因となるエキソンが取り除かれ，正常なものよりやや小型ではあるが機能的なタンパク質の発現を誘導する．アンチセンス鎖による遺伝子抑制とは異なるが，よく用いられている手法である（図3C）．

④ RNAi法

RNAiとは，**microRNA**（miRNA）や **small interfering RNA**（siRNA）といった21～23塩基（mer）の二本鎖RNAが細胞内に存在することにより，配列特異的に遺伝子の発現が抑制される現象である．RNAi法は，この現象を利用しており，人工的に合成した二本鎖RNAを細胞内に導入することで，標的mRNAの分解やタンパク質への翻訳を阻害する手法である．

細胞質内への合成二本鎖RNAの導入，または，miRNAやshort hairpin RNA（shRNA）発現ベクターの導入により発現したmiRNA，siRNAが，RNAヘリカーゼによって一本鎖に

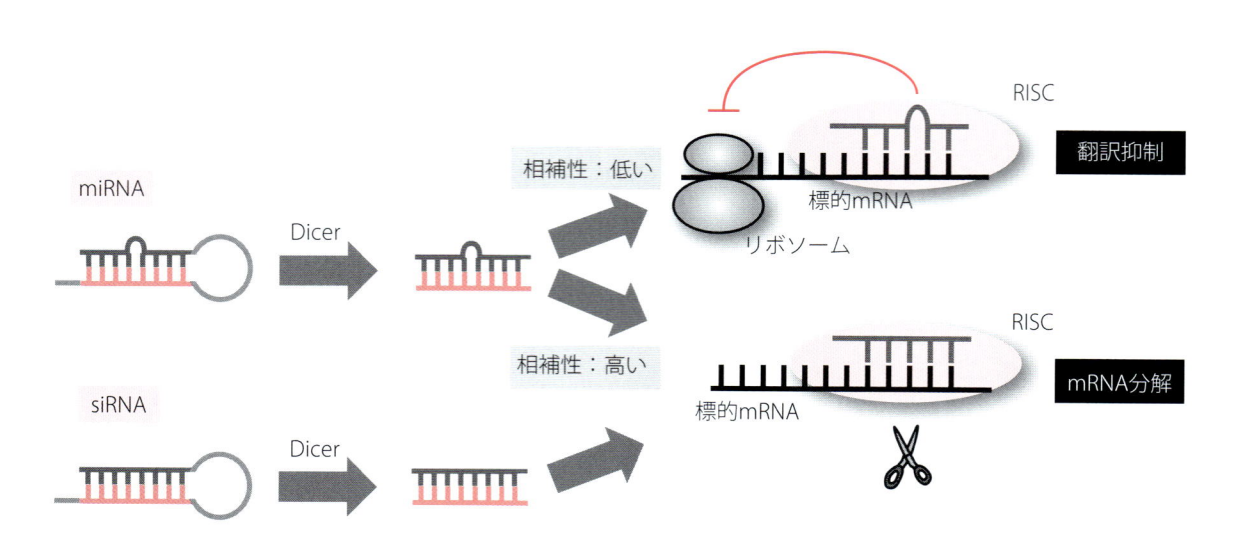

図4　RNAi法の原理
RNAiによる遺伝子抑制は，Dicer，ヘリカーゼ，RISCなど細胞質中に存在する酵素を使って行われる．RISCに取り込まれたsiRNAのアンチセンス鎖は，標的mRNAの切断・分解を行う．miRNAは，標的mRNAの相補性が低い場合，標的mRNAの翻訳阻害に働く．一方，標的mRNAの相補性が高い場合siRNAと同様に標的mRNAの切断・分解を行う

解きほぐされる．次に一本鎖RNAはRISC（RNA-induced silencing complex）とよばれる複合タンパク質に取り込まれる．一本鎖RNAを取り込んだRISCは導入したRNAの配列に従って，標的mRNAと結合し，標的mRNAを切断，あるいはその翻訳を抑制する（図4）．詳細は**3章**で述べる．

⑤ リボザイム法

リボザイムとは，**触媒活性**をもつRNAのことである．リボザイム法とは，発現ベクターを用いて，標的mRNAと配列特異的に結合するハンマーヘッド型リボザイムを，細胞内に発現させる方法である．

細胞質内に導入されたハンマーヘッド型リボザイムは，標的mRNAと結合して配列特異的に切断する．このとき，ハンマーヘッド型リボザイムは標的mRNAの切断部位から5′側と3′側に隣接した5〜8ヌクレオチドの塩基配列と特異的に結合する（図5）．

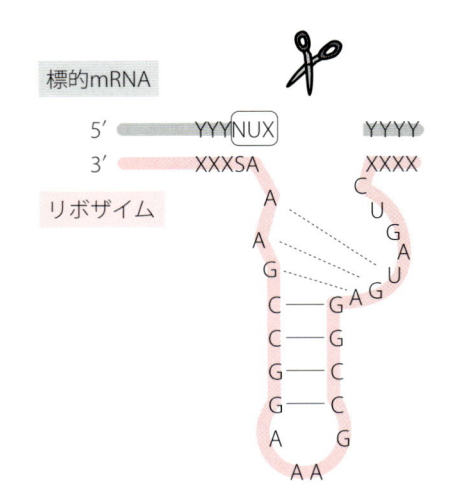

図5 リボザイム法の原理
標的mRNAはリボザイムと配列特異的に結合する際に，NUX（N：任意の塩基，X：G以外の塩基）の配列をもたなければならない

⑥ ドミナントネガティブ法

ドミナントネガティブ（優性阻害）法とは，活性が低下あるいは失活する場所に変異をもつ遺伝子を導入し，細胞内でそのタンパク質を大量発現させる方法である．不活性化したタンパク質は，正常に機能するタンパク質よりも，量的および質的に優位に働くことにより，その機能を阻害している．

遺伝子の産物であるタンパク質は，同一のタンパク質どうしが会合し，ホモ多量体を形成して初めて機能をもつものが多数ある．そのため，もし片方の対立遺伝子に変異が起こり，ホモ多量体の中に1つでも正常なタンパク質の機能を阻害する**変異体**が存在すると，そのタ

ンパク質複合体の機能は失われてしまう．例えば，ホモ四量体の場合では，正常な機能をもつ複合体は確率的に1/16しか形成されないことになる．ドミナントネガティブ法では，正常なタンパク質の機能を阻害する変異体を過剰発現させるため，正常に機能するタンパク質複合体はさらに少なくなってしまうことになる（図6）．

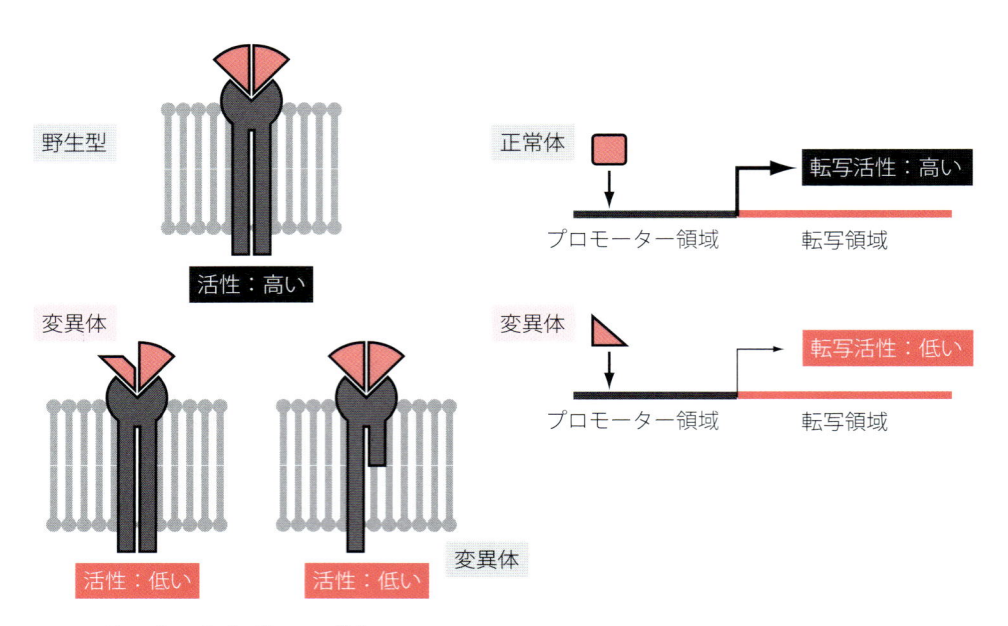

図6 ドミナントネガティブ法の原理
ドミナントネガティブ法はシグナル伝達研究に使用されることが多い．例えば，細胞増殖因子，細胞膜受容体，あるいは核内転写因子の変異体が作製される

❼ アプタマー法

　一本鎖核酸は，塩基配列に応じて多様な三次元構造をとることができる．アプタマー法は，その性質を利用し，一本鎖核酸を標的タンパク質と特異的に結合させ，その機能を抑制する手法である．

　実際の手順としては20～40ヌクレオチド程度のランダムに塩基が配列された一本鎖核酸を合成し，それを標的タンパク質と反応させる．その後，標的タンパク質と結合した核酸を選別し，PCRにて増幅する．この工程を繰り返して，標的タンパク質と強い親和性と特異性をもつ一本鎖核酸を決定する．この方法は，**SELEX**（systematic evolution of ligands by exponential enrichment）法とよばれている．こうして得た特異的な一本鎖核酸を細胞内外に投与し，先の標的タンパク質の機能を抑制する．アプタマーは，特に細胞外に存在するサイトカインやその受容体を標的として設計されることが多く，そのため必ずしも細胞内に導入する必要性がないことが特徴である（図7）．

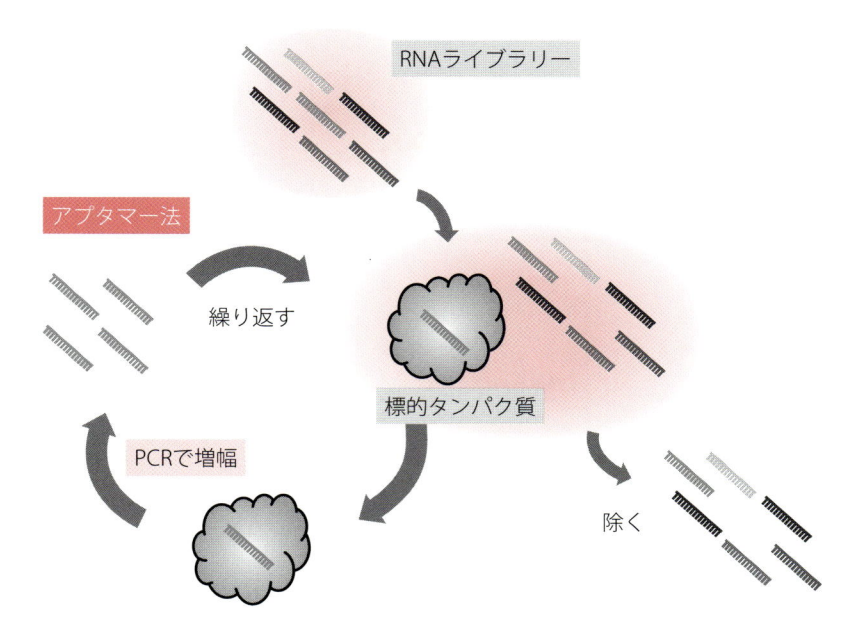

図7　アプタマー法の原理
アプタマー法では，タンパク質以外にも核酸や低分子化合物を標的にすることが可能である

参考文献
1)『遺伝子導入なるほどQ＆A』（落谷孝広/編），羊土社，2005
2)『拡大・進展を続けるRNA研究の最先端』（塩見春彦/編），羊土社，2010
3)『最新RNAと疾患研究』（中村義一/編），メディカルドゥ，2009
4) Veitia, R. A.：Plant Cell., 19：3843-3851, 2007
5) Akashi, H. et al.：Nat. Rev. Mol. Cell Biol., 6：413-422, 2005
6) Porteus, M. H. & Carroll, D.：Nat. Biotechnol., 8：967-973, 2005

Column 1

遺伝子抑制法（RNAi法）の発展のために

　遺伝子抑制技術，特にノックダウンといえば，現在ではRNAi法そのものを指すまでになっている．本書においても，遺伝子抑制実験法としてはRNAi法にほぼすべてを割いている．しかし世の中がこの方法に行き当たるまで，アンチセンス法，リボザイム法，アプタマー法などさまざまな方法が模索され，多くの試みがなされてきた（**2章-2**）．

1 アンチセンス法―花形からの変遷

　筆者がアンチセンス法を「実験医学」誌の実験法連載に執筆したのは，まだ学生の頃（1994年）であった．そのとき，遺伝子抑制実験としてアンチセンスオリゴ法は花形であった．筆者は「アンチセンスオリゴ法は，臨床応用も含め大きな可能性を秘めている」とそこに書いた．それから今に至るまで，さらにはアンチセンス法が報告されてからはすでに20年以上が過ぎた．その間に実に多くのアンチセンス医薬が試みられるなか，現在までに実際に実用化されたのは免疫不全患者に発症するサイトメガロウイルス（CMV）感染症網膜炎のための局所アンチセンス薬ホミビルセン（Vitravene）くらいである．さらに，アンチセンスオリゴを用いた遺伝子抑制実験を利用した基礎研究や論文もすっかり見なくなった．代わりに勃興してきたのはRNAi法であった．当時から遺伝子抑制に力を入れたばかりに，長年にわたり自分の研究のそこかしこに遺伝子抑制実験を使ってきた筆者としては，この抑制実験の劇的な変遷とRNAi法の進展には思いもひとしおである．なぜアンチセンス法はじめ他の遺伝子抑制実験は勃興してこないのであろうか．なぜRNAi法がすべてを凌駕したのであろうか．

2 RNAi法が凌駕した理由

　アンチセンス法は当時から詳細な作用機構がはっきりしないまま利用されてきた．利用とメカニズムの研究が乖離していた．筆者は当時，実験法のなかで「効果を徹底的にみて特異性の検討もまた徹底してするべき」と懸命に訴えたのも空しく，世に怪しいデータも多くなってきて，後では「効かない」というものも多々みられた．また，詳細な作用機構がわからないままであったため，いかにターゲット配列を選択するかにおいても，よい規則性・理論もまた見出されぬままであった．一方RNAi法においては，RNA研究やmiRNA解析の隆盛とともにそのメカニズムの詳細も明らかにされた．さまざまな規則性・理論も整った．それゆえさまざまな企業が競ってキット化も進めた．遺伝子導入法の進歩やさまざまな導入試薬の販売とも相まって，きわめて短期間のうちに一般的な方法となった．

　しかし，このRNAi法にも当時のアンチセンスオリゴ法などで培われた遺伝子修飾技術，導入のための試薬やデリバリー技術が生きている．生体ノックダウンと治療への試み（**コラム②**）や shRNAライブラリー構築（**コラム③**）などもアンチセンス法の際にイメージされていた技術応用がRNAi法として姿を変えて花開きつつある．RNAi法が臨床応用を含めて，今後さらに大きく展開するには，やはり徹底した検証と確実な再現性および「間違いのない実験結果」を求める個々の責任をもった研究の積み重ねがなくてはならない．

参考文献
1）武内恒成ほか：実験医学，12：1657-1663，1994
2）武内恒成，井ノ口馨：『脳・神経研究のための分子生物学技術講座』（小幡邦彦ほか／編），pp81-97，文光堂，2000

（武内恒成）

3章

RNAi 実験の準備と実践

1 RNAi の原理
2 siRNA デザインの方法と検索ウェブサイト
3 修飾基のついた siRNA の RNAi 効果とその選択
4 siRNA, dsRNA の取扱いと導入の基本
5 shRNA 発現ベクターの構築と導入の基本

3章 RNAi実験の準備と実践

1　RNAiの原理

程久美子，北條浩彦

　この遺伝子の発現を抑えたらどんな影響が現れるのか？ また，病気の遺伝子や感受性遺伝子を阻害して病気の治療や予防に役立てられないか？ このような目的で標的の遺伝子を特異的に阻害したいとき，RNAiはとても便利で簡単な方法として選択される．RNAiは小さな二本鎖RNAによって誘導される配列特異的な遺伝子発現の転写後抑制現象である．そのターゲットは遺伝子の転写産物，すなわちメッセンジャーRNA（mRNA）である．図1にRNAiの遺伝子発現抑制（ノックダウン）機構の概略図を示す．

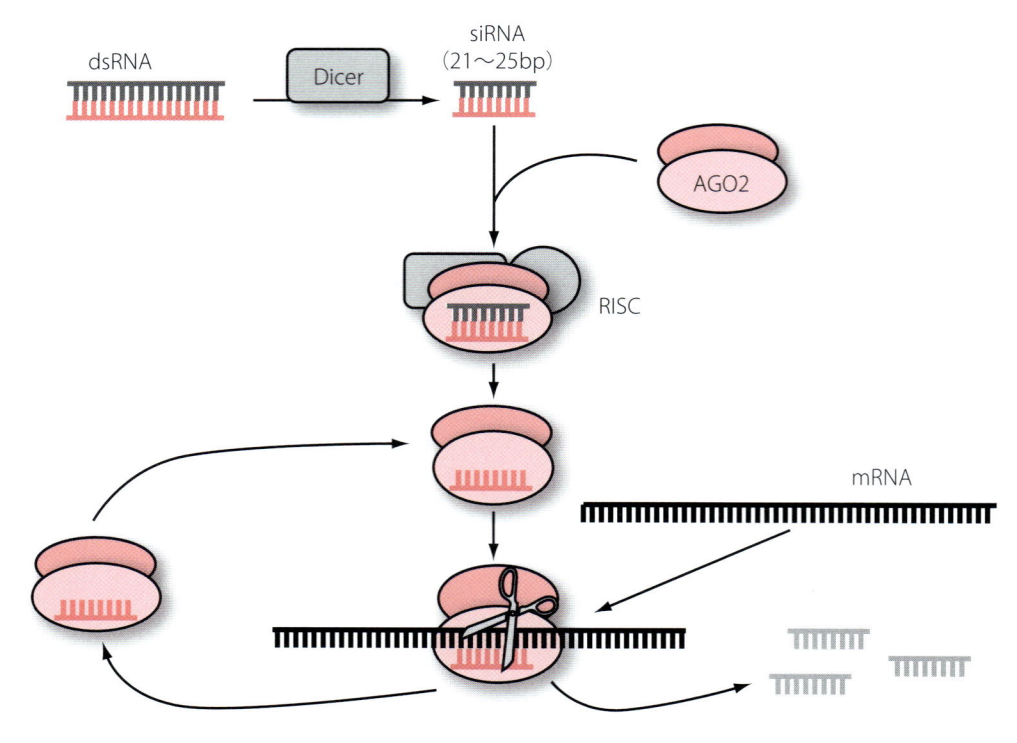

図1　RNAiの遺伝子抑制機構
RNAiは二本鎖RNA（dsRNA）によって誘導される．二本鎖RNAはDicerによって切断され，約21〜25塩基長のsiRNA二量体となる．siRNA二量体はAgoタンパク質を主要とするタンパク質複合体に取込まれてRISCを形成し，最終的には片方の（ガイド鎖）siRNA鎖がRISCに残り，配列特異性にかかわる重要な指針となる．そして，siRNAと相補的なmRNAをRISCが認識すると，そのmRNAを特異的に切断する．この一連の反応によってRNAiの配列特異的な転写後抑制が起こる

❶ 細胞内におけるRNAiのメカニズム

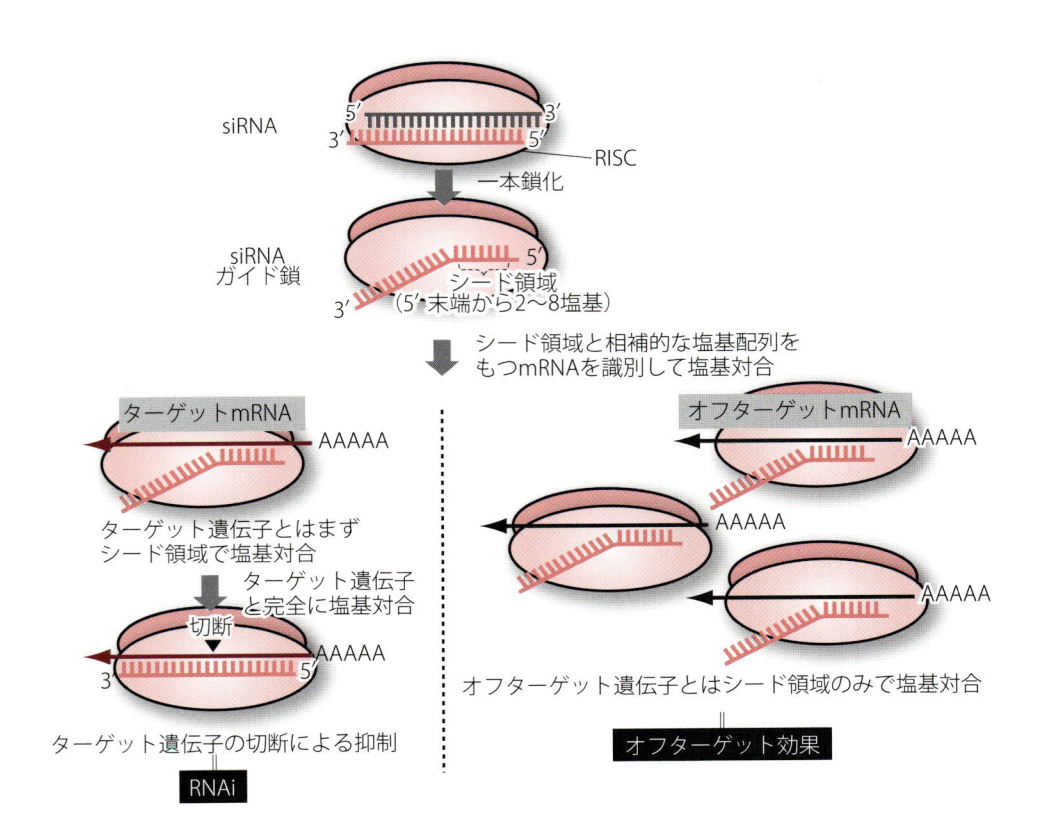

　二本鎖RNA（double stranded RNA：dsRNA）は，まず**Dicer**とよばれるRNase III酵素によって約21〜25塩基長の二本鎖RNAに切断される．この切断された小さなRNA断片を**siRNA**（small interfering RNA）二量体とよぶ．そのsiRNA二量体は**RISC**（RNA-induced silencing complex）とよばれる**Argonaute（Ago）**タンパク質を含む複合体に取り込まれ，その後，ターゲットと塩基対合するsiRNA鎖（**ガイド鎖**）を残し，その反対鎖である**パッセンジャー鎖**はAgoタンパク質によって切断され分解される．残ったガイド鎖の5′末端と3′末端の1塩基はAgoタンパク質のポケット構造にはまり込んで固定されるが，特に5′末端がアデニンまたはウラシルである場合にはAgoタンパク質と高い親和性で固定される[1]．さらに，5′末端から2〜8塩基目の塩基はAgoタンパク質の構造と電荷をうまく利用して表面に載ることができる．この2〜8塩基の部分は**シード領域**とよばれ，塩基配列の相補性をもつmRNAを識別し，最初に塩基対合する場所である．その後，siRNAは残りの9〜20塩基目もターゲットとなるmRNAと塩基対合し，mRNAはAgoタンパク質によって切断され

図2　siRNAによるRNAi効果とオフターゲット効果

siRNAはRISCに取り込まれ，一本鎖化してガイド鎖が残る．ガイド鎖は相補的な塩基配列をもつmRNAを識別して対合する．ターゲットmRNAとは全長にわたって対合し，mRNAはRISC中のAgoタンパク質によって切断されてRNAiが起こる．一方，シード領域のみが対合した遺伝子群はオフターゲット効果によって抑制される

る．これがRNAiである（図2）．このような原理から，遺伝子の機能を完全に抑制する**ノックアウト**法とは区別され，RNAiでは遺伝子は**ノックダウン**されると表現される．

ONE POINT　ノックダウンとノックアウトの違い

遺伝子発現のノックダウン（knockdown）とノックアウト（knockout）の意味の違いは，前者が遺伝子の発現機能を保持したままで遺伝子発現を一時的に阻害した状態を示し，後者は遺伝子の発現機能または遺伝子機能そのものが完全に失われたことを意味する．つまり，前者は一過性の発現抑制を受けた状態（可逆的な発現抑制状態）を示し，後者は完全に発現機能が失われた状態（不可逆的な発現抑制状態）を示す．したがって，RNAiの発現抑制はノックダウンであり，モデル生物などのノックアウト何々は，ある遺伝子の機能が完全に失われたノックアウトである．

❷ RNAi効果とオフターゲット効果

さらに，このようなターゲット遺伝子に対する抑制作用に加えて，シード領域のみが対合した遺伝子群も**オフターゲット効果**とよばれる機構により抑制される場合が多い（図2）[2]．オフターゲット効果ではmRNAは切断されるのではなく，翻訳が抑制されることによって遺伝子機能が阻害されると考えられている．このように，RNAiではターゲット遺伝子に対するRNAi効果もそれ以外の遺伝子に対するオフターゲット効果もsiRNAの塩基配列に大きく依存していると考えられる．したがって，オフターゲット効果を最小限にとどめ，ターゲット遺伝子を効率よくノックダウンできるsiRNAの配列を選択することが重要となる．

❸ 実験としてのRNAi

RNAi実験に通常用いられる**siRNA**二量体は，21塩基長の2本のRNA鎖を，それらの3'末端が2塩基突出した形で相補的に塩基対合させたRNAの二量体である（図2）．任意の遺伝子に対してRNAiノックダウンを誘導するためには，その遺伝子の転写産物（mRNA）と同じ配列をもったdsRNAまたはsiRNA二量体を合成して細胞内に取り込ませる．外部から取り込んだ合成dsRNAまたはsiRNA二量体はRNAi経路に入り，その結果，目的の遺伝子をノックダウンするRNAiが成立する．つまり，RNAiの本体であるRISCに任意のsiRNAを取り込ませることが可能であり，これにより目的の遺伝子を阻害するRNAiを自由に誘導することができる．

哺乳動物細胞にRNAiを誘導したいとき，1つ注意が必要である．哺乳動物細胞に30bp以上の長いdsRNAを導入すると，一部の細胞集団を除いて，ほとんどすべての細胞で細胞死が起こる．これは**インターフェロン応答**（または抗ウイルス反応）とよばれるウイルス感染に対するディフェンス機能が働くためであり，そのため長鎖dsRNAを用いて哺乳動物細胞にRNAiを誘導することは難しい．したがって，哺乳動物細胞にRNAiを誘導するためには，導入する（または細胞内部で発現させる）dsRNAの長さを30bp以内にする必要がある．す

なわち，本来のsiRNAの長さ（21〜25塩基長）であれば，このディフェンス機能を活性化しないでRNAiだけを誘導することができる．

ONE POINT　長鎖dsRNAでもRNAiを観察（誘導）できる哺乳動物細胞

ほとんどの哺乳動物細胞は長いdsRNAの導入によって細胞死が誘導されるが，着床前の受精卵や胚，そして未分化状態を維持した細胞（ES細胞，幹細胞）などでは，インターフェロン応答の経路が未発達のため，長いdsRNAを導入しても細胞死が起こらずRNAiを観察（誘導）することができる．しかし，それらの細胞も細胞分化や発生が進むにつれてインターフェロン応答経路ができあがってくると細胞死が誘導される．RNAi経路はインターフェロン応答経路が成立する前から存在し，未分化細胞→分化細胞を通して重要な働きを担っている．

以上をまとめると以下のようになる：

RNAiの特徴

- RNAiは二本鎖RNAによって誘導される
- RNAiの標的分子は遺伝子転写産物，mRNAである
- 任意の遺伝子をRNAiによってノックダウンする場合，その遺伝子転写産物（mRNA）と同じ配列そしてその相補配列をもったsiRNA二量体（またはdsRNA）を合成し，細胞内に導入する
- 哺乳動物細胞でRNAiを誘導する場合，30bp以上の長いdsRNAは使用しない

参考文献
1) Frank, F. et al.：Nature, 465：818-822, 2010
2) Jackson, A. L. et al.：RNA, 12：1179-1187, 2006

3章　RNAi実験の準備と実践

2. siRNAデザインの方法と検索ウェブサイト

程久美子

① デザインのポイント

　RNAi法とは，siRNAによって，相補的な塩基配列をもつ遺伝子の機能を抑制する方法である[1)2)]．RNAi法は機能低下による遺伝子機能解析法としてすでに幅広く利用されているだけではなく，ヒトの疾病における治療薬としても利用されはじめている．ヒトは2万種以上の遺伝子をもっているが，ターゲットとする1つの遺伝子以外には影響を与えず，ターゲット遺伝子特異的に効率よく抑制するsiRNAを選択することが，RNAi実験を行うためのポイントとなる．本項では，RNAiのメカニズムに基づいたsiRNA配列のデザインの方法を紹介する（図）．さらに，よく利用されるsiRNA配列検索のウェブサイトの利用法について述べる．

ONE POINT　配列選択のルール（図）

よく利用されるsiRNAは次のような配列上のルールをもっている．（A＝アデニン，T＝チミン，R＝アデニンまたはグアニン，Y＝チミンまたはシトシン，N＝どの塩基でもよい）

Ui-Teiルール：
① ガイド鎖の1塩基目がA/U
② パッセンジャー鎖の1塩基目がG/C
③ ガイド鎖の1～7塩基にA/Uが4つ以上ある
④ 10塩基以上のGC連続配列がない

Reynoldsルール：
① 全長のGC含量が低め（30％～52％）
② パッセンジャー鎖の15～19塩基目に少なくとも3つのA/Uがある
③ 内部に反復配列がなく安定性が低い
④ パッセンジャー鎖の19塩基目がA
⑤ パッセンジャー鎖の3塩基目がA
⑥ パッセンジャー鎖の10塩基目がU
⑦ パッセンジャー鎖の19塩基目にG/Cがない
⑧ パッセンジャー鎖の13塩基目にGがない

Amarzguiouiルール：
① ガイド鎖の5′末端側の3塩基のほうがパッセンジャー鎖5′末端側の3塩基より不安定
② パッセンジャー鎖の1塩基目がGまたはC
③ パッセンジャー鎖の6塩基目がAまたはU
④ パッセンジャー鎖の19塩基目がAまたはU
⑤ パッセンジャー鎖の1塩基目がUではない
⑥ パッセンジャー鎖の19塩基目がGではない

Tuschlルール：
① ターゲットサイトは翻訳開始点の50～100塩基より下流とする
② ガイド鎖の21と20塩基目に対応するmRNA配列がAA
③ ガイド鎖の21と20塩基目に対応するmRNA配列がNAの配列を用い，パッセンジャー鎖の20と21塩基目はTTとする
④ ガイド鎖の19～21塩基目に対応するmRNA配列がNAR，パッセンジャー鎖の19～21塩基目はYNNの配列
⑤ 全長のGC含量は50％前後とする

❷ siRNA 配列のデザイン

1 ［ステップ1］ RNAi効果の高いsiRNA配列選択

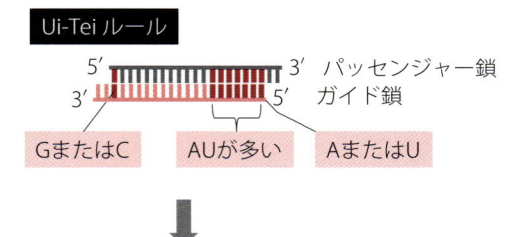

哺乳動物細胞では，全長にわたって相補的であれば，どのような配列のsiRNAでも抑制効果が認められるわけではなく，選択するsiRNAの配列によってRNAi活性は大きく異なる．これは，siRNAを構成しているリボ核酸の種類によってRISCへの取り込まれ方が大きく変わるからである．筆者らは，①siRNAガイド鎖の5′末端がアデニンまたはウラシルであり，②パッセンジャー鎖の5′末端がグアニンまたはシトシンであり，③ガイド鎖の5′側の7塩基のうち4塩基以上がアデニンまたはウラシルであること，さらに，④グアニンとシトシンが10塩基以上連続しない，という4つの条件を同時に満たすsiRNA（図）は，高い確率でター

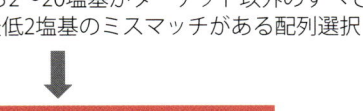

図　ターゲット遺伝子特異的 siRNA の選択法
まず RNAi 効果のある塩基配列の特徴をもつ配列を選択する［ステップ1］．次に，シード領域の塩基対合力を計算し，対合力が弱い配列を選択する［ステップ2］．さらに，ターゲット遺伝子以外のすべての遺伝子とできる限りのミスマッチをもつ配列を選択する［ステップ3］．RNAi効果が高いsiRNA配列選択に使用される3つのルール，Ui-Teiルール，Reynoldsルール，Amarzguiouiルールをそれぞれ示した

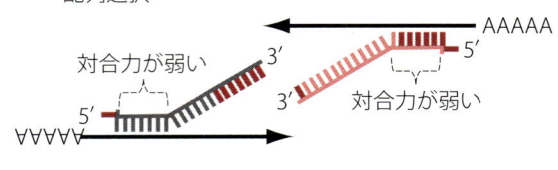

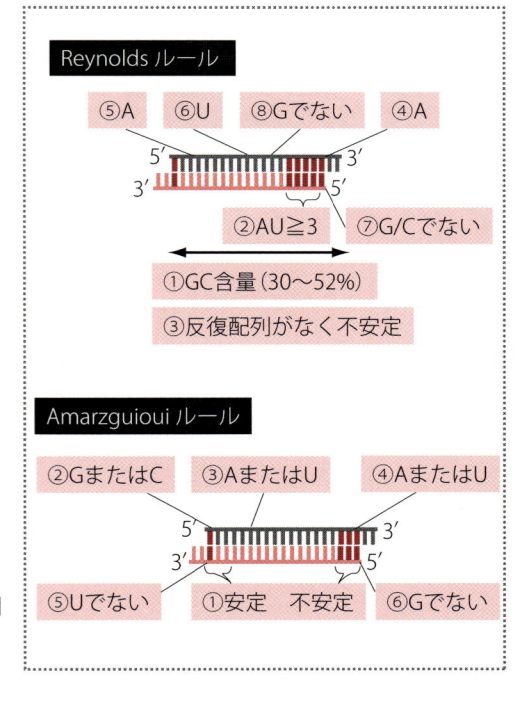

ゲット遺伝子を抑制することを明らかにしている[3]．このことは，RISCへ取り込まれやすいsiRNAは両末端の熱力学的安定性が非対称的であり，アデニンとウラシルの結合はグアニンとシトシンの結合よりも不安定であるため，5′末端が不安定なRNA鎖のほうが効率よくRISCに取り込まれやすいことを示していると考えられた[4)〜6)]．さらに，siRNAの5′側末端の1塩基はアデニンまたはウラシルであるとAgoのポケットに安定に入ることができるが，グアニンまたはシトシンはうまく固定されないという知見とも一致する[7]．

2 [ステップ2] ターゲット遺伝子特異的siRNA配列の選択

オフターゲット効果は，シード領域の7塩基が相補的である遺伝子に対して起こる抑制作用であり，確率的には$4^7=16{,}384$塩基に1カ所の頻度でオフターゲット効果が起こりえる場所が存在することになる．当然のことながら，オフターゲット効果はsiRNAを用いた遺伝子機能解析や，siRNAを医薬に応用するうえでは好ましくない，避けなければならない副作用的効果といえる．しかしながら，7塩基の相補性のみで必ずオフターゲット効果が起こるのであれば，1つの遺伝子特異的なRNAi法は不可能ということになってしまう．そこで，筆

表　siRNA設計ウェブサイトの比較

ウェブサイト	URL	提供元
AsiDesigner	http://sysbio.kribb.re.kr:8080/AsiDesigner/menuDesigner.jsf	Bioinformatics Research Center, KRIBB
DEQOR	http://bioinformatics.age.mpg.de/bioinformatics/DEQOR.html	MPI-AGE
DSIR	http://biodev.cea.fr/DSIR/DSIR.html	Ecole des Mines de Paris
NEXT-RNAi	http://b110-wiki.dkfz.de/signaling/wiki/display/nextrnai/NEXT-RNAi	German Cancer Research Center（DKFZ）
OligoWalk	http://rna.urmc.rochester.edu/cgi-bin/server_exe/oligowalk/oligowalk_form.cgi	University of Rochester Medical Center
OptiRNA	http://optirna.unl.edu/	University of Nebraska-Lincoln
OptiRNAi 2.0	http://rnai.nci.nih.gov/	National Institutes of Health
Sfold 2.2 (Srna)	http://sfold.wadsworth.org/cgi-bin/sirna.pl	Wadsworth Center, New York State Department of Health
siDirect 2.0	http://sidirect2.rnai.jp/	University of Tokyo
siDRM	http://siRecords.umn.edu/siDRM/	University of Minnesota
sIR	http://biotools.swmed.edu/siRNA&refdoi	University of Texas Southwestern Medical Center
siRNA Selector (siRNA at WHITEHEAD)	http://sirna.wi.mit.edu	Whitehead Institute for Biomedical Research
Specificity-Server	http://informatics-eskitis.griffith.edu.au/Specificity-Server/	Griffith University

者らは，7塩基の塩基配列相補性以外のオフターゲット効果にかかわる要因を解析し，シード領域によるオフターゲット効果は，この領域が強くmRNAと塩基対合する場合には起こるが，弱い場合には起こらない，あるいは非常に弱いことを見出した[8]．このことから，シード領域の二本鎖RNAが不安定なsiRNAを用いることによって，オフターゲット効果を最小限にすることが可能となった．さらに，オフターゲット効果はガイド鎖のみならず，パッセンジャー鎖によっても引き起こされる場合があるため，両RNA鎖についてシード領域の塩基対合力を考慮する必要がある．

3 ［ステップ3］ ターゲット遺伝子以外の遺伝子と相同性の低い配列選択

RNAiは，siRNAガイド鎖とほぼ全長にわたって相補的なmRNAをターゲット遺伝子とすることから，このような配列をもつ遺伝子はゲノム中には少なく，もし存在しても非常に低い頻度であるため，多くの場合，ターゲット遺伝子のみに存在する21塩基の配列選択は可能である．しかしながら，1塩基のミスマッチがあってもRNAi作用が起こりえることがわかっており，ターゲット以外の遺伝子とは可能なかぎりミスマッチがあることが望ましい．

特徴	配列選択ルール	オフターゲット効果	文献
選択的スプライシングとmRNAの二次構造を考慮したsiRNA設計法	G/C含量，連続配列，SNPなどを考慮	BLASTとFASTAで相同性検索	14
EndoribonucleaseによるsiRNA設計サイト	siRNA両末端のG/CとA/Tの非対称性，連続配列，GC含量などを考慮	BLASTで相同性検索	15
公開されているデータを使って，特定の部位の塩基配列の相違による効果を計算	ガイド鎖の5'末端がA/U，3'末端がG/Cであることを重視	BLASTで相同性検索	16
ゲノムワイドなsiRNAライブラリデザイン	Reynoldsルール，Shahルール（Ui-Tei/Reynolds/Amarzguiouiルール）	Bowtieで相同性検索	17
熱力学的パラメーターを用いたターゲットmRNAの二次構造を考慮	改変Reynoldsルール	BLASTで相同性検索	18
可能な二次構造における熱力学的特性を計算	考慮していない	考慮していない	19
実験的・論理的な基準で配列選択	Elbashirルール，Reynoldsルール	BLASTで相同性検索	20
ターゲットとの対合力，siRNAの安定性，配列特異性の組合せ	Reynoldsルール	BLASTで相同性検索	21
実験的・論理的な基準で配列選択	Ui-Teiルール	siDirectによる相同性検索とシード領域の対合力を考慮	10
siRecordsのsiRNAデータを用い，免疫応答配列，細胞毒性，オフターゲット活性を避けた配列	—	—	22
事前に計算したsiRNA配列を提供している	Ui-Teiルール，Reynoldsルール，Elbashirルール，Amarzguiouiルール	BLASTで相同性検索	23
既存の方法を列挙し，使用者が設定する	Tuschlルール，Ui-Teiルール，Reynoldsルール，Hsiehルール	BLASTとWU-BLASTで相同性検索	24
ミスマッチの位置によるスコア化によって，オフターゲット効果を避ける方法	—	WU-BLASTで相同性検索	25

ヒト遺伝子の配列解析の結果から，必ずターゲット以外の遺伝子と4塩基のミスマッチをもつsiRNAを選択することは不可能であることがわかっている．ステップ1および2の条件を付加した場合，2塩基のミスマッチをもつsiRNAであれば選択可能であるので，筆者らはこの条件を用いている．ただし相同性検索に広く利用されているBLASTは，siRNAのような短い配列では，正確な検索はできないため，短い配列でも正確に相同性を検索できる方法（WU-BLAST，siDirect）を利用することが好ましい[9]．

❸ siRNA検索ウェブサイト

　特定の遺伝子に対する最適なsiRNA配列は一般に公開されているsiRNA検索ウェブサイトを用いて選択できる．筆者らは，前述の3つのステップに従ってsiRNAを選択できるsiDirect 2.0というウェブサイトを公開している．siDirect 2.0では，デフォルトの設定で，RefSeqに登録されたヒトの94％以上の遺伝子について，少なくとも1つは有効なsiRNAが設計可能である[10]．他にも表に列挙したようなsiRNA検索サイトが公開されている．多くの検索サイトでは，Tuschlルール[11]，Ui-Teiルール（筆者らの方法）[4]，Reynoldsルール[12]，Amarzguiouiルール[13]とよばれる配列選択のルール（図），あるいはこれらを組み合わせた選択法が利用されている．また，オフターゲット効果については，配列相同性をBLASTで検索しているサイトが多いが，正確さに欠けるため，より精度の高いWU-BLASTやBowtieを利用しているものもある．さらに，mRNAが二次構造を形成することによりsiRNAが塩基対合できにくい場合や選択的スプライシングによるmRNA配列の違いなどを考慮したサイトや，RNAウイルスなどによる免疫応答反応が起こるモチーフ配列などを排除した検索システムも公開されている．さらに，オリゴ合成メーカーからも，いくつかのsiRNA配列検索サイトが公開されており利用することができる．

　また，オフターゲット効果やその他の，ターゲット遺伝子のノックダウンによる効果以外の影響が心配される場合には，同じ遺伝子の異なる場所に対して複数のsiRNAを作製して，結果を比較することが好ましい．

● おわりに

　ここで紹介したようなターゲットとする遺伝子を特異的にノックダウンするRNAi法を用いれば，特定の遺伝子の機能解析が可能となることが期待される．また，臨床的にも，疾患遺伝子の抑制などさまざまな利用が可能となるであろう．

参考文献
1) Ketting, R. F. : Dev. Cell, 15 : 148-161, 2011
2) Castanotto, D. & Rossi, J. J. : Nature, 457 : 426-433, 2009
3) Jackson, A. L. et al. : RNA, 12 : 1179-1187, 2006

4) Ui-Tei, K. et al.：Nucleic Acids Res., 32：936–948, 2004
5) Schwarz, D. S. et al.：Cell, 115：199–208, 2003
6) Khvorova, A. et al.：Cell, 115：209–216, 2003
7) Frank, F. et al.：Nature, 465：818–822, 2010
8) Ui-Tei, K. et al.：Nucleic Acids Res., 36：7100–7109, 2008
9) Yamada, T. & Morishita, S.：Bioinformatics, 21：1316–1324, 2005
10) Naito, Y. et al.：BMC Bioinformatics, 10：392, 2009
11) Elbashir, W. M. et al.：Methods, 26：199–213, 2002
12) Reynolds, A. et al.：Nat. Biotechnol., 22：326–330, 2004
13) Amarzguioui, M. & Prydz, H.：Biochem. Biophys. Res. Commun., 316：1050–1058, 2004
14) Park, Y. K. et al.：Nucleic Acid Res., 36：W97-103, 2008
15) Henschel, A. et al.：Nucleic Acids Res., 32：W113-120, 2004
16) Vert, J. P. et al.：BMC Bioinformatics, 7：520, 2006
17) Horn, T. et al.：Genome Biol., 11：R61, 2010
18) Lu, Z. J. & Mathews, D. H.：Nucleis Acid Res., 36：640-647, 2008
19) ladunga, I.：Nucleis Acids Res., 35：433-440, 2007
20) Cui, W. et al.：Methods Programs Biomed., 75：67-73, 2004
21) Ding, Y. et al.：Nucleic Acids Res., 32：W135-141, 2004
22) Gong, W. et al.：Bioinformatics, 24：2405-2406, 2008
23) Shah, J. K. et al.：BMC Bioinformatics, 8：178, 2007
24) Yuan, B. et al.：Nucl. Acids. Res., 32：W130-W134, 2004
25) Chalk, A. M. et al.：Bioinformatics, 24：1316-1317, 2008

3章　RNAi実験の準備と実践

3. 修飾基のついたsiRNAのRNAi効果とその選択

西賢二，高橋朋子，長沢達矢，程久美子

❶ siRNAへの修飾基付加効果の原理

　RNAi法では，適切なsiRNAの塩基配列を選択することによって目的とする遺伝子をノックダウンできることは**3章–1**，**3章–2**で述べたとおりである．しかしながら，siRNAは塩基配列だけでなく，構成する個々のRNA分子に化学修飾を導入することによって，RNAi経路におけるsiRNAの作用をコントロールすることが可能である．さらに，siRNAは血清や細胞培養液中に含まれるRNA分解酵素に対する感受性が高く分解されやすいという扱いにくい性質や，その電荷が陰イオン性であるため細胞膜を透過しにくいという性質，さらにRNAウイルスの侵入などによって引き起こされる免疫応答反応を起こす場合もあるという性質などを修飾基の付加によって改良できることもわかってきた．本項では，よく利用されるsiRNAの化学修飾の種類とその効果について概説する．さらに，DNA修飾をもつsiRNAによってオフターゲット効果を低減することが可能な筆者らの方法についても紹介する．

❷ siRNAの化学修飾の種類とその効果

　siRNAの化学修飾は，個々のRNA分子の①糖，②リン酸骨格，③塩基のいずれかへ導入される．それぞれの主な修飾基の名称と修飾部位，その特徴およびRNAi活性に与える影響について表にまとめた．

1 糖の修飾

　RNAのリボースの2′-OHはRNAi活性に必要ないとされているため，糖への修飾は2′位に入れられることが多い．2′位への修飾としては，2′-fluoro（2′-F），2′-O-methyl（2′-OMe），2′-deoxy-2′-fluoro-β-D-arabino nucleic acids（2′-FANA），2′-O-2, 4-dinitrophenyl ethers（2′-O-DNP），2′-deoxy（DNA）などが用いられている（図1A）．2′-F，2′-OMe，2′-FANAで修飾されたsiRNAは血清や細胞抽出液中での安定性が増し，2′-FANAや2′-O-DNP修飾ではRNAi活性が増強する（表）．また，2′-OMe修飾siRNAは，マウスを用いた個体レベルの研究でオフターゲット効果が弱まることが報告されている．apolipoprotein B遺伝子に対する2′-OMe修飾siRNAは，未修飾のsiRNAと同程度の抑制効果を示すが，免疫応答反応によって誘導されるインターフェロンαは検出限界以下になる．筆者らも，DNA修飾をもつsiRNAでは，オフターゲット効果が減弱することを明らかにし

表 siRNAの主な修飾基とその効果

修飾部位	名称	修飾可能箇所	効果	未修飾siRNAと比較したRNAi活性	文献
糖	2′-F	ガイド鎖，パッセンジャー鎖のすべてのピリミジン	細胞抽出液中での安定性増加 RNAi活性の持続性増加（培養細胞）	若干低下（培養細胞）	4
		ガイド鎖，パッセンジャー鎖のすべてのピリミジン	血清中での安定性増加 RNAi活性の持続性低下（個体）	同程度（培養細胞）	5
	2′-OMe	ガイド鎖，パッセンジャー鎖ともに部分	血清中での安定性増加 RNAi活性の持続性増加（培養細胞）	同程度または若干低下（培養細胞）	6
		パッセンジャー鎖の8カ所以下	免疫応答反応低下	同程度（培養細胞），同程度（個体）	7
	2′-FANA	ガイド鎖の3′突出塩基，パッセンジャー鎖すべて	血清中での安定性増加 RNAi活性の持続性増加（培養細胞）	増強（培養細胞）	8
	2′-O-DNP	両鎖の2′-OHの約70%	熱力学的安定性増加	増強（培養細胞）	9
	DNA	ガイド鎖の5′末端から1〜8塩基，パッセンジャー鎖の5′末端から12〜21塩基	オフターゲット効果低下	同程度または若干低下（培養細胞）	10
	LNA	両鎖の3′突出末端とパッセンジャー鎖の5′末端	血清中での安定性増加 パッセンジャー鎖によるオフターゲット効果低下	同程度（培養細胞）	11
リン酸骨格	PS	ガイド鎖またはパッセンジャー鎖，あるいは両方	細胞抽出液中での安定性増加	低下（培養細胞）	4
	boranophosphate	両鎖のシトシン，またはシトシンとアデニン	ヌクレアーゼ耐性増加	増強（培養細胞）	12
塩基	s²U Ψ D	ガイド鎖またはパッセンジャー鎖の5′末端から19塩基目	siRNAの非対称性増加	若干増加（培養細胞）	13

ているので後述する．2′位以外の糖への修飾の例としては，DNAやRNAに対する親和性が高いため，強い塩基対合を形成し血清中での安定性が増加するLNA（locked nucleic acid）を用いた例などがある（図1A）．

2 リン酸骨格の修飾

　リン酸骨格を修飾したsiRNAとしては，ホスホジエステル結合部位の酸素原子を硫黄原子に置換したPS（phosphorothioate）修飾が最初の例である（図1B）．PS修飾をもつsiRNAはRNAi活性に若干の低下がみられるが，細胞抽出液中での安定性が高い（表）．さらに，未修飾RNAに比べて数百倍，PS修飾RNAに比べて数倍のRNA分解酵素耐性をもつboranophosphate修飾siRNAは，未修飾siRNAやPS修飾siRNAに比べてRNAi活性も高いことが報告されている．

3 塩基の修飾

　塩基の修飾については，天然に存在する修飾である2-thiouridine（s²U），pseudouridine（Ψ），dihydrouridine（D）などがある（図1C）．s²UとΨは二本鎖RNAを安定化し，Dは二本鎖RNAを不安定化することが知られている．ガイド鎖の5'末端から19塩基目をs²UまたはΨ修飾し，パッセンジャー鎖の5'末端から19塩基目をD修飾したsiRNAではRNAi活性が増強する（表）．siRNAの2本のRNA鎖のうち，5'末端が熱力学的に不安定なRNA鎖がRISCに取り込まれやすいことが知られているが，これらの修飾によってsiRNAの両末端の熱力学的安定性の非対称性が高まり，ガイド鎖の5'末端がより不安定になったためRISCへの取り込み効率が増加してRNAi効果の増強が見られたと考えられる．

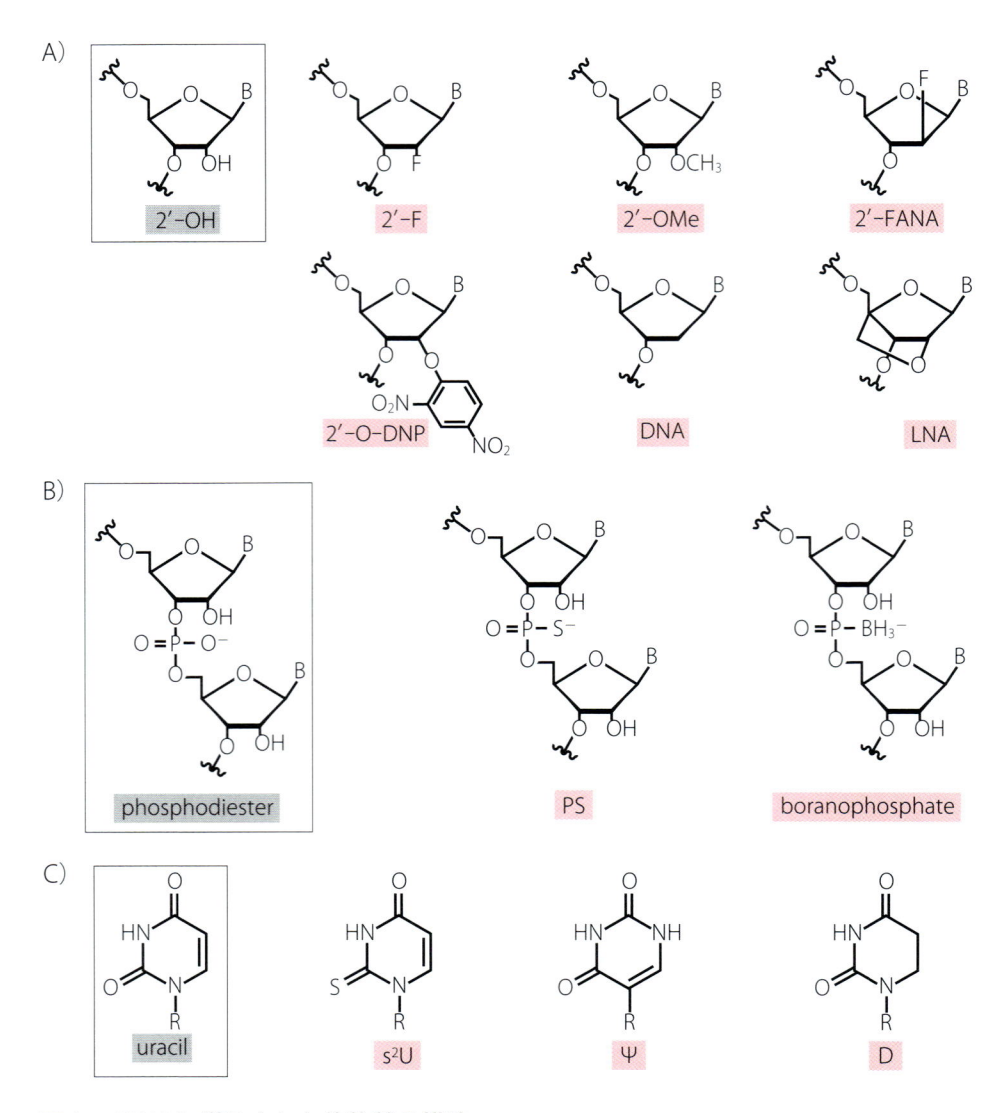

図1　siRNAに導入された修飾基の構造
A）糖の修飾．B）リン酸骨格の修飾．C）塩基の修飾．四角内は未修飾

いずれの修飾の場合も，期待される効果はsiRNA中の特定の場所に位置するRNAに修飾を入れた場合に見られ，修飾基の数が増すほどRNAi活性が低下する傾向がみられるため，適切な位置のRNAに修飾を入れる必要がある（表）．その他の修飾基およびその効果については，文献1，2を参照されたい．

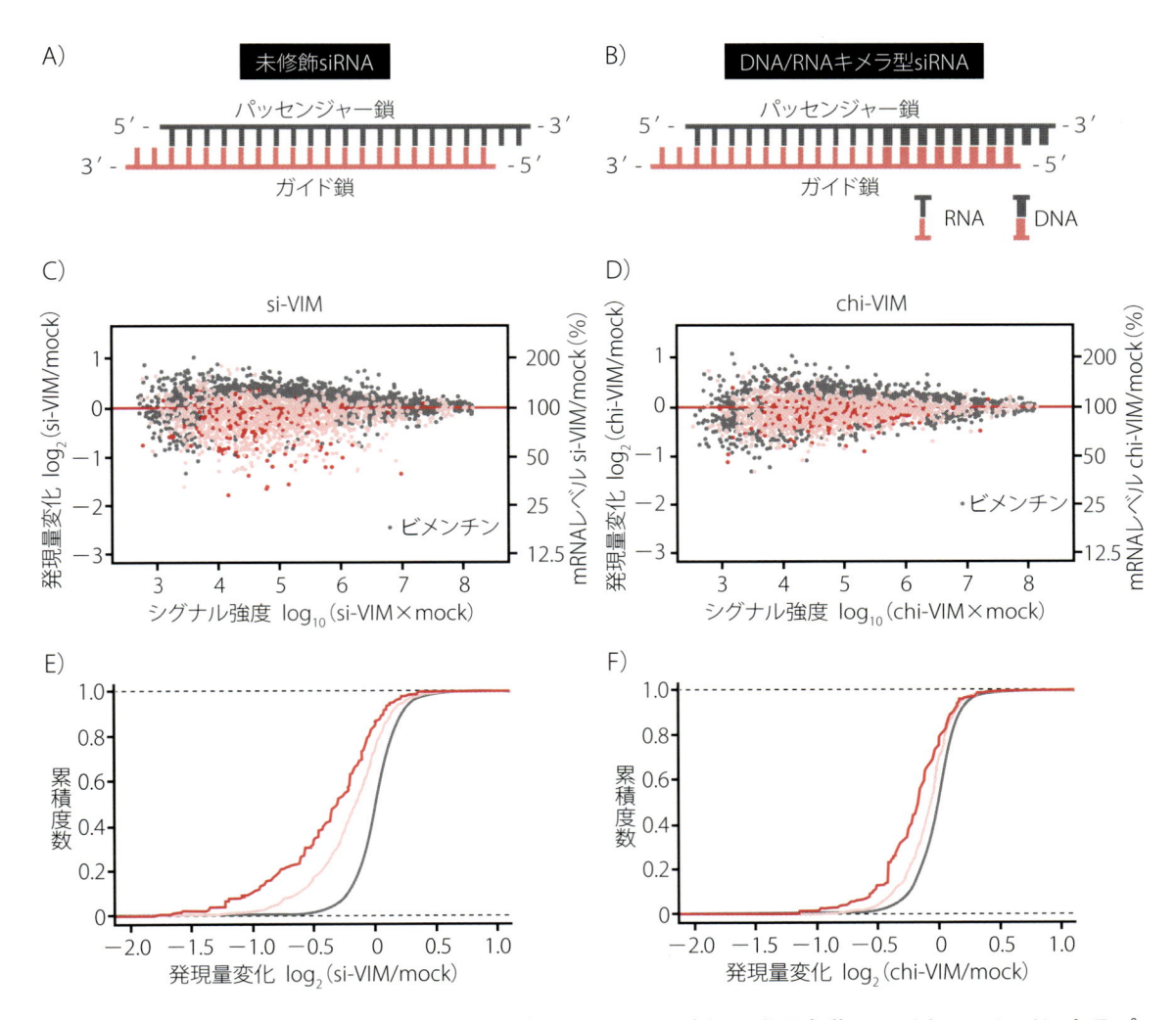

図2 未修飾siRNAおよびDNA/RNAキメラ型siRNAによる遺伝子発現変動のマイクロアレイによるプロファイリング

AB）未修飾siRNAおよびDNA/RNAキメラ型siRNAの構造．C〜F）si-VIMまたはchi-VIMをヒトHeLa細胞にトランスフェクションし，24時間後に細胞を回収して，マイクロアレイ解析を行った．CD）si-VIMまたはchi-VIMをトランスフェクションした細胞における個々のmRNA発現量の変化．横軸はsi-VIMまたはchi-VIMをトランスフェクションした細胞とトランスフェクション操作だけを行ったmock細胞を用いたときの各スポットのシグナル強度の対数の和，縦軸はmock細胞に対するsi-VIMまたはchi-VIMをトランスフェクションした細胞におけるmRNAの発現量変化．siRNAのシード領域と相補的な配列を1カ所または2カ所以上3′UTRにもつ，オフターゲット候補mRNAをそれぞれ薄い赤色または濃い赤色の点で示し，siRNAのシード領域と相補的な配列を3′UTRにもたないオフターゲット効果がないと考えられるmRNAを灰色の点で示している．EF）si-VIMまたはchi-VIMをトランスフェクションした細胞におけるmRNAの発現量変化の累積度数曲線．オフターゲット候補mRNA群をそれぞれ薄い赤線または濃い赤線で示し，オフターゲット効果がないと考えられるmRNA群を灰色の線で示している．赤線が，灰色の線より左方に移動するほど，オフターゲット候補mRNA群が抑制されていることを示す

❸ DNA/RNAキメラ型siRNAによるオフターゲット効果の低減

　筆者らによる，哺乳動物細胞で効率よくRNAiを誘導できるsiRNAの塩基配列の規則性（**3章-2**）に従ったsiRNAのガイド鎖の5′末端から8塩基と，それと対応するパッセンジャー鎖のRNAの2′-OHをdeoxy化してDNAに置換したsiRNA（DNA/RNAキメラ型siRNA，**図2AB**）は，RNAi活性にほとんど影響を与えず，オフターゲット効果を低減することができる．ガイド鎖の5′末端から1～8塩基目はsiRNAのシード領域（2～8塩基目）と重なっている．DNAとRNAの塩基対合力はRNAとRNAの対合力よりも弱いが，DNAに置換してもターゲットmRNAとの塩基対合形成は，ほぼ問題なく起こると考えられた．一方で，オフターゲット効果は，シード領域とmRNAとの塩基対合力に依存している（**3章-2**）[3) 10)]．RNA/DNAキメラ型siRNAは，未修飾siRNAに比べてシード領域の安定性が低いことから，DNA/RNAキメラ型siRNAはオフターゲット効果が弱くなると期待された．このことはマイクロアレイを用いたゲノムワイドな実験によっても明らかであった（**図2C～F**）．ヒト中間径フィラメント分子であるビメンチンに対する同じ配列の未修飾siRNA（si-VIM）とDNA/RNAキメラ型siRNA（chi-VIM）を細胞にトランスフェクションすると，chi-VIMによるビメンチンのノックダウン効率はsi-VIMに比べ若干低下した程度であったが（**図2CD**），オフターゲット効果は大きく抑制された（**図2EF**）．さらに，DNA/RNAキメラ型siRNAを用いた場合，パッセンジャー鎖によるオフターゲット効果はほとんど見られなかった．これは，DNA/RNAキメラ型siRNAではガイド鎖の5′末端側のRNAのDNA修飾によって両末端の安定性の非対称性が増強されたことによって，パッセンジャー鎖がRISCに取り込まれにくくなったことを意味している．このように，DNA/RNAキメラ型siRNAは，パッセンジャー鎖によるオフターゲット効果がなく，ガイド鎖によるオフターゲット効果も弱いため，特異的にターゲット遺伝子がノックダウンできるsiRNAである．さらに，DNAを利用しているためRNA合成に比べて安価であるという利点もある．

参考文献
1） Watts, J. K. et al.：Drug Discovery Today, 13：842-855, 2008
2） Gaglione, M. & Messere A.：Mini Rev. Med. Chem., 10：578-595, 2010
3） Ui-Tei, K. et al.：Nucleic Acids Res., 36：7100-7109, 2008
4） Chiu, Y. L. & Rana, T.M.：RNA, 9：1034-1048, 2003
5） Layzer, J. M. et al.：RNA, 10：766-771, 2004
6） Czauderna, F. et al.：Nucleic Acids Res., 31：2705-2716, 2003
7） Judge, A. D. et al.：Mol. Ther., 13 494-505, 2006
8） Dowler, T. et al.：Nucleic Acids Res., 34：1669-1675, 2006
9） Chen, X. et al.：Oligonucleotides, 14：90-99, 2004
10） Ui-Tei, K. et al.：Nucleic Acids Res., 36：2136-2151, 2008
11） Elmen, J. et al.：Nucleic Acids Res., 33 439-447, 2005
12） Hall, A. H. S. et al.：Nucleic Acids Res., 32：5991-6000, 2004
13） Sipa, K. et al.：RNA, 13：1301-1316, 2007

3章 RNAi実験の準備と実践

4 siRNA, dsRNAの取扱いと導入の基本

北條浩彦

❶ RNAiを誘導する核酸の種類と使い分け

RNAiを直接誘導するsiRNAの基本構造は，siRNAの3′末端が2塩基突出した21〜25塩基長の二本鎖RNAである（図1）．RNAiを使って任意の遺伝子を発現抑制する場合，RNAiを誘導する核酸が何であれ最終的には図1の構造をもったsiRNA二量体を細胞内に出現させてRNAiを誘導する（図2）．

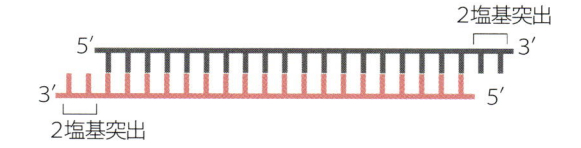

図1　siRNA二量体の基本構造
siRNA二量体は3′末端が2塩基突出した小さな二本鎖RNAである

RNAiを誘導する核酸にはどのような種類のものがあるのか表1に示す．まず，内在性（本物）のsiRNAと全く同じ構造をもった人工合成したsiRNA（合成siRNA）二量体，3′末端が2塩基RNA突出のものと2塩基DNA突出（多くのものがTT配列）のものがあり，2塩基DNA突出をもったsiRNA二量体の方がRNaseに対する耐性があるといわれているが，RNAiの誘導効果，抑制効果に関してはどちらもほぼ同じである．

人工合成した長鎖dsRNAは，哺乳動物細胞（一部の細胞を除く）以外の生物種，例えば，ショウジョウバエ，線虫，植物などの細胞でRNAiやゲノムDNAのヘテロクロマチン化を誘導する．導入された長鎖dsRNAは細胞内のDicerによって切断され，siRNA二量体となって働く．DNA型のRNAi誘導法としては，ショートヘアピンRNA（short hairpin RNA：shRNA）を発現させるshRNA発現ベクターがある（詳細は**3章-5**）．これも発現したshRNAが細胞内のDicerによってプロセス（消化）され，ループ部分が切断されて残った二本鎖

表1　RNAiを誘導する核酸

	核酸の形態	長さ[※1]	Dicer消化	哺乳動物細胞での使用	RNAiの持続性
合成siRNA	RNA	21〜25 nt	無	可	無（一過性）
合成siRNA	RNA, 3′末端DNA	21〜25 nt	無	可	無（一過性）
長鎖dsRNA	RNA	>30 nt	有	不[※3]	有
shRNA発現ベクター	DNA	>40 nt[※2]	有	可	有

※1：一本鎖の長さ（nt：ヌクレオチド）
※2：shRNA（一本鎖）の長さ
※3：未分化細胞など一部の細胞では「可」

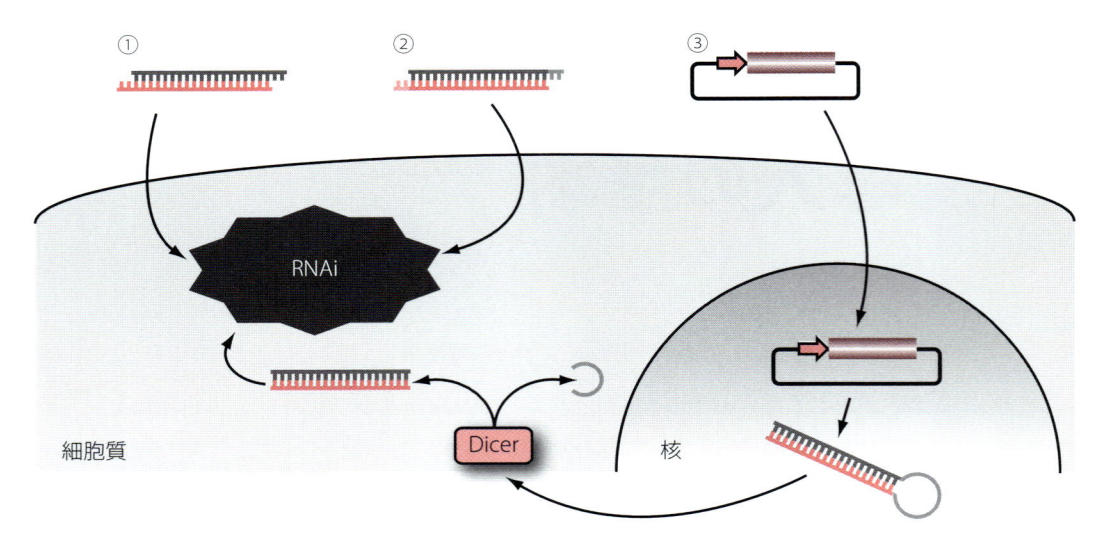

図2　哺乳動物細胞へのRNAi誘導
ほとんどの哺乳動物細胞（体細胞）は，インターフェロン応答（抗ウイルス反応）経路が備わっているため長い二本鎖RNA（＞30bp）を使ってRNAiを誘導することができない（細胞死が誘導される）．したがって，哺乳動物細胞にRNAiを誘導する場合には，siRNA二量体そのものを細胞内に導入するか，類似の小分子二本鎖RNAを発現させなければならない．その方法は，①内在性（本物）のsiRNA二量体と全く同じ構造をもった化学合成したsiRNA二量体の導入，②3'末端2塩基DNA突出をもった合成siRNA二量体の導入，そして③細胞内でshRNAを発現させるshRNA発現ベクターの導入である．発現したshRNAは細胞質内のDicerによって消化され，siRNA二量体となってRNAiを誘導する

RNA部分がsiRNA二量体となって働く．これらsiRNAの使い分けは，前者の合成siRNA二量体が即効性のある一過性のRNAi誘導に適しているのに対して，後者の長鎖dsRNAとshRNA発現ベクターは比較的長くRNAiを誘導するのに適している．

❷ siRNA，dsRNAの調製と導入に用いる試薬/マテリアル

1 siRNA，dsRNAの合成

　siRNAやdsRNAの合成方法は，DNA/RNA自動核酸合成装置を使って人工的に化学合成する[*1]か，市販の*in vitro* transcription（in vitro 転写）キットを使って自分自身で合成する．

　in vitro 転写の場合，まずRNA合成の鋳型となるDNA配列を調製し，*in vitro* 転写用のプロモーター配列の下流に連結させる．一般的な方法としてはRT-PCR〔reverse transcription（逆転写）- polymerase chain reaction〕法を用いて目的遺伝子の鋳型DNAを調製する．図3に示すように逆転写酵素によってcDNA（complementary DNA：相補DNA）を合成し，目的遺伝子の全体または一部の領域をPCR法によって増幅する．そして，そのPCR産物（DNA断片）を *in vitro* 転写用のプロモーター配列を含んだプラスミドDNAに挿入する．このとき，*in vitro* 転写用のプロモーターが向き合って並んでいるプラスミドを選び，PCR断

[*1] 核酸合成メーカーに合成依頼する場合が多い．

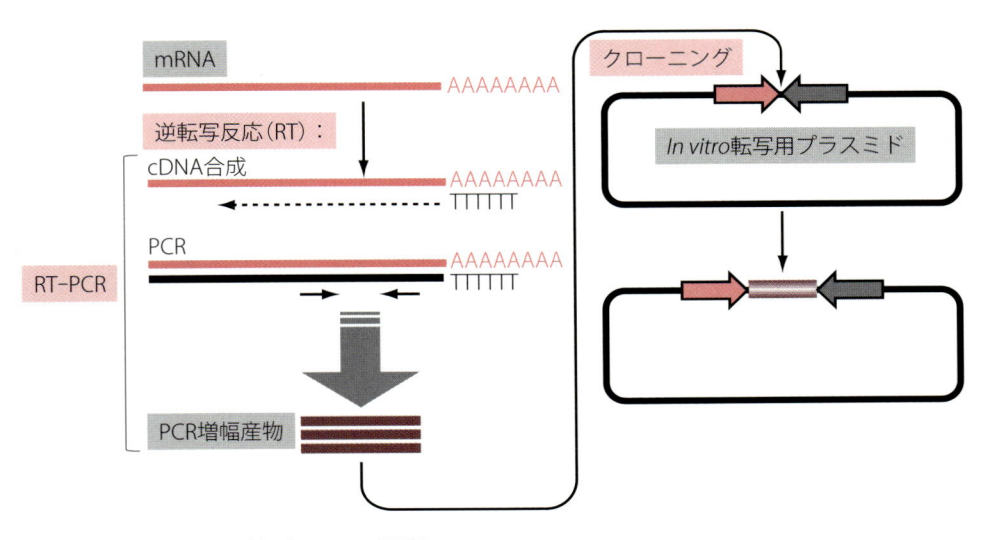

図3　*in vitro* 転写用鋳型 DNA の調製
遺伝子転写産物（mRNA）を鋳型に逆転写反応によって cDNA を合成する．次に標的遺伝子の全体または一部の領域を PCR 法によって増幅し，得られた PCR 産物を *in vitro* 転写用のプロモーター配列をもったプラスミドベクターに挿入し，クローニングする

　片をそれらのプロモーターに挟まれるようにクローニングすると鋳型調製-*in vitro* 転写のときに便利である（図3，図4A）．また，PCR 産物をプラスミドにクローニングしないで直接鋳型 DNA として用いることもできる．その場合は，*in vitro* 転写用のプロモーター配列を（5′側に）含んだ PCR プライマーを設計し，PCR を行い，得られた PCR 産物を精製してから使用する．
　in vitro 転写（図4A）は，市販のキットを使って構築した DNA 配列を鋳型に正方向，逆方向の RNA 合成を行い，それぞれセンス鎖 RNA，アンチセンス鎖の RNA を合成する．合成後は市販のカラムなどを用いて RNA を精製し，アニーリング作業によって長鎖 dsRNA を作製する．さらに，この長鎖 dsRNA を市販の Dicer 酵素を使って消化し（図4B），siRNA 二量体を調製することもできる．このようにして得られた siRNA，dsRNA は，小分けして霜取り機能のない冷凍庫（−20℃以下）で保存する[*2]．
　siRNA，dsRNA の合成と調製そして核酸導入も含めた工程で重要なポイントは，**RNaseの混入（コンタミネーション：コンタミ）をいかに防ぐか**である．作業中の RNase コンタミを防ぐために，RNase フリー滅菌水やフィルターチップの使用，そして手袋の着用を推奨する．

2　siRNA，dsRNA の導入

　siRNA，dsRNA の細胞内核酸導入方法は，基本的には DNA（プラスミド）と同じ核酸導入方法を用いて行う．一般的な方法としてはリポフェクションやエレクトロポレーション法があり，shRNA 発現ベクターを導入する場合には，さらにウイルスを用いた導入方法もある（これらの詳細については **4章** を参照）．この中で最も安価で手軽にできるものはリポフェ

[*2] 凍結融解による siRNA の劣化を防ぐため．

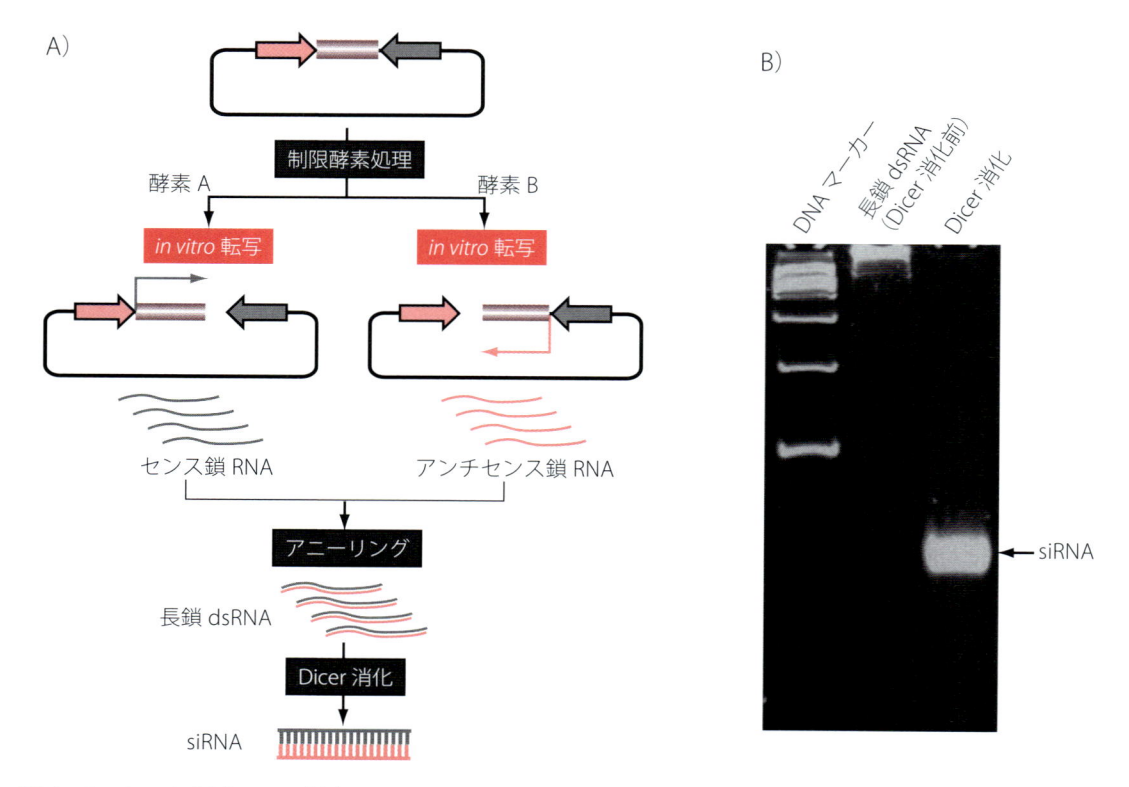

図4　in vitro 転写と Dicer 消化

A）in vitro 転写用 DNA プラスミド（図3）は，制限酵素処理後，in vitro 転写の鋳型として用いられる．in vitro 転写によってセンス鎖 RNA，アンチセンス鎖 RNA を合成し，その後アニーリングによって二本鎖 RNA（長鎖 dsRNA）を作製する．そして，Dicer 消化によって siRNA 二量体を調製する．B）アニーリングした長鎖 dsRNA を Dicer 消化し，ゲル電気泳動法によって展開した写真．長鎖 dsRNA が Dicer 処理によって siRNA 二量体に切断されている

クション法であり，市販の核酸導入（トランスフェクション）試薬とそのプロトコールにしたがって上記の核酸を細胞内に導入することができる．核酸導入で注意すべき点はトランスフェクション効率である．トランスフェクション効率は，見かけの RNAi ノックダウン効果と実際のノックダウン効果との間に差を生じさせる要因となる．使用する核酸導入剤の種類や方法，そして導入する細胞の種類によってトランスフェクション効率が変わるので注意が必要である[1]．

ONE POINT　トランスフェクション効率の影響

強力な RNAi ノックダウンを誘導する siRNA や shRNA 発現ベクターであってもそれらのトランスフェクション（導入）効率が悪かった場合，核酸が導入されなかった多数の細胞で発現するターゲット遺伝子の発現量が高いバックグラウンドとなり，全体として，見かけの発現抑制効果（RNAi ノックダウン効果）は低く観察されてしまう（詳細は文献1参照）．したがって，正確な発現抑制効果を判定できなくなってしまう．

参考文献

1) 北條浩彦：バイオテクノロジージャーナル，6：51-57，2006
2) 『RNAi 実験なるほど Q & A』（程久美子，北條浩彦/編），羊土社，2006

3章 RNAi実験の準備と実践

5 shRNA発現ベクターの構築と導入の基本

松下夏樹

RNAi実験の際,合成siRNAの導入(**3章-4**)ではRNAiの効果が一過性であるために,長期の観察をする実験目的に十分に適合しない場合がある.そのような場合には,RNAiの効果を高効率でかつ長期に持続させることが期待できる,発現ベクターを用いるRNAi誘導実験が有効である[1)2)].発現ベクターを用いるRNAi誘導実験では,標的の細胞を蛍光タンパク質や薬剤耐性能などで標識するなど,実験の目的や条件に沿った幅広いツール選択が可能となる.本項ではRNAiベクターの構築と導入の基本について概説する.

❶ 発現ベクターを用いるRNAi誘導の原理

RNAiベクター法とは,siRNA発現のための適切なDNA配列カセットをさまざまなベクターを介して細胞に導入し,導入されたDNAの転写をベースにsiRNAを生産させることにより,RNAiを誘導する方法である[1)2)].ベクターの構造はショートヘアピン型(ステムループ型)とタンデム型に大別される.前者の方がベクターの構築が容易で,より有効なRNAi効果を発揮するので,現在使用されているほとんどのベクターがショートヘアピン型である.

1 ショートヘアピン型(ステムループ型)ベクター

ショートヘアピン型では,対象遺伝子の標的配列のセンス鎖とアンチセンス鎖の配列をループ配列で連結した連続の配列が,適切な転写プロモーターの下流に配置された基本構造をもつ(**図1**).転写で産生された短鎖RNAはヘアピン状のステムループ構造を形成することからショートヘアピンRNA(shRNA)とよばれる.shRNAは核外に輸送されたのちDicerによってループ配列が切断されて二本鎖siRNAとなり,合成siRNAと同様の過程でRISCに取り込まれRNAiの効果をもつ

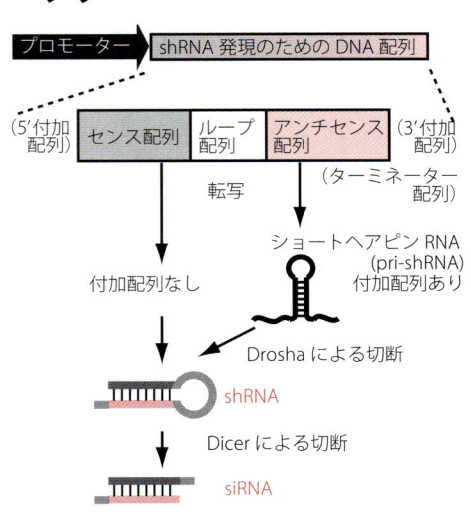

図1 shRNA発現ベクターの基本構造とsiRNAの生成

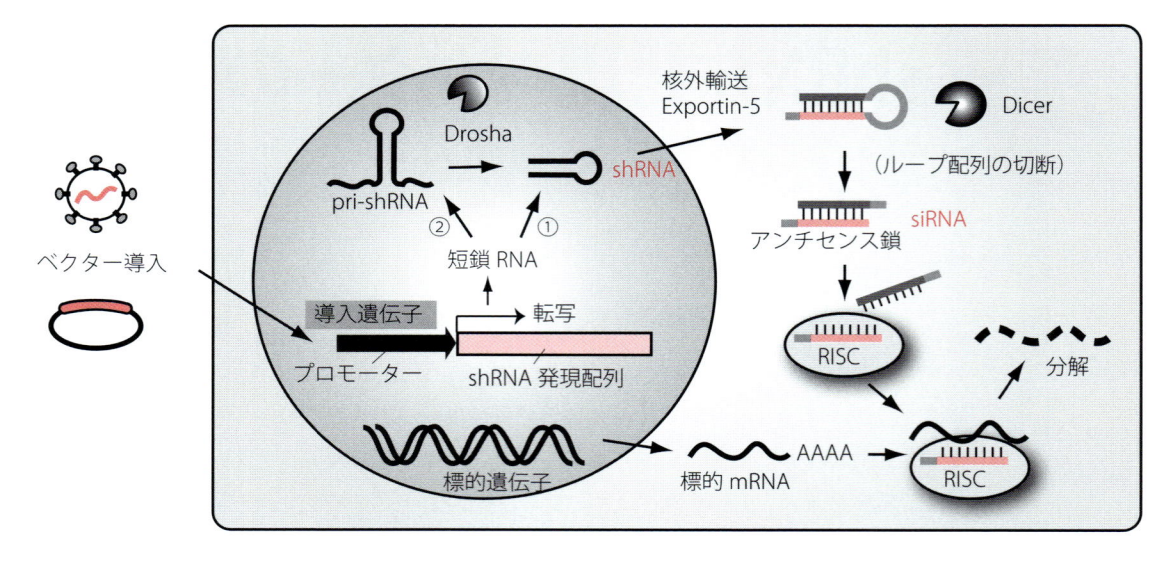

図2 shRNA発現ベクターの細胞内導入とRNAi経路

と考えられている（図2）[3)4)]．細胞内での酵素による切断反応に依存するので，必ずしも期待どおりの配列をもつsiRNAが生成するとは限らない．**合成siRNAを用いたRNAi効果と一致しない可能性があることを留意する**必要がある．

　shRNAの発現にはRNAポリメラーゼIII依存的（pol III系）プロモーターまたはpol II系プロモーターを利用する．両者には転写開始や終結などの特性に違いがあるので，ベクター内のshRNA発現カセットの構造（配列）には，それぞれのプロモーターに適した配列の配置をデザインする必要がある．

● pol III系プロモーターshRNA発現ベクター

　短鎖RNAの転写のために，U6プロモーター，H1プロモーターなどが使用される．pol III系の場合，T（チミン）の連続4以上の配置が転写のターミネーターとなるので，短鎖RNAの配列を［センス配列＋ループ配列＋アンチセンス配列］のみで構成させることができる．この場合，転写産物は両端に付加配列のないシンプルなshRNA構造をとって核外に輸送され，Dicerによる切断（siRNA生成）からRISCへの経路（標的mRNAの分解）に至ると考えられている（図2①）[4)]．

● pol II系プロモーターshRNA発現ベクター

　最近では，CMVプロモーターなどのpol II系プロモーターによるshRNA発現ベクター（miRNA発現ベクターとよばれることもある）が頻繁に利用されている．内在性microRNA（miRNA）の配列情報や発現制御などがよく理解されるようになったことが一因である．shRNAの発現を任意にコントロールする条件的誘導型ベクターも比較的デザインしやすい．内在性のmiRNAの配列を模倣して，ステム配列部分（センス配列およびアンチセンス配列）のみを標的遺伝子配列に置換する構造が基本的なデザインである．初期転写産物（pri-shRNA）はステムループ構造に加えて，5′側と3′側にmiRNA付加配列やその他の余分な配列を有する．この場合，核内でDroshaによって付加配列が切断されたのちステムループ構造となって核外へ輸送される（図2②）[4)5)]．標的ノックダウンを目的とするベクター構築

```
ベクターの種類の決定 → プロモーターの種類の決定 → shRNA発現コントロール

プラスミドDNAベクター      polⅢ系プロモーター      恒常的発現
レトロウイルスベクター      polⅡ系プロモーター      Tet-ONシステム
レンチウイルスベクター                              Tet-OFFシステム
アデノウイルスベクター                              Cre/loxPシステム
アデノ随伴ウイルスベクター
```

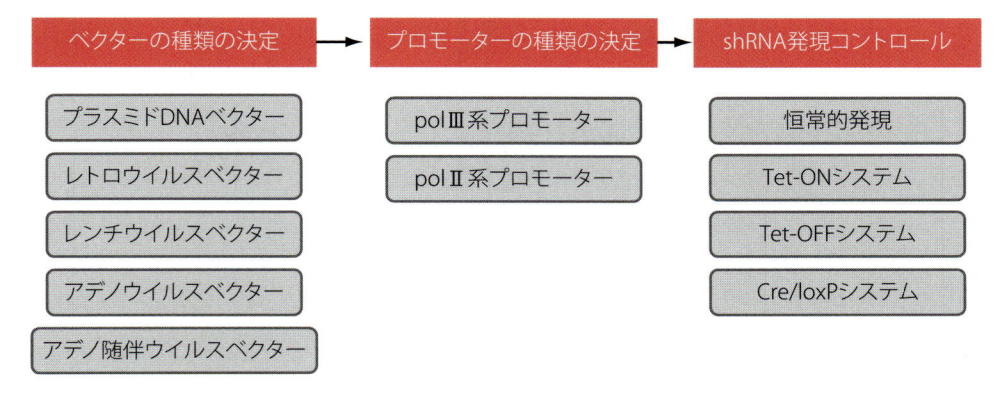

図3　shRNA発現コントロールまでの流れ

では，ステム部分のアンチセンス配列は標的遺伝子に対して100％相同にしたデザインであるので，RNAi経路はsiRNAと同じと考えられている．RISCで標的mRNAの分解に機能して，内在性miRNAのような翻訳阻害にかかわる可能性は低いと考えられている[6]．

2 タンデム型ベクター

センス鎖とアンチセンス鎖の2本の短鎖RNAを別々に転写させるpolⅢ系プロモーターによる発現カセットをタンデムに2つ配置する方法である．細胞内で2本の短鎖RNAのアニーリングによって二本鎖siRNAを形成させる．現在ではあまり使われていない．

❷ 遺伝子導入のためのベクターの種類と使い分け

合成siRNAの導入効率が悪い場合の代替手段として，培養細胞への発現ベクターを用いたDNA導入法があり，shRNAの一過性，または安定した強い発現が期待できる．発現ベクターの利点は，宿主染色体への組み込みと薬剤選択や蛍光標識などによる遺伝子導入細胞の選択によって，長期の発現抑制実験を可能にする点である（図3）．

1 プラスミドDNAベクター

プラスミドDNAベクターの場合，安価で簡単に構築することができる反面，DNA遺伝子導入による宿主染色体への組み込み効率は悪い．

2 レトロウイルスベクター，レンチウイルスベクター

レトロウイルスおよびレンチウイルスはどちらもRNAウイルスである．shRNA発現カセットを含むウイルスゲノムが逆転写されて宿主染色体へ挿入されるので，宿主細胞の分裂後もshRNA発現カセットは安定に保持されて導入細胞でshRNAを長期に安定して発現させることができる．細胞あたりの導入遺伝子コピー数が少ないのでshRNAの発現量は少ない．**できる限り抑制効率の高い標的配列を選ぶことが肝要である**．現在ではshRNA発現ベクター

として最も頻繁に利用されており，調製済みのウイルスベクターが各社より市販されている．

3 アデノウイルスベクター

アデノウイルスゲノムは宿主染色体への挿入は起こらず染色体外に存在するので，細胞分裂ごとに導入遺伝子（shRNA）の発現は減弱する．しかしアデノウイルスベクターは高力価のウイルス調製ができて，実験目的に合わせて導入遺伝子のコピー数を比較的容易にコントロールすることが可能である．多くの細胞種で感染効率がよく一過性の強いshRNA発現に向いている．細胞毒性や傷害性が高いことが欠点である．

4 アデノ随伴ウイルスベクター

アデノ随伴ウイルスベクターは非病原性ウイルス由来で安全性が高く，免疫反応などを惹起しにくい．生物個体への遺伝子導入に採用されることが多い．宿主域が広く，最終分化した非分裂細胞への遺伝子導入も効率がよい．ベクターでは部位特異的挿入能が失われているので，ほとんどが宿主染色体には挿入されずエピソームとして存在する．導入できる遺伝子サイズが小さいのが弱点であるがshRNA発現カセット程度であれば問題にならない．

5 その他のウイルスベクター

RNAi応用に関して，遺伝子治療に使われているその他のウイルスベクター（ヘルペス単純ウイルスなど）の使用例は今のところ少ない（表1）．

表1 ベクターの種類と使い分け（詳細は4章-8参照）

	細胞内での存在部位	長所	短所	向いている実験
プラスミドDNAベクター	染色体外	安価 構築が容易	染色体への組み込み効率が悪い	一過性の強いshRNA発現
レトロウイルスベクター	宿主染色体	細胞分裂後も長期に安定	shRNA発現量は少ない	安定したshRNA発現
レンチウイルスベクター	宿主染色体	細胞分裂後も長期に安定	shRNA発現量は少ない	安定したshRNA発現
アデノウイルスベクター	染色体外	高力価．コピー数のコントロールが容易	細胞毒性/傷害性が高い	一過性の強いshRNA発現
アデノ随伴ウイルスベクター	エピソーム	免疫反応を惹起しない 宿主域が広い	導入遺伝子サイズが小さい	生物個体への遺伝子導入

❸ shRNA発現のためのプロモーターの種類と使い分け

1 pol III系プロモーター

pol III系プロモーターは短鎖RNA転写のためのU6またはH1プロモーターはどちらも多くの細胞種で強い転写活性をもつので，細胞内でshRNAの恒常的な強い発現が期待できる．その反面，発現量のコントロールは難しい．shRNAの過剰発現によって内在性RNAi経路が

攪乱されサイドエフェクトが生じる報告例もある[7]．

2 pol II系プロモーター

pol II系プロモーターは安定したshRNA発現のために最近では好まれて使用されている．shRNAの発現量はプロモーターの転写活性に依存する．使用する細胞種とプロモーター活性の最適条件を考慮する必要がある．市販のベクターでは，どの細胞種でも比較的強い汎用プロモーターを使用している．プロモーター活性の特性を利用することによって，shRNAの発現量コントロールやshRNAを発現させる細胞種の選別などの選択幅が広い（表2）．

表2 プロモーターの種類と使い分け

分類	プロモーター名	長所	短所	shRNA発現ユニット構造
pol III系プロモーター	U6プロモーター H1プロモーター など	恒常的な強い発現	発現量の任意コントロールは困難	shRNAのみの発現ユニットで構成される
pol II系プロモーター	CMVプロモーター EF1αプロモーター CAGプロモーター など その他，細胞タイプ特異的プロモーター	恒常的に安定した発現 条件的ノックダウンに向けた任意コントロールのための改変が容易	pol III系と比較して，相対的にRNAi効果が弱いケースがある	蛍光マーカー遺伝子等の非翻訳領域に，shRNAの配列を配置して，融合発現ユニットを構成できる

4 shRNA発現コントロールのための種類と使い分け

1 Tet-ON（OFF）RNAi誘導ベクター

テトラサイクリン遺伝子発現システム（Tet-ONシステム）をshRNA発現系に適用したRNAi誘導ベクターが開発されている[8]．pol III系またはpol II系の選択，プラスミドまたはウイルスベクターの選択が可能である．条件によっては，非誘導時にもshRNA発現リークによるRNAi効果が認められる場合があるので注意を要する．

ONE POINT　サイドエフェクトと発現リーク

shRNA過剰発現によるサイドエフェクト：
元来細胞内には内在性のRNAi機構が存在して細胞機能の恒常性が維持されている．外来遺伝子導入によるshRNAの過剰な発現でみられた表現型変化は，標的遺伝子の発現抑制が主要因ではなく，内在性のRNAi機構の攪乱が誘発された結果である可能性がありうる．Exportin-5による核外輸送能力が飽和してしまうことが一因であるとの報告例がある[7]．

shRNA発現リーク：
設計された標的配列が有効であればあるほど，極微量のshRNA発現でも強いRNAi効果が発揮される．条件的shRNA発現コントロールでは，ベクターを導入したあとRNAi非誘導時のshRNA発現を最大限に抑えて，RNAi誘導時とのコントラスト比を大きくすることが重要である．しかし，机上論理では非誘導であっても，微量のshRNA発現（リーク）がRNAi効果を発揮してしまう場合があるので，プロモーターの選択などに注意が必要である．

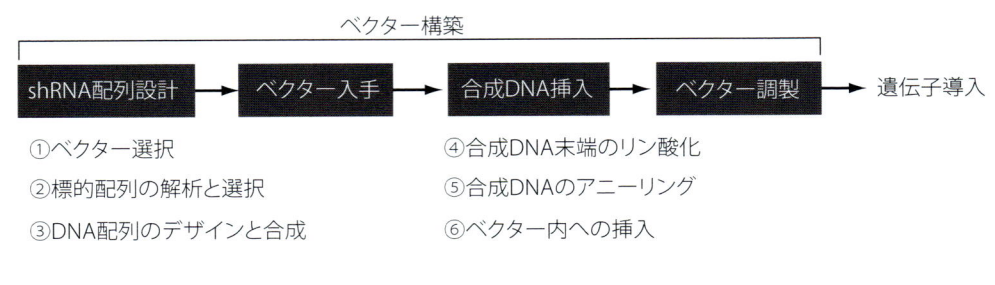

```
                            ベクター構築
┌─────────────┬─────────────┬─────────────┬─────────────┐
│ shRNA配列設計 │ ベクター入手 │ 合成DNA挿入 │ ベクター調製 │ → 遺伝子導入
└─────────────┴─────────────┴─────────────┴─────────────┘
```

①ベクター選択　　　　　　　　　④合成DNA末端のリン酸化
②標的配列の解析と選択　　　　　⑤合成DNAのアニーリング
③DNA配列のデザインと合成　　　 ⑥ベクター内への挿入

図4　ベクター構築の流れ

2　Cre/loxP 組換え依存RNAi誘導ベクター

　Cre/loxP相同組換えシステムをshRNA発現系に適用して，Cre組換え酵素の有無に依存したRNAi誘導ベクターのデザインが可能である[9]．非誘導時のshRNA発現リークによるRNAi効果が認められる場合があるので注意を要する．

⑤ ベクター構築に用いる試薬とマテリアル（図4）

1　shRNA配列設計

　siRNA配列設計（デザイン）法について**3章-2**に詳しい説明がある．使用するshRNA発現ベクターでRNAi効果の高い標的配列を選択することが最も重要である．各社・各機関よりsiRNA検索ウェブサイトが公開されているので検索利用できる．shRNAベクター構築に適した配列設計を行うウェブサイトや受託解析もあるので利用できる．RNAiコンソーシアムによるデータベース構築が進んで，各標的遺伝子に対するノックダウン確認済みのshRNA配列情報も公開されており入手できる[10]．以下に留意点を述べる＊．

①pol III系プロモーターでは，T（チミン）が4つ以上連続する配列は転写終結シグナルとなるので標的配列として選択しない
②**RNAi効果のある合成siRNAの配列が必ずしもshRNAベクターで同様の効果があるとは限らないことに留意する**
③プロモーターの特性やループ配列の違いによって効果が異なる場合がある

2　使用するベクターの入手

　さまざまなベクターが市販されており入手可能である．それらの一部を**表3**にまとめた．これらの中にはゲノムワイドのshRNA発現ライブラリーが構築されているものがあるので，各々の標的遺伝子に対するshRNA発現ユニットを構築・調製済みの完成型ベクターを入手することもできる．

＊ベクター情報も含めた各社独自のアルゴリズムに基づく配列解析であるので，ベクターの提供元と候補配列の提供元が一致または連携している方が比較的RNAi効果の期待度は高いと考えられる（著者の私見）．

表3　市販されている各種shRNAベクターのラインナップ

ベクター名	入手先・メーカー等	プロモーター	種類	特徴
pBAsiシリーズ	タカラバイオ社	U6, H1 (pol III)	プラスミドDNA	薬剤選択
pSilencer	ライフテクノロジーズ社	U6	プラスミドDNA	薬剤選択
pSINsiシリーズ	タカラバイオ社	U6, H1	レトロウイルス	2つのプロモーター
RNAi-Ready pSIREN-RetroQ	タカラバイオ社	U6	レトロウイルス	U6を優先的に採用
Block iT U6 RNAi	ライフテクノロジーズ社	U6	プラスミドDNA / レンチウイルス / アデノウイルス	Gatewayシステム
pSUPERシリーズ	OligoEngine社	H1	プラスミドDNA / レトロウイルス	H1を優先的に採用
pSIH / pSIF	System Biosciences社	H1	レンチウイルス	3LTRにshRNAユニット
pLKOシリーズ	シグマ・アルドリッチ社	U6	レンチウイルス	いずれもゲノムワイドのshRNAライブラリーが構築されて，市販されている
pSM2 retro-vector	Open Biosystems社	U6	レトロウイルス	
pGIPZ vector	Open Biosystems社	CMV (pol II)	レンチウイルス	
SMART vector	Dharmacon社	CMV (pol II)	レンチウイルス	
Block iT Pol II miR RNAi Expression	ライフテクノロジーズ社	CMV, EF1αなど (pol II)	プラスミドDNA / レンチウイルス	miR-155の配列を模倣
pSingle-tTS-shRNA / pSIREN-RetroQ-Tet	タカラバイオ社	TetO + U6 (pol III)	プラスミドDNA / レトロウイルス	Tet-ON誘導
BLOCK-iT Inducible H1 RNAi Expression	ライフテクノロジーズ社	TetO + H1 (pol III)	レンチウイルス	Tet-ON誘導
TRIPZ shRNAmir	Open Biosystems社	Tet inducible (pol II)	レンチウイルス	Tet-ON誘導 ゲノムワイドライブラリー

3 ベクター内へ合成DNAの挿入（図5）

　使用するベクターの構成や特徴に従い，shRNA発現カセットのためのDNA配列をデザインして合成する．センス・アンチセンス配列の並び順や方向，ループ配列，相同性などはベクター種によって異なるので，実際に使用するベクターの標準プロトコールに従うようにしよう．実際には5′端をリン酸化した合成DNAを，アニーリングにより二本鎖として，通常のライゲーション法でベクターの適切な位置に挿入連結する．例えばpol III系ベクターでは一般的に，標的配列に対して［センス配列＋ループ配列＋アンチセンス配列＋ターミネーター配列］でデザインして，両端には適切な制限酵素切断末端に対応する配列を付加する（一例を図5に示す）．このとき**必ずシークエンシングを行って挿入塩基配列を確認することが重要である**．

4 ベクター調製と遺伝子導入

　構築されたベクターはその種類に応じて調製法が異なる．すなわち，プラスミドDNAはトランスフェクショングレードの調製を行い，細胞への遺伝子導入に使用する（**4章-1**参照）．一方ウイルスベクターは，それぞれの調製プロトコールに従いウイルス粒子を調製して，遺伝子導入に使用する（**4章-8**参照）．

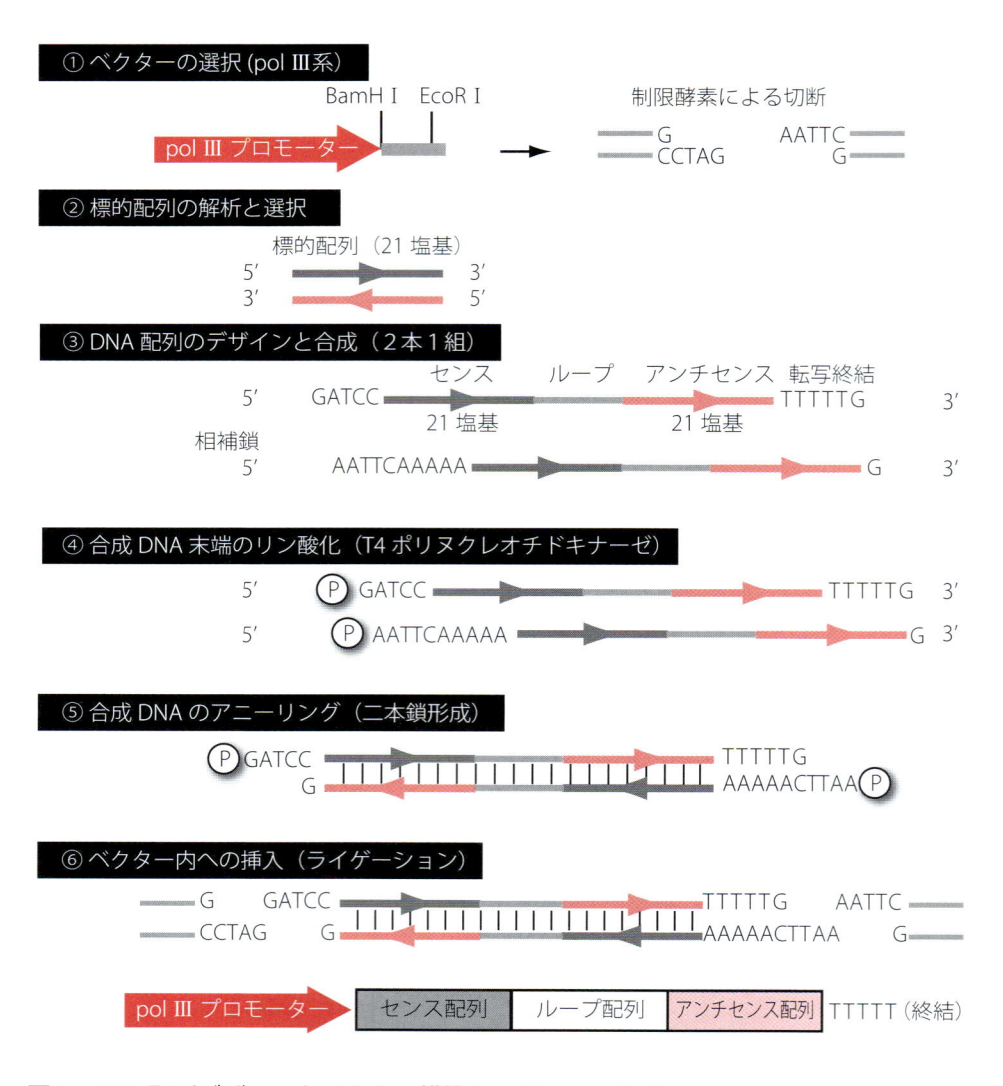

図5　DNA配列デザインとベクター構築の一例（pol III系）

参考文献＆ウェブサイト
1) Sui, G. & Shi, Y.：『in RNA Silencing, Methods and Protocols』（Carmichael G. G. eds.), Humana Press, pp205–218, 2010
2) Brummelkamp, T. R. et al.：Science, 296：550–553, 2002
3) Hannon, G. J.：Nature, 418：244–251, 2002
4) Rao, D. D. et al.：Advanced Drug Delivery Reviews, 61：746–759, 2009
5) Lee, Y. et al.：Nature, 425：415–419, 2003
6) Zeng, Y. et al.：Mol. Cell, 9：1327–1333, 2002
7) Grimm, D. et al.：J. Clin. Invest., 120：3106–3119, 2010
8) Meerbrey, K. L. et al.：Proc. Natl. Acad. Sci. USA, 108：3665–3670, 2011
9) Hitz, C. et al.：Nucleic Acids Res., 35：e90, 2007
10) The RNAi Consortium shRNA Library
　　http://www.broadinstitute.org/rnai/trc/lib

Column 2

RNAiによる治療への試み

　現在の医薬品開発の主流は分子標的治療である．その代表といえる抗体医薬は近年目覚ましい発展を遂げており，臨床の場においても広く活用されている．RNAiは二本鎖RNAがメッセンジャーRNAを分解することで遺伝子発現を抑制する現象であり，これを応用したRNAi医薬は次世代の分子標的治療として大きく期待されている．

　21～23塩基対の二本鎖RNAであるsiRNAはRNAiを誘導するツールとして確立されているが，実際にRNAi医薬品として承認されているsiRNAはいまだ存在しない．2011年の段階で臨床開発が進められているRNAi医薬品としては，RSウイルス感染症に対するALN-RSV01（Alnylam社，吸入での投与），糖尿病性黄斑浮腫に対するRTP801i-14（Quark社とPfizer社，眼球内投与），急性腎不全に対するAKIi-5（Quark社，静脈内投与）などがあげられる（表）．

　RNAi医薬の臨床開発にあたっては，吸入による肺への投与や眼球内への直接投与といった局所投与によるものが先行している．内服薬や注射薬といった全身投与の開発にあたっては，体内でのドラッグデリバリー技術が成功の鍵となっている．核酸の化学修飾をはじめ，リポソームやナノ粒子といったキャリアを利用する方法，またウイルスベクターを利用する方法などが従来から開発されており，静脈内投与や皮下投与によって肝臓への効率的なデリバリーは可能となってきている．しかし，全身投与による他臓器や組織へのデリバリー技術は十分に確立されておらず，画期的な技術革新が待たれる．最近では，内在性のエキソソームやリポタンパク質が20～25ほどの塩基から成るmicroRNAの体内輸送を担っていることが判明してきた．このことからこれらのキャリアを利用した巧妙なデリバリー技術の開発が見込まれる．

　RNAi医薬の実現にむけて，ドラッグデリバリー技術の他にも克服すべき課題がある．特に，インターフェロン応答（抗ウイルス作用を主体とした，生体がもつ自然免疫の応答）やオフターゲット効果（相同性の高い他の遺伝子の発現を抑制する効果）といった副作用を回避するための核酸分子のデザインは重要である．また，医薬品としての製造にあたっては，GMP（good manufacturing practice）基準*を満たす品質管理やスケールアップ法の確立といった課題があるが，昨今では製造技術が急速に進歩しており解決の方向に向かっている．

　RNAiを利用した遺伝子発現抑制法は，あらゆる遺伝子を標的としうる技術であることから，がんや感染症をはじめとしたさまざまな難治性疾患の治療に応用できる．将来，RNAi医薬が臨床の場で広く活用される時代が到来することを期待したい．

参考文献
1）『核酸医薬の最前線』（和田猛／監修），シーエムシー出版，2009
2）野澤厳：医学のあゆみ，238：602-608，2011

（桑原宏哉，仁科一隆，横田隆徳）

表　臨床開発が進められているRNAi医薬（2011年時点）

薬剤名	病名	投与法	開発メーカー
ALN-RSV01	RSウイルス感染症	吸入での投与	Alnylam社
RTP801i-14	糖尿病性黄斑浮腫	眼球内投与	Quark社とPfizer社
AKIi-5	急性腎不全	静脈内投与	Quark社

＊原料の入庫から製造，出荷に至るまでの全ての過程において医薬品が安全に作られ一定の品質が保たれるように厚生労働省により定められた基準である．

Column 3

shRNA ライブラリースクリーニング

　2001年，哺乳類細胞において短鎖二本鎖RNAによるRNA干渉（RNAi）が機能することが発見された．当時，この技術を利用してRNAiライブラリーを作製しようと考えた人が，われわれを含めて世界中で少なくとも数十人はいただろう．その中でも，アメリカの2グループとオランダの1グループが2004年前後では有力と思われていた．彼らがめざしていたウイルスベクターを用いたshRNAのクローン化ライブラリーは，個々のmRNAに対するshRNAを独立にアッセイでき，また自分に必要な遺伝子群を標的にしたshRNAのセットを自在に組み合わせることができるというメリットがあるが，1クローンずつ作製するため，ゲノムワイドライブラリーを作製するためには，かなりの時間とお金がかかる．当時4,500程度の遺伝子をターゲットにしたライブラリーの価格が数千万円といわれており，とても1研究室で購入できる金額ではなかった．

　2003年から合成siRNAのライブラリーの作製をめざしていたわれわれ日本チームは，この状況を打破するため，全遺伝子をカバーしつつ，彼らよりも一桁以上低い価格のライブラリーを作製することを2004年6月に決断した．数百人規模のコンソーシアムに少人数チームで対抗するため，われわれはウイルスベクターを用いたプール型のshRNAライブラリーの作製をめざすことにした．プール型ライブラリーは，クローン化ライブラリーに比べて安価に，また非常に迅速に作製することができ，1回のアッセイで多くの遺伝子の解析が可能で，遺伝学的解析にも有利である．

　われわれは，当時SBI（System Biosciences）社にいたAlex Chenchikと一緒にプール型ゲノムワイドshRNAライブラリーの作製に着手し，2005年に完成した．このライブラリーは，ヒトの47,400転写物，あるいはマウスの39,000転写物を標的にしており，それぞれおよそ20万種類のshRNAを発現する．

　早速作製したライブラリーを用いて，Fas誘導性細胞死に関与する遺伝子のスクリーニングを行った．細胞死を回避するクローンをピックアップする実験系では，ある程度バックグラウンドが高くなる．そこで，独立にウイルス感染した3つの細胞プールを同様に処理し，3プールすべてにおいて候補遺伝子としてピックアップされたものを目的の遺伝子とした．その結果得られた6個の配列のうち4個が，Fas誘導性細胞死に関与することが知られているFas, Caspase-8, Bid遺伝子であった[1]．他のいくつかのグループもこのライブラリーを使ってスクリーニングに成功しており，プール型のゲノムワイドshRNAライブラリーがかなりパワフルなツールであることが実証されている．

　現在われわれは，shRNAライブラリーからこれまでに得た経験を生かして，世界初のプール型ゲノムワイドmiRNA用ノックダウンライブラリーの作製を行っており，新たな展開をめざしている．

　shRNAライブラリーは，クローン化型もプール型も現在では数社から販売されている（表）．それぞれの特徴をよく理解して上手に利用すれば，研究対象のメカニズムに関与する因子をある程度網羅的に解析することが可能であり，重要な生命現象の全容解明に貢献できる有用な技術であると考えている．

参考文献
1) Tsujii, H. et al.：J. Biochem., 148：157-170, 2010

〈恵口　豊〉

表　入手可能なゲノムワイドshRNAライブラリー

メーカー	型	標的分子	ベクター系
System Biosciences社	プール型	ヒト約47,400種，マウス約39,000種	レンチウイルス
Open Biosystems社	クローン化型	ヒト約15,000種，マウス約15,000種	レンチウイルス
Open Biosystems社	クローン化型，プール型	ヒト約28,500種，マウス約28,000種	レトロウイルス
sigma genosys社	クローン化型，プール型	ヒト約20,000種，マウス約21,000種	レンチウイルス
タカラバイオ社	クローン化型	ヒト約17,000種	レトロウイルス
Cellecta社	プール型	ヒト約15,000種，マウス約9,000種	レンチウイルス

Column 4

ケージドDNA/RNAを用いる遺伝子発現の光制御

遺伝子の機能を光で調節できれば，任意の遺伝子の機能発現（または機能抑制）を，光照射した細胞または組織内だけで，しかも，光照射した瞬間に達成することが可能になる．本コラムでは，ケージドDNAまたはケージドRNAを用いる遺伝子の機能発現の光活性化について紹介する[1)～3)]．ケージド化合物とは，光感受性の保護基で修飾して，その生理機能を一時的にマスクした分子の総称である．修飾に用いる保護基は光照射で外れるように設計してあるので，光照射した瞬間に，その場所で，元の生理機能を取り戻すことができる．この方法では，目的遺伝子をコードするプラスミドDNAまたはmRNAを，ケージング試薬であるジアゾ化合物と反応させることで一時的に不活性化したケージドDNA（またはmRNA）を用いる．合成したケージドDNA（mRNA）を，リポフェクション法やマイクロインジェクションを利用して目的細胞内に導入後，紫外光（例えば330～385 nm光）をスポット照射して目的遺伝子の機能発現を再び活性化する（図）．

1 技術的なポイントとメリット

紫外光照射できる顕微鏡があれば，目的遺伝子の過剰発現と異所発現を，高い時空間分解能で達成可能な点は魅力的である．shRNAをコードするプラスミドDNAやsiRNAのケージド化合物を用いれば，光照射で機能抑制することも原理的には可能である[4)]．

ジアゾ化合物とプラスミドDNA（またはmRNA）の反応は，統計的な確率でケージング基が結合した混合物が生成する．未修飾DNA（RNA）の混在は，その遺伝子による表現型が観察される量以下に抑える必要がある．そこで実際の使用にあたっては，①目的とする発現系に必要な最少のDNA（mRNA）量で実験すること，②ケージング試薬の量と反応時間，細胞導入後の光照射条件を目的の系に応じて最適化することが重要になる．Bhc-diazoを用いるケージドmRNAの調製法と使用例について解説があるので，参照していただきたい[5)]．

2 今後の展開

現在手に入るケージング試薬は紫外光で活性化されるため，培養細胞またはゼブラフィッシュ胚や線虫のように透明なモデル生物に限定される．赤色から近赤外光で活性化できるケージング試薬が開発されれば，哺乳動物個体内でも使用できると期待される．

図　ケージドDNAやmRNAを利用して遺伝子の機能発現を光で活性化する

参考文献
1) Deiters, A.：Chem. Bio. Chem., 11：47-53, 2010
2) Monroe, W. T. et al.：J. Biol. Chem., 274：20895-20900, 1999
3) Ando, H. et al.：Nat. Genet., 28：317-325, 2001
4) 古田寿昭：『CSJ Current review 核酸化学のニュートレンド』（日本化学会編），化学同人，pp138-143, 2011
5) 安藤秀樹ほか：細胞工学, 21：217-221, 2002

（古田寿昭）

4章

遺伝子導入実験プロトコール

【DNA, RNA を導入する】

  1 リポフェクション法
  2 エレクトロポレーション法による細胞・組織への導入
  3 エレクトロポレーション法による神経細胞への導入
  4 超音波遺伝子導入法
  5 レーザー熱膨張式微量インジェクターを用いた試料導入
  6 アテロコラーゲンを用いた生体 siRNA デリバリー法
  7 コレステロールを用いた生体内での siRNA デリバリー法

【ウイルスベクターを導入する】

  8 ウイルスベクターの特徴と原理，製品など
  9 レトロウイルスベクターによる高効率遺伝子導入法
  10 レンチウイルスベクター
  11 E1 欠損型アデノウイルスベクター

【タンパク質を導入する】

  12 タンパク質直接細胞内導入法

4章 遺伝子導入実験プロトコール

1 リポフェクション法

内野慧太，落谷孝広

> **特徴**
> - 特殊な設備を必要としない
> - 遺伝子の導入効率が高い
> - 血球細胞を除く幅広い細胞への遺伝子導入が可能
> - 細胞毒性が低い
> - ランニングコストがかかる

❶ 遺伝子導入の歴史

　動物細胞が外来性のDNAを取り込み，そのDNAに存在する遺伝子を発現することは昔から知られていた．遺伝子導入の歴史は，1960年代，Vaheri & Paganoらや McCutchan & PaganoらがRNAおよびDNAを導入するためにDEAE-デキストランを使用したのが起源である[1) 2)]．その後1970年代から80年代にかけ，Grahamらによってリン酸カルシウムとアデノウイルス由来のDNAの共沈殿物が細胞に導入されることが報告され，Chen & Okayamaらによってリン酸カルシウム共沈殿法が開発された[3)～6)]．しかしこのリン酸カルシウム共沈殿法は安価で簡便である一方，pH値が最適値から0.1変化するだけで失敗する可能性があり，試薬の調整が困難であるという問題点があった．これに代わって1980年前後からDNAの導入に使用されるようになったのがリポソーム法である．しかし，この方法においてもリポソーム作製方法の技術的な難しさや細胞への取り込みと遺伝子発現の頻度の低さなど，さまざまな課題は残されたままであった．そこで1987年，Felgnerらによって開発されたのが正電荷脂質（カチオニックリポソーム）を用いた**リポフェクション法**である[7)]．この方法は，リン酸カルシウム共沈殿法やリポソーム法に比べて導入効率が比較的優れていることや，細胞傷害が最小限であること，また用いるDNA量も大幅に削減できることなどの利点が多いため，現在では世界中に広まっており最もスタンダードな遺伝子導入法の1つとなっている．

❷ リポフェクション法の原理

　カチオニックリポソームでDNA分子の周りを取り囲み，リポソーム/DNA複合体を形成させ（静電気型：electrostatic type），エンドサイトーシスによる貪食作用によって細胞に取り込ませるのがリポフェクション法の原理である．この際の複合体は"LIPOPLEX（リポプレックス）"と名付けられ，フリーズフラクチャー法によってその詳細な構造が提唱されている[8)]．リポプレックスが細胞に取り込まれて発現が起きるまでの過程は，①細胞内への

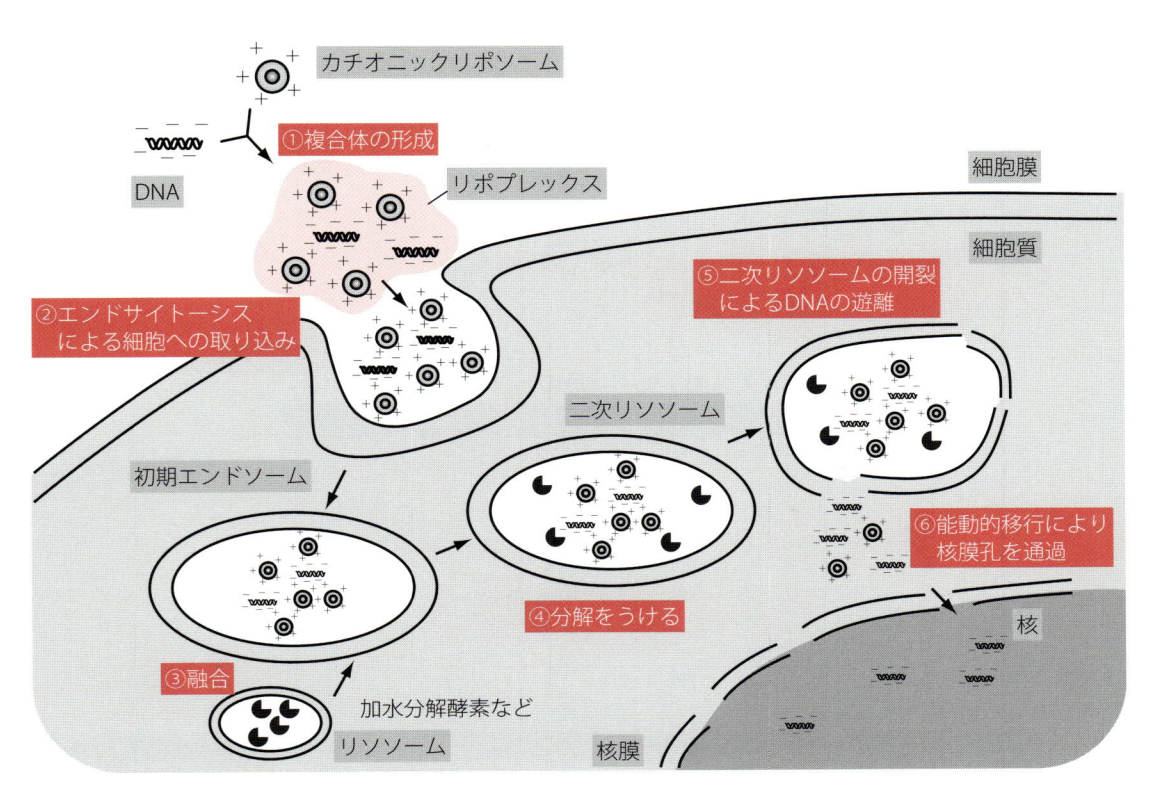

図1 リポフェクション法の原理

導入，②エンドソームからのリリース，③核への集積と発現，の3つの段階に分けられる（図1）．DNAを捕捉したリポソームが細胞内へDNAを導入する過程では，細胞とカチオニックリポソームの相互作用が重要である．これには吸着，脂質交換反応，融合，エンドサイトーシスなどの現象が関与している．また近年では受容体を介して細胞内へ取り込まれるカチオニックリポソームも開発されている[9]．

リポフェクション法では，リン酸基のために負の電荷をもつDNAの周りを取り囲むように正の電荷をもつリポソームが静電気的に付着し，**リポプレックス**が形成される．このリポプレックスは全体として正に荷電しているために負に荷電した細胞表面に結合し，エンドサイトーシスを介した方法で取り込まれ，細胞質内でエンドソームとよばれる小胞が形成される．エンドソームはリソソームと融合して**二次リソソーム**となるが，この際，加水分解酵素を含むリソソーム内の貯蔵顆粒がエンドソーム内に流入し，脂質やタンパク質を分解し，リポソームの保護を失ったDNAの分解も進む．さらに二次リソソーム内でリポソームとエンドソーム膜との融合が起こると，遺伝子（DNA）が二次リソソームから放出される．分解を逃れたDNAは核内へと移行するが，遺伝子において核膜がかなり強固な障害となるため，細胞質から核膜孔を通過して核内に到達し，転写に供される遺伝子の割合はおよそ0.1〜0.001％程度と推測されている．

❸ リポフェクション法の使い分けおよび試薬

　実験系が培養細胞レベルであるのか，それとも動物個体レベルでの解析か，また高い発現効率を優先するのか，極力細胞毒性を低く抑えるのか，どのような解析を行うのかなどによって試薬の種類が決定される．試薬を選ぶ際に検討すべき項目を表1，表2にまとめた．下記に条件検討を行う際のプロトコール例を示した．

表1　導入試薬を選ぶための8つのTIPS

チェックリスト
□ 導入する核酸の種類は何か
□ 細胞か動物個体か
□ 動物個体の場合どの臓器に導入するのか
□ 付着細胞か，浮遊細胞か
□ 初代培養細胞か，株化細胞か
□ 株化細胞の場合細胞の種類は何か
□ 操作にかかる時間はどのくらいか
□ コストはいくらか

表2　導入試薬の例

名称	用途	特徴
Lipofectamine LTX	プラスミドDNAの導入	初代細胞，浮遊細胞，疾患関連細胞などにも使用可能．動物由来成分不含
Lipofectamine RNAiMAX	siRNAの導入	血清含有培地でも使用可能
Invivofectamine 2.0 Reagent	In vivo用 siRNA導入	肝臓をターゲットとした全身投与に最適．低毒性．ノックダウンが長期間持続
Lipofectamine 2000	プラスミドとsiRNAのco-transfectionなど	血清存在下でも使用可能．神経細胞にも適応．ハイスループットに最適
セルフェクチンⅡ	プラスミドDNAの導入	昆虫細胞への導入
DharmaFECT Set (1-4) Transfection Reagents	siRNAの導入	4種類の試薬の中から細胞に最適なものを選択できる
DharmaFECT Duo Transfection Reagents	プラスミドとsiRNAのco-transfectionなど	高いノックダウン効率
X-tremeGENE 9 DNA Transfection Reagents	プラスミドDNAの導入	一般的な細胞において，最も細胞に悪影響がなく，高い遺伝子導入効率
X-tremeGENE HP DNA Transfection Reagents	プラスミドDNAの導入	トランスフェクションが難しい細胞においても，非常に高い遺伝子導入効率
X-tremeGENE siRNA Transfection Reagents	siRNAの導入	siRNAを用いた優れたジーンサイレンシング
GeneIn Transfection Reagents	プラスミドDNAの導入	幹細胞や初代培養細胞，導入の難しい細胞に使用可能
GeneSilencer siRNA Transfection Reagents	siRNAの導入	さまざまな細胞種に高いsiRNA導入効率
TurboFect siRNA Transfection Reagents	In vivo用DNAの導入，co-transfection	カチオン性ポリマーを用いている．低毒性で炎症反応を起こさない
Hily Max	プラスミドDNAの導入，siRNAの導入	血清を含む培地での導入が可能．純国産導入試薬

☞ 1）付着した膀胱がん細胞株へのsiRNAの導入

準備するもの

▶ 1）試薬類

- 導入試薬…DharmaFECT 1（Dharmacon）
- 血清・抗生物質フリーの培地
  MEM or Opti-MEM.
- 血清入りの培地
  MEM + 10 % FBS.

▶ 2）消耗品類

- 96ウェルプレート

導入する核酸の種類		細胞か個体か		細胞のタイプ				時間	コスト	製造元
DNA	siRNA	細胞	個体	付着細胞	浮遊細胞	初代培養	株化細胞			
	○	○		○	○	○	○	★★	★★	
	○	○		○	○	○	○	★★	★★	ライフテクノロジーズ社
	○		○（肝臓）					★★★	★★★	
○（mRNAも）				○		○	○	★	★★	
○		○（昆虫）					○	★★	★★	
	○	○		○	○			★★	★	
○ Co-transfection用	○	○		○	○			★★	★	サーモフィッシャーサイエンティフィック社
○		○		○			○	★★	★★	
○		○		○		○	○	★★	★★	ロシュ・ダイアグノスティックス社
	○	○					○	★★	★★	
○		○		○				★★	★★	
	○	○		○	○		○	★★	★	コスモバイオ社
○	○		○					★★	★★★	
○	○	○		○	○	○	○	★	★	同仁化学

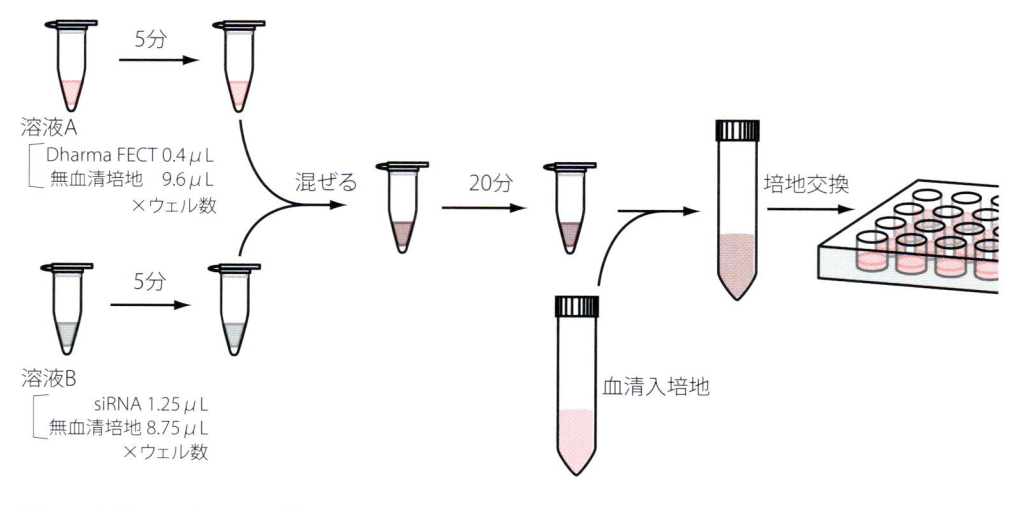

図2 リポフェクション法の手順

3) サンプルなど

- **細胞株**
  膀胱がん細胞 UM-UC-3
- **siRNA**
  KIF11に対するsiRNAなど．
- **ネガティブコントロールsiRNA**
  キアゲン社 All stars など．

プロトコール

❶ トランスフェクション前日に，UM-UC-3細胞を96ウェルプレート1ウェルあたり 5×10^3 cells/100μLの条件で播く ⓐ

❷ トランスフェクション当日，導入試薬を1ウェルあたりの推奨濃度になるように血清・抗生物質フリーの培地で希釈する ⓑ．推奨使用量が明記されていない場合，使用量の条件検討を行い細胞毒性がないことを確認する必要がある．同様に，血清・抗生物質フリーの培地で合成RNAを希釈する ⓒⓓ

❸ それぞれのチューブを室温で5分間インキュベートする

ⓐ 当日60〜80％コンフルエントになるように（❹参照）．

ⓑ（例）（DharmaFECT 0.4 μL ＋ 無血清培地 9.6 μL）×ウェル数×遺伝子の種類

ⓒ **重要** miRNAを導入する場合，終濃度10〜100 nMになるようにする．またsiRNAでは，標的遺伝子によっては0.1 nM〜10 nMでも十分に効果を発揮する場合もある．

ⓓ（例）（2 μM siRNA 1.25 μL ＋ 無血清培地 8.75 μL）×ウェル数（終濃度 25 nM）

❹ siRNA溶解液（溶液B）に導入試薬を含む溶液（溶液A）を添加する（図2）．リポソーム複合体を形成させるために，室温で15〜20分間インキュベートする[e]

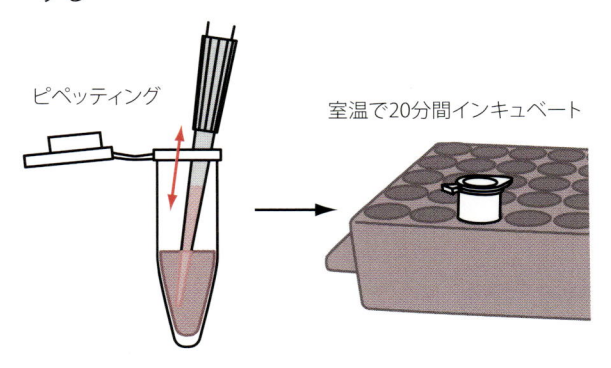

ピペッティング
室温で20分間インキュベート

[e]（例）（DharmaFECT溶液10μL＋siRNA溶解液10μL）×ウェル数

❺ 血清入・抗生物質フリーの培地を加えよく撹拌し，トランスフェクション用培地とする[f]

❻ 96ウェルプレートのウェルから培養培地を取り除き，100μLのトランスフェクション用培地を加える[g]．12〜24時間後に細胞毒性がみられた場合，24時間後に血清・抗生物質入りの培地と交換する

[f]（例）（血清入培地80μL＋siRNA-リポソーム複合体溶液20μL）×ウェル数

[g] **重要** 少なくとも8割の細胞が生存する条件を使用する．

培地を吸い取る
細胞がはがれないようにトランスフェクション用培地を入れる

❼ 24〜72時間後に細胞の生存率や遺伝子の発現を解析し，至適条件を決定する

[h] KIF11に対するsiRNAを使用した場合，強い細胞増殖の抑制が確認できる．

4章 1 リポフェクション法

2) 付着した細胞へのプラスミドDNAの導入

準備するもの

▶ 1) 試薬品類

- 導入試薬…Lipofectamine LTX（ライフテクノロジーズ社）
- 血清・抗生物質フリーの培地
  DMEM or OPTI-MEM.
- 血清入りの培地
  DMEM + 10 % FBS.

▶ 2) 消耗品類

- 24ウェルプレート

▶ 3) サンプルなど

- 細胞株
  293細胞.
- DNA
  GFPを発現するプラスミドなど.

プロトコール

❶ トランスフェクション前日に，293細胞を24ウェルプレート1ウェルあたり 3×10^4 cells/500 μL程度播いておく

❷ トランスフェクション当日，100 μLの無血清培地にプラスミドDNAを1ウェルあたり500 ng希釈し，穏やかに混合する[a]

❸ DNAを希釈した培地にLipofectamine LTXを1.25 μL加え，よく混合する[b]

❹ 室温で30分間インキュベートする

❺ 約100 μLのDNA-リポソーム複合体を細胞が入っている24ウェルプレートに加え，穏やかに混合する[c]

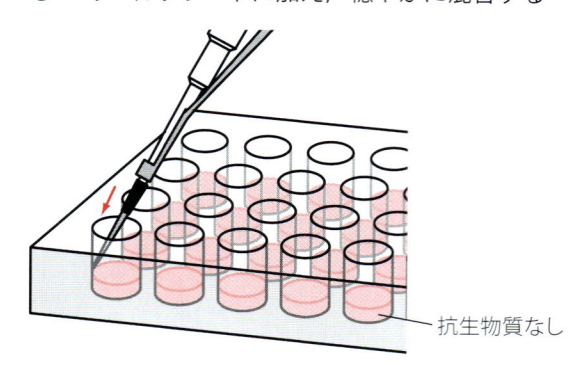

[a] DNA量は細胞株によって異なるので250〜750 ngの範囲で検討するとよい.

[b] 導入試薬の量も細胞株によって異なる．ほとんどの細胞株の場合，Lipofectamine LTXを1ウェルあたり0.75〜3 μLの範囲で検討するとよい.

[c] 抗生物質が入っていると細胞によっては毒性が出る恐れがあるため，あらかじめ抗生物質なしの培地に交換しておくか，チューブ内で培地とよく混合しトランスフェクション用の培地として交換してもよい.

抗生物質なし

❻ 24〜72時間後に遺伝子の発現を解析し，至適条件を決定する

❹ 条件検討のヒント

1 細胞数の至適条件

トランスフェクションの際の最適な細胞密度（図3）は，一般的に60〜70％コンフルエントにするのがよい（100％コンフルエント：細胞が培養器面を覆い尽くした状態）．あまり低いコンフルエンシーの場合，細胞毒性による細胞のダメージが先行するため，遺伝子導入の効率が低下する可能性がある．細胞によっては90％以上で遺伝子導入した方がよい場合もあるので，細胞およびプレートごとに至適条件を決定する．

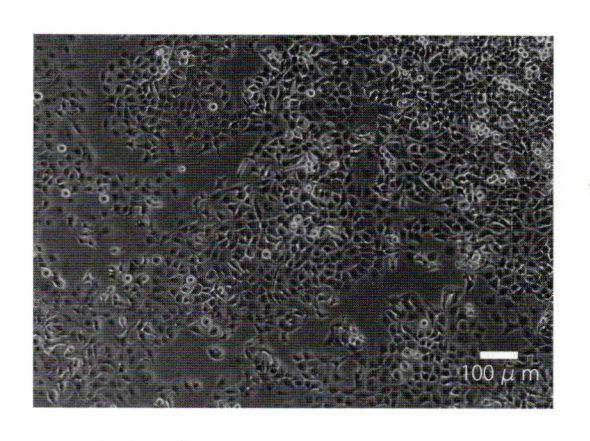

図3　細胞密度
ヒト肺がん由来A549細胞，約80％コンフルエントの状態

●**ポイント1：接着の状態**

接着細胞の場合，プレートに対する接着の状態が毒性や導入効率に影響を与える．細胞を播いて24時間後の接着状態が不十分であれば，トランスフェクションの2日前に細胞を播き，細胞をプレートに完全に接着させた状態で検討してみるのもよい．

●**ポイント2：継代数**

継代数は遺伝子導入の効率を非常に大きく左右する．初代培養の場合はもちろん問題はないが，細胞株においてもなるべく若い継代数の細胞を使うとよい．

●**ポイント3：細胞周期**

安定な遺伝子導入細胞株を得るために宿主染色体へのインテグレーション（組込み）を狙った実験では，外来遺伝子の組込みが細胞分裂のときに起こるため，遺伝子導入は細胞の対数増殖期でなければならない．

●**ポイント4：培養のシャーレの種類**

培養シャーレの種類が遺伝子導入に影響する場合がある．細胞は，培養される細胞外マトリックスの種類によってその伸展度が異なり，形状が大きく変化する．細胞の形態がround shape（球状）になるマトリックス上では導入効率が下がる可能性があるため，細胞の伸展を促す最適なマトリックスがコートされたシャーレ上で培養すること．

表3 トランスフェクションスケールのアップダウン

プレート	表面積 (cm^2)	プレートする培地（μL）	希釈する培地（μL）	DharmaFECT（μL）	Lipofectamine LTX（μL）	DNA (ng)	細胞数
96	0.3	100	20	0.05〜0.5	0.25	100	3〜5×10^3
24	2	500	100	0.5〜2.0	1.25	500	1〜4×10^4
12	4	1,000	200	1.0〜3.0	2.5	1,000	5〜8×10^4
6	10	2,000	400〜500	2.0〜6.0	6.25	2,500	1〜2×10^5

2 導入試薬使用量およびDNA濃度の至適条件

　遺伝子導入の際の細胞数およびDNA濃度は試薬や細胞の種類で異なるため，まずは添付のプロトコールに準じて最適化の実験を組む必要がある（表3）．最適化のための実験に用いる遺伝子は，ルシフェラーゼ，GFP，LacZなど一般にレポーターアッセイに用いられる遺伝子が好ましい．アンチセンスやsiRNAなどの合成核酸の場合，FITCやローダミンなどの蛍光色素がラベルされたものが販売されているので，それらを利用して細胞への取り込み具合を蛍光顕微鏡で観察する方法や，トランスフェクションを行い24〜48時間後にその標的遺伝子の発現量を測定する方法などで検討できる．

3 遺伝子導入の効率を上げる

　至適条件の設定後，さらに遺伝子の導入効率を上げたい場合には以下の手法のいずれかを用いるとよい．しかし市販のリポソーム系導入試薬をベースに工夫する方法は限られているため，生物学的な遺伝子導入方法であるウイルスベクターを用いるというのも選択肢の1つである．

●エンハンサー試薬を使う

　2で述べたように，リポプレックスの細胞内への取り込み効率を上げることが第一の関門である．この効率を上げる試薬の組成は，ある種の塩類やペプチドであったり，糖タンパク質であったりさまざまである．例としてライフテクノロジー社のPlus試薬などがある．

●核への移行を促進する

　核への移行促進のためには，核移行シグナル（nuclear localization signal：NLS）の利用が一般的である．SV40T抗原，HIV Tat由来のNLSをプラスミドDNAに添加する例は多くの報告がある．コスモバイオ社のNupherinなどがある．

●脂質のタイプを変える

　カチオニックリポソームではなく，カチオン性ポリマーによるリポポリフェクション法やポリフェクション法に変える．コスモバイオ社のSAFETRANCEなどがある．

リポフェクション法 トラブルシューティング

⚠ 遺伝子導入の効率が悪い，細胞の死亡率が高い

原因
1. 培地に血清が入っている
2. 培地に抗生物質が含まれている
3. 核酸が分解されている
4. 導入試薬の保存方法に問題がある
5. カチオン性脂質，および細胞密度の至適条件をつかめていない
6. 使用する核酸量が多すぎる
7. 導入試薬が最適でない
8. 核酸と試薬の複合体を長時間放置した
9. 遺伝子発現を検出するタイミングが悪い
10. 使用した核酸のプロモーターと細胞との相性が悪い

原因の究明と対処法
1. 血清存在下で複合体を形成させると大きな沈殿ができたり，複合体のでき方が変化したりするなどして導入効率が低下する．血清なしの培地や Opti-MEM を使用する．
2. トランスフェクション中は細胞の感受性が高まるので抗生物質は添加しない．
3. 核酸がヌクレアーゼで分解されていないか，電気泳動して状態を確認する．凍結融解を繰り返さない．
4. 導入試薬が凍結保存されていなかったか，室温に放置されていなかったか，また使用期限が切れていないかなどを確認する．
5. 上記の最適化プロトコール例を参考に至適条件の設定実験を行う．
6. 使っている試薬の添付のプロトコールに忠実に核酸量を設定する．どちらかというと核酸量は少なめにすべきである．
7. 表2の遺伝子導入試薬一覧を参考に，細胞に適した試薬を選択する．
8. 複合体を作製したら添付プロトコールの指示通りの時間で細胞に与えなければならない．大きな凝集塊ができたり核酸が分解されたりするため，保存することはできない．
9. GFPやルシフェラーゼの場合，およそ6時間後から発現が確認され，その後18〜24時間程度でピークに到達する．発現のピークは細胞の数，状態，試薬の種類などで変化するため，最もよい時期についても検討を行う必要がある．
10. 細胞に最適のプロモーターを探して発現ベクターを構築し直すか，プロモーターに適した細胞に変える．

⚠ リポソーム/核酸複合体が沈殿する

原因
1. 核酸の精製度が悪い
2. EDTAが過剰に混入している
3. 核酸と試薬の混合比率が適切でない
4. 試薬が劣化している

原因の究明と対処法

❶塩化セシウム密度勾配による超遠心分離や高速液体クロマトグラフィーなどで精製を行う．
❷核酸を水で溶解し直すか，核酸をTEに溶解した場合はEDTAの濃度を0.3 mM以下にする．
❸核酸やリポソームの量が多すぎると沈殿ができやすくなる．それぞれの量が推奨量を超えていないことを確認する．
❹試薬の保存状態が適切であるかを確認する．過剰な撹拌は脂質の酸化を促し，品質低下の原因となるので注意する．

参考文献
1） Vaheri, A. & Pagano, J. S.：Virology, 27：434–436, 1965
2） McCutchan, J. H. & Pagano, J. S.：J. Natl. Cancer Inst., 41：351–356, 1968
3） Graham, F. L. et al.：Virology, 52：456–467, 1973
4） Chen, C. & Okayama, H.：Mol. Cell. Biol., 7：2745–2752, 1987
5） Wigler, M. et al.：Cell, 11：223–232, 1977
6） Loyter, A. et al.：Proc. Natl. Acad. Sci. USA, 79：422–426, 1982
7） Felgner, P. L. et al.：Proc. Natl. Acad. Sci. USA, 84：7413–7417, 1987
8） Stern, B., et al., FEBS Lett., 356：357–360, 1994
9） Hu-Lieskovan, S. et al.：Cancer Res., 15：8984–8992, 2005
10）『遺伝子導入なるほどQ & A』（落谷孝広，青木一教/編），羊土社, 2005

4章 遺伝子導入実験プロトコール

2 エレクトロポレーション法による細胞・組織への導入

❶ 培養細胞へのNEPA21を用いた遺伝子導入

舛廣善和，小島裕久

特徴

<エレクトロポレーションの特徴>
・浮遊細胞（血球細胞など），接着細胞に高い生存率/導入効率で遺伝子導入可能
・*In vivo*（各種組織/胚）でも導入可能
・高価な専用試薬/バッファーは不要
・導入条件（パルス設定）の検討が必要

<NEPA21の特徴>
・3ステップ式マルチパルス減衰方式が可能

　培養細胞への遺伝子導入法は，大きく分けてウイルスベクター法と非ウイルスベクター法があり，ウイルスベクター法は導入効率で優れている反面，厳重な安全性確保や施設が必要である．ここでは，数ある非ウイルスベクター法の中で，安全性・簡便性・発現強度の点で優れているエレクトロポレーション法（電気穿孔法）をさらに応用した「3ステップ式マルチパルス減衰方式」のキュベット電極を使用した培養細胞への *in vitro* 遺伝子導入法を紹介する．なお，キュベット電極によるエレクトロポレーションは導入装置に強く依存し導入実績やコツも変わってくるため**4章-2-1**ではNEPA21を，**4章-2-2**ではGenePulserをそれぞれとりあげて解説している．

　初代培養細胞・株化細胞問わず，低ランニングコスト・高導入効率でプラスミドDNAやsiRNAなどの遺伝子導入が可能である．

❶ 3ステップ式マルチパルス減衰方式の原理

　エレクトロポレーション法は，細胞とプラスミドDNAの懸濁液に電気パルスをかけることにより，細胞膜に微細孔を一過性にあけ，プラスミドDNAを細胞の内部に送り込む方法である．**図1**のエレクトロポレーション法（3ステップ式マルチパルス減衰方式）は複数の電気パルスによる役割分担により低ダメージ・高導入効率を可能にした方法である．

1 ポアーリングパルス（高電圧・短時間）

　細胞膜に微細孔をあける高電圧・短時間の電気パルスである．複数回の電気パルスを少しずつ電圧を下げてかけることにより，より細胞に低ダメージで微細孔をあけることが可能な

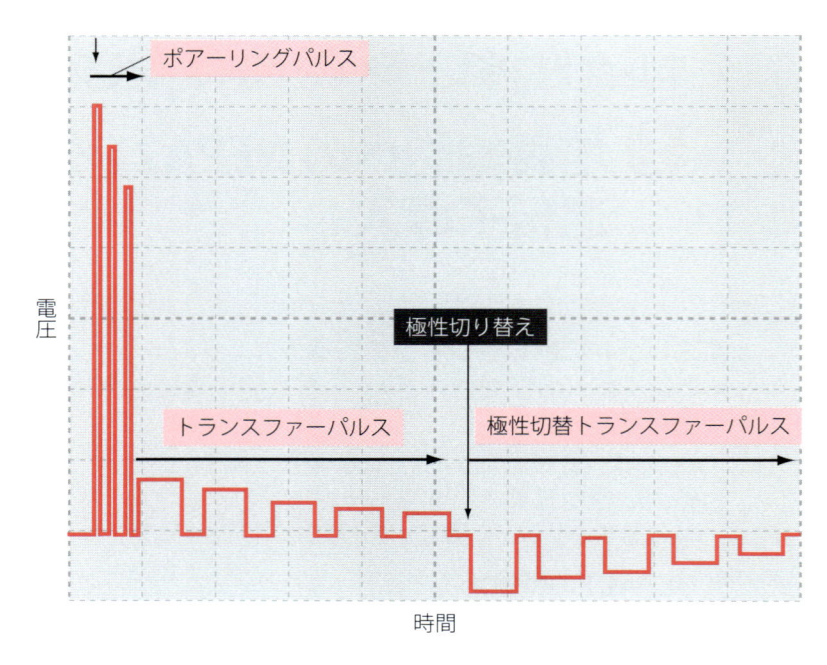

図1　3ステップ式マルチパルス減衰方式

ようである．

2 トランスファーパルス（低電圧・長時間）

　細胞の内部に，プラスミドDNAを送り込むための低電圧・長時間の電気パルスである．導入効率の向上をめざす電気パルスなので，より細胞へのダメージが少ない低電圧を複数回出力して何度も細胞の内部にプラスミドDNAを送り込む．このときの電気パルスも少しずつ電圧を下げてかけることにより導入効率・生存率の向上が得られるようである．

3 極性切替したトランスファーパルス（低電圧・長時間）

　さらに導入効率を向上させるための電気パルスである．

❷ 装置の特徴

　ネッパジーン社のNEPA21（スーパーエレクトロポレーター）は，1台で簡単に「3ステップ式マルチパルス減衰方式」の電気パルスの出力が可能である．また，①高導入効率，②in vivo, in utero, in ovo, ex vivoの各エレクトロポレーションが可能，③付着細胞でのエレクトロポレーションも可能，という特徴をもつ．

👉 SK-OV-3（ヒト卵巣がん細胞）へのpCMV-EGFPの導入

準備するもの

▶1）機器類

- 遺伝子導入装置…NEPA21（ネッパジーン社）
- キュベット電極用チャンバー…CU500（ネッパジーン社）
- キュベット電極…EC-002S（ネッパジーン社）
  2 mm gapを購入すること
- 実験系に合わせたマルチウェルプレートやディッシュ
- ゲルローディングチップ…010-R204S（Quality Scientific Plastics社）
  G滅菌＋パイロジェン・エンドトキシンフリー

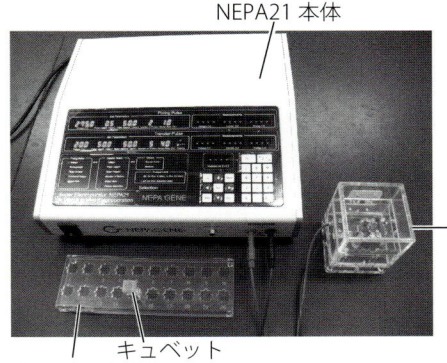

NEPA21エレクトロポレーター

▶2）試薬類

- Opti-MEM…31985-070（ライフテクノロジー社インビトロジェン製品）
- 血清入培地
- プラスミドDNA溶液
  プラスミドDNAは精製度が高くエンドトキシンフリーが望ましい．溶解は滅菌済みのTEバッファーを用いて$1\ \mu g/\mu L$の濃度で調製する．

プロトコール

本エレクトロポレーション法では細胞種によりパルス条件が大きく異なる．このため，最初にネッパジーン社推奨の12の設定条件で条件検討を行うことが望ましい．本プロトコールはこの12の条件で行う際の方法となっている．よって，実際の実験では，見つけ出した最良のパルス条件において，実験スケールやレーンの組み合わせは各自任意の設定で行うこと．

▶1）細胞の調製

❶エレクトロポレーション時，対数増殖期となるように細胞を培養する[a]

❷付着の強い細胞はトリプシンで剥がし，すぐに血清入培地を加え反応を止める

❸遠心分離後に培地を吸引して捨てる〔遠心分離：1,000 rpm（170G），1分程度〕

❹十分量のOpti-MEMで細胞を洗浄する．Opti-MEMを加え撹拌後，遠心分離して培地を捨てる〔遠心分

[a] **重要** 十分な条件検討をするには，1.3×10^7 cells（12〜13条件分）くらいの細胞数が必要である．

離：1,000 rpm（170G），1分程度〕
❺ 自動セルカウンターか血球計算盤（ヘモサイトメーター）で細胞数をカウントする
❻ その後，1×10^6 cells/90 μLの濃度になるようにOpti-MEMで調整する
❼ Opti-MEM 1,170 μL（1.3×10^7 cells）とプラスミドDNA溶液130 μLを加え合計1,300 μLにするⓑ
❽ キュベット電極用ラックにキュベット電極をナンバリングして準備するⓒ
❾ Opti-MEM（1.3×10^7 cells）とプラスミドDNA混合溶液を撹拌して100 μLずつキュベット電極に分注する

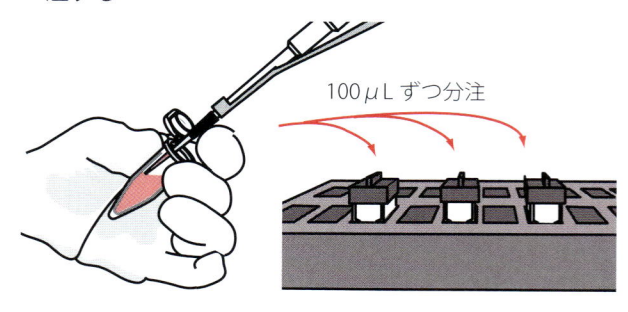

ⓑ 12条件なのに，100 μL余分に作成するのはロス分である．

ⓒ クリーンベンチ内で，キュベット電極のアルミ部分にナンバリングする．ナンバリングをしないと，複数のサンプルをまとめてエレクトロポレーションすると，どの条件のキュベット電極かわからなくなる可能性がある．

100 μLずつ分注

▶ 2）エレクトロポレーション

❿ あらかじめエレクトロポレーション後に細胞を播く血清入り培地を12条件分マルチウェルプレートやディッシュに用意して，インキュベーター内に入れておくⓓ
⓫ キュベット電極を軽くタッピングして混ぜてから，キュベット電極用チャンバーにセットする

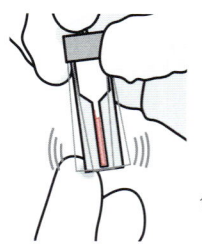

ⓓ エレクトロポレーション後，電気ショックでストレスを受けている細胞をできるだけ早く通常の血清入り培地に播くため．

タッピングで細胞とプラスミドを混ぜる

⓬ 抵抗値を測定して確認後，メモをして記録に残しておくⓔ．通常は約0.030〜0.050 kΩの範囲になる
⓭ エレクトロポレーションをして電気パルスを出力させる
⓮ エレクトロポレーション後，できるだけ早めにキュベット電極からスポイト（電極に付属のもの）かフィルター付きのゲルローディングチップを使用して細胞を回収し，あらかじめ用意したマルチウェルプレートやディッシュの培地に播くⓕ

ⓔ 同じ電気条件でも抵抗値が違うと電流値が変化する（オームの法則：E [V] ＝I [A] ×R [Ω]）ので，そのときの抵抗値を記録に残すことをおすすめする．

ⓕ 通常のチップでは，キュベットの電極の底まで届かないので，付属のスポイトかゲルローディングチップを使用して回収する．また，細胞を播くプレートやディッシュは細胞の状態やタンパク質発現に大きく影響するので要検討のこと．

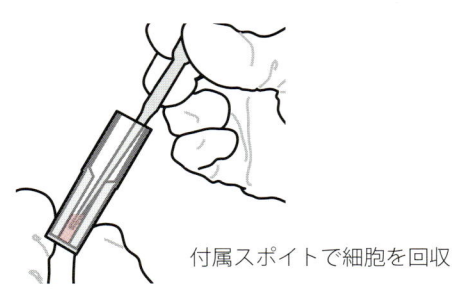

付属スポイトで細胞を回収

❻その後，ポアーリングパルスとトランスファーパルスの測定値（電圧・電流・合計測定エネルギー）をメモして記録に残しておく⑨

❼上記の⓫〜❻工程を11条件繰り返す．残りの1条件は，細胞の状態を把握するため，エレクトロポレーションをせずにコントロールとしてそのままマルチウェルプレートやディッシュの培地に播く

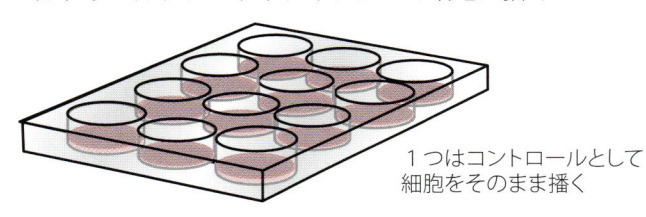

1つはコントロールとして細胞をそのまま播く

⑨特にポアーリングパルスの合計測定エネルギー（測定電圧値［V］×測定電流値［A］×設定パルス幅［msec］の各パルスの合計）は導入効率・生存率に直結する重要な測定値なので記録に残すことを勧める．

❼マルチウェルプレートやディッシュをインキュベーター内に入れて培養する

❽エレクトロポレーションの24時間後，細胞の生存率と導入効率を調べるⓗ．フローサイトメトリー（FACS）を使用して調べるか，生存率はトリパンブルー染色後に光学顕微鏡で検鏡，導入効率はGFPをレーザー顕微鏡で調べるとよいⓘ

ⓗGFPのピークは24時間後ではないが細胞が分裂して増えることを考慮すると，24時間後が一番バランスが取れている．

ⓘ 重要 GFP導入24時間後に，生存率はトリパンブルー染色後に光学顕微鏡で検鏡のうえで細胞数をカウント，導入効率はGFP発現をレーザー顕微鏡で明視野画像と比較して細胞数をカウントして算出した．結果は，高い生存率（90％）と高い導入効率（90％）が確認された（図2）．

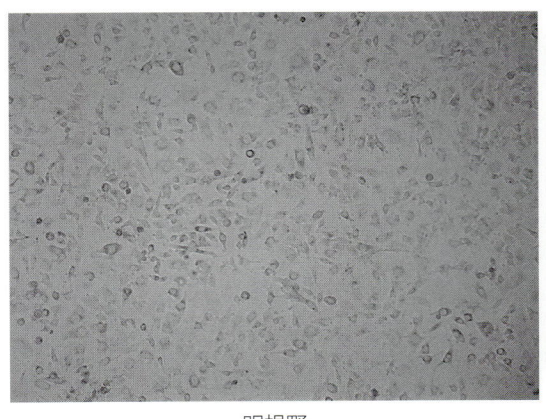

明視野
生存率：90%

GFP画像
導入効率：90%

図2　SK-OV-3（ヒト卵巣がん細胞）への遺伝子導入結果

❸ 実験条件を最適化するコツ

1 条件の最適化

　12条件で実験をして，そのときに一番実験結果がよかった条件を中心に再度，実験をするとさらによい実験結果が得られやすい．最初の12条件は，細胞種ごとにかなり実験条件が違うので，ネッパジーン社に問い合わせするのが一番の近道．また，ネッパジーン社のウェブサイトに細胞種別の生存率・導入効率が記載されているので，参考にするとよい[1]．

2 細胞数とプラスミドDNA量

　細胞数やプラスミドDNA量を減らして実験したいときは，キュベット電極2 mm gapと液量100 μLはそのままの状態で，細胞数とプラスミドDNAを同じ比率で減らす（キュベット電極のギャップと液量は変えると抵抗値が大幅に変化するので固定のまま）．

3 siRNAの導入

　まず初めにGFPを使用して，その細胞の最適条件を探す．そのときの条件が他のプラスミドDNAやsiRNAを導入するときにも最適条件になる．siRNAなどのオリゴヌクレオチドを遺伝子導入する際は，プラスミドDNAの1/5量にする．つまりプラスミドDNA：10 μgをsiRNA：2 μg（約150 pmol）に変えて同じプロトコールと電気条件で実験する．

細胞へのエレクトロポレーション法　トラブルシューティング

⚠ 導入効率が低い

原因
1. プラスミドDNAの精製不良
2. 細胞数・プラスミドDNA量が不適切
3. 液量が不適切
4. 細胞がオーバーグロース状態

原因の究明と対処法

1. プラスミドDNAの純度は，著しく導入結果に影響する．十分な精製度を得るために，筆者らはキアゲン社のPlasmid Maxi Kitを汎用している．
2. 細胞数とプラスミドDNA量に問題がないか確認する．細胞数に合ったプラスミドDNA量でないと発現強度が下がったり導入効率が下がったりする．
3. 液量を変えていないかチェックする．細胞数とプラスミドDNA量を変えた場合も液量は100 μLで実験する．
4. オーバーグロース状態の細胞を使った場合，対数増殖期にある細胞を使った結果とは大きく異なる．再現よい結果を得るためにも，細胞の成長には十分な注意を払う必要がある．

⚠ 生存率が低い

原因 細胞の状態が悪い

原因の究明と対処法

12条件での実験時に必ずコントロールの条件を設定して，細胞の状態の確認をする．

⚠ 「OPEN」やkΩ単位の抵抗値が表示された

原因 ケーブルの断線

原因の究明と対処法

キュベット電極をセット後，抵抗測定をして通常通り0.030〜0.050 kΩの抵抗値が表示されれば通電しており，「OPEN」やkΩ単位の抵抗値が表示されれば断線しているので修理を依頼する．

⚠ エラー表示がでた

原因 ❶モード選択が限界になっていた
❷安全のためのリミッターが作動した

原因の究明と対処法

❶「Current LimitがOn」(In Vivoモード) になっていないかを確認する．本実験系のキュベットでは最大1キュベット当たり4×10^6 cells/400μLの系でも行うことはできるが，細胞とプラスミドの混合液の体積が大きい場合（例えば150μL以上），高電圧（例えば275 mV以上）の条件ではエラーがでやすくなる．

❷安全のため，In Vivoモード時は2 Aを超える電流値を測定するとパルスが自動停止する．その際は，「Current LimitがOff」(In Vitroモード) に変更する．

参考URL
1）ネッパジーン株式会社　http://www.nepagene.jp/index.htm

4章 遺伝子導入実験プロトコール

2 エレクトロポレーション法による細胞・組織への導入

❷ 培養細胞へのGene Pulser MXcellを用いた遺伝子導入

藤木亮次

> **特徴** ※エレクトロポレーションについては4-2-1も参照
> ・1度の実験で24種類のプログラムを実行可能

❶ 装置の特徴

　Gene Pulserシリーズ（バイオ・ラッド ラボラトリーズ社）は，減衰波と矩形波の両方を供給するエレクトロポレーターである．当然，遺伝子の導入効率は細胞に与える電気ショック（電場の強さと電場にさらされる時間）の強さと比例しているが，細胞ダメージとは反比例してしまう．実験の成功には，減衰波と矩形波パルスの利点を最大限活用して，バランスのよいパラメーターを実験的に最適化する必要がある．

　1ウェルタイプのGene PulserXcellとプレートタイプのGene Pulser MXcellが市販されている．Gene Pulser MXcellは条件を変えながら連続的にパルス可能なため，今まで煩雑であった複数レーンを構成する実験も行うことができるようになった．本項では，このGene Pulser MXcellを用いた実験について説明する（図1）．詳しい理論については文献1を参考にされたい．

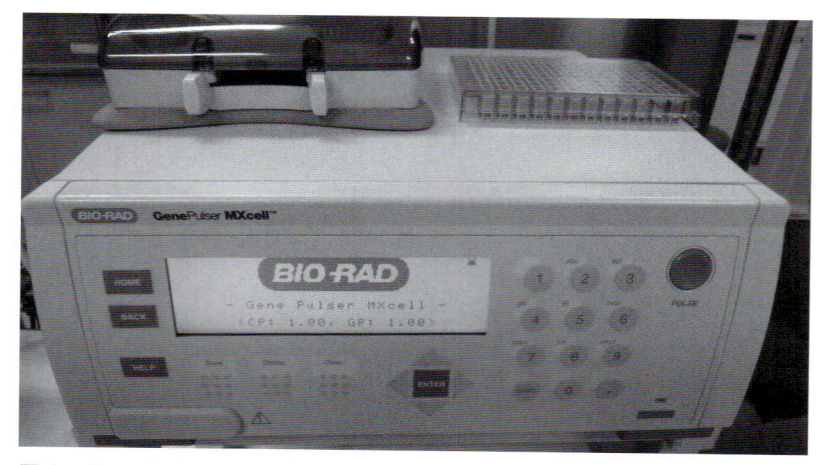

図1　Gene Pulser MXcellシステム
Gene Pulser MXcellは条件検討に便利なプレートが利用可能なプレートチャンバーを備えたシステム．またオプションのSingle ShockPod（1ウェルキュベット）を接続することで大容量でのエレクトロポレーションも可能

準備するもの

▶ 1）機器類
- 遺伝子導入装置…Gene Pulser MXcell（バイオ・ラッド ラボラトリーズ社）
- エレクトロポレーションプレート
  96ウェル，24ウェル，12ウェル．

▶ 2）試薬類
- エレクトロポレーション液
  Opti-MEMや血清を含まない培地（メーカー推奨），あるいはPBS，HPES-buffered sucroseなど．

▶ 3）サンプルなど
- 細胞株
- プラスミドDNA

プロトコール

▶ 1）細胞の調製

❶ エレクトロポレーション当日，細胞が対数増殖期となるように培養を行う

❷ 遠心（500 G）によって細胞を回収し，エレクトロポレーション液で洗浄する [a]

❸ 細胞を 1×10^6 cells/mLの密度となるように，エレクトロポレーション液で再懸濁する

[a] **重要** 安定した結果を得るため，キュベットに不純物をもちこまないように，細胞をよく洗浄する．

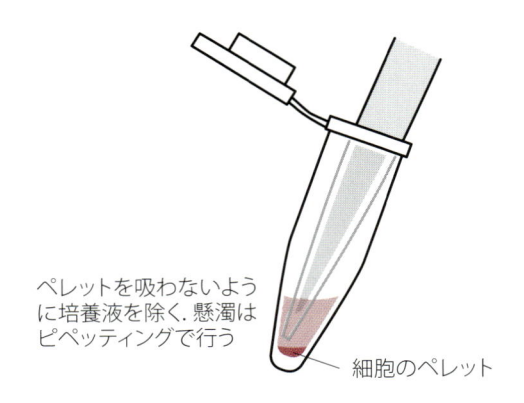

ペレットを吸わないように培養液を除く．懸濁はピペッティングで行う

細胞のペレット

❹ $1 \sim 10 \times 10^5$ cellsの細胞をプレートの各キュベットに入れる

▶ 2）エレクトロポレーション

❺ 装置にコンデンサ容量（μF），抵抗（Ω），電圧（V），パルス幅（msec），キュベットなど個々のパラメーター値を入力する [b]

❻ エレクトロポレーションプレートにプラスミドDNAを加え，細胞と混合する

[b] Gene Pulserシリーズでは，汎用されている各細胞種について，プリセット・プロトコールも設定されている．

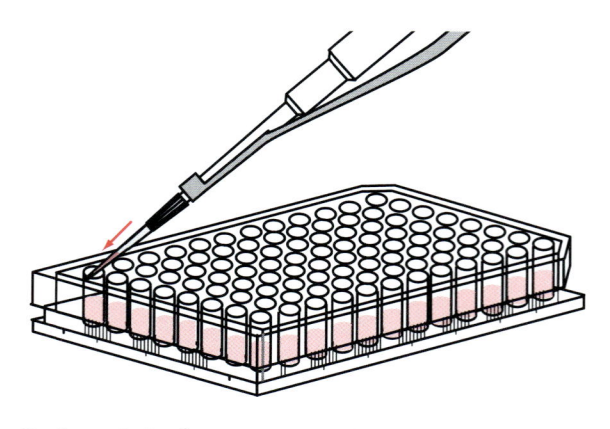

❼プレートをプレートチャンバーに設置し，PULSE ボタンを押す
❽そのまま5分間は室温で放置する[c]
❾10倍量の培地を加えたのち，細胞をディッシュに播種して培養する
❿成功すれば，導入後24〜72時間において一過性の発現が確認できる

[c] 筆者の経験では室温で行うほうが成績がよいが，氷上で静置するプロトコールも存在する．

❷ 条件検討のヒント

ここではおすすめの3段階での検討方法を紹介する．検討には導入遺伝子としてGFPやルシフェラーゼを用い，効率はそれぞれフローサイトメトリーやルミノメーターによって数値化する．まず，細胞とDNAの量比，電気パルスのパラメーターを暫定的なメーカー推奨値で固定し，減衰波と矩形波どちらを採用するか決めてしまうとよい．次に，細胞とDNAの量比を決定する．最終的に，詳細な電気パルスのパラメーター値を動かし，遺伝子導入条件を最適化する（図2）．

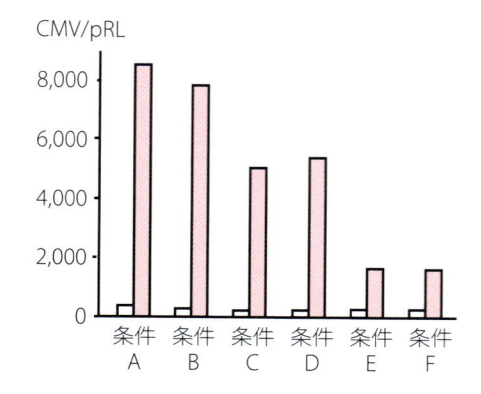

	条件A	条件B	条件C	条件D	条件E	条件F
電圧（V）	350	350	350	350	350	350
抵抗（Ω）	100	100	100	100	100	100
コンデンサ容量（μF）	600	750	900	1050	1200	1350
CMV/pRL	8543	7892	5107	5495	1674	1632
pcDNAコントロール	359	266	263	279	292	289

図2 矩形波パルスによるHL60細胞への遺伝子導入実験
$1×10^6$個のHL60細胞に対し，10 μgのルシフェラーゼ発現ベクター（CMV-pRL）をそれぞれ図に示した条件で導入した．ルシフェラーゼ遺伝子の発現はルミノメーターによって検出した．抵抗を100 Ωに固定した場合のエレクトロポレーションでは，電圧350 V，コンデンサ容量600 μFの条件で最適であることがわかった

細胞へのエレクトロポレーション法　トラブルシューティング

⚠ 遺伝子導入効率が低い

原因　❶細胞がオーバーグロース
　　　　❷プラスミドDNAの純度が低い

原因の究明と対処法

❶ 細胞の調子を確認する．当然であるが，コンフルエントに達してしまった細胞を使った場合，対数増殖期にある細胞の結果とは雲泥の差がある．再現よい結果を得るためにも，細胞の成長には十分な注意を払う必要がある．

❷ DNAの純度を確認する．加えるDNA量はもちろんのこと，その純度も著しく結果に影響する．筆者らはキアゲン社のPlasmid Maxi kitなどを汎用している．

参考文献
1) Heiser. W. C. et al.: Methods. Mol. Biol., 130：117-134, 2000

4章 遺伝子導入実験プロトコール

2 エレクトロポレーション法による細胞・組織への導入

❸ 電気パルスを用いた筋肉への遺伝子導入

宮崎純一，宮崎早月

> **特徴** ※エレクトロポレーションについては4-2-1も参照
> - 遺伝子発現用のプラスミドベクターを準備すれば，すぐに生体に導入可能
> - 小型動物（マウス，ラットなど）の下肢の筋肉などに対し，効率的な導入が可能
> - 費用も安く，短時間に作業を終えることができる
> - 動物の受けるダメージは軽微

① 電気パルスを用いた筋肉への遺伝子導入法の原理

　生体への遺伝子導入法として，遺伝子発現用のプラスミドDNAを直接，筋肉に注射する方法が報告されている（naked DNA法）[1) 2)]．この方法は簡単ではあるが，導入効率が非常に低く，応用が限られていた．本法は，DNAを注射した筋肉部位に電気パルスをかけるというものであるが，それにより発現効率が数百倍，改善する．培養細胞に電気パルスをかけることにより，細胞膜に一過性に穴を開けDNAを導入する方法はエレクトロポレーションとよばれ，*in vitro*で広く使用されているが，*in vivo*でも有力な方法であることが示されたわけで，*in vivo*エレクトロポレーションともよばれる[3) 4)]．筋肉への遺伝子導入はサイトカインなどの発見，DNAワクチン法などへの応用が考えられる．

準備するもの

▶ 1) 機器類

- ● ステンレス製の針電極
  長さ5 mm，直径0.4 mm，電極間の間隔（gap）5 mm．ネッパジーン社から入手可能である．
- ● 遺伝子導入装置（電気パルス発生装置）
  矩形波を発生するもの，例えば，CUY21EDIT（ネッパジーン社）．

▶ 2) 消耗品類

- ● 27ゲージの注射針の付いたインスリンシリンジ

▶ 3) サンプルなど

- ● 実験用動物：8週齢の雌のC57BL/6Jマウス
  別の系統，週齢のマウスやラットも使用可能である．あまり弱齢のものは筋肉が小さく，導入が困難である．
- ● 麻酔薬

50 mg/mLペントバルビタール溶液を40％（v/v）プロピレングリコール，10.5％（v/v）エタノールで希釈して，6 mg/mLとする．

● 発現用プラスミドDNA

骨格筋で強い発現を示すプラスミドベクターを使用する．なかでもpCAGGSベクター[5]は発現力に定評があり，推奨される．遺伝子導入効率を評価するためには，EGFP, IL-5, lacZなどを発現するプラスミド，pCAGGS-EGFP, pCAGGS-IL-5, pCAGGS-lacZなどが有用である．プラスミドは大腸菌HB101やDH10Bなどで増やし，プラスミドDNA精製キット（Endofree Plasmid Kit・キアゲン社）などを用いて精製する．プラスミドDNAはさらに，フェノール抽出，フェノール／クロロホルム抽出，エタノール沈殿し，純水に溶かし，吸光度を260 nmと280 nmで測定し，純度，濃度を測定する．使用前にDNAは1〜1.5 μg/μLになるようにPBS（137 mM NaCl, 2.68 mM KCl, 8.1 mM Na_2HPO_4, 1.47 mM KH_2PO_4, pH 7.4）で希釈する．具体的には，9容量のDNAに1容量の10×PBSを加えて最終溶液とする．

プロトコール

❶ マウスに麻酔薬（6 mg/mLペントバルビタール）をg体重当たり0.1 mL腹腔内注射し，麻酔する

❷ 下肢の前脛骨筋内にインスリンシリンジを用いて，50 μgの精製したプラスミドDNA（1.5 μg/μL in PBS）を注射する（図1A）

❸ DNAを注入した部位を挟むように，一対の針電極を前脛骨筋内に刺す[a]

❹ 電極につないだ電気パルス発生装置を用いて，50〜100 Vの電圧で，50 msecの長さのパルスを3回，逆向きのパルスを3回，1秒1回の割合でかける（図1B）[b]

[a] 抵抗をモニターし，それが1〜2 kΩであれば，正しく挿入されていることを示す．

[b] 逆向きのパルスをかけることによって経験的に効率が改善する．

電圧	パルス幅	パルス間隔	回数※
50〜100V	50msec	950msec	3回

※さらに逆向きに3回

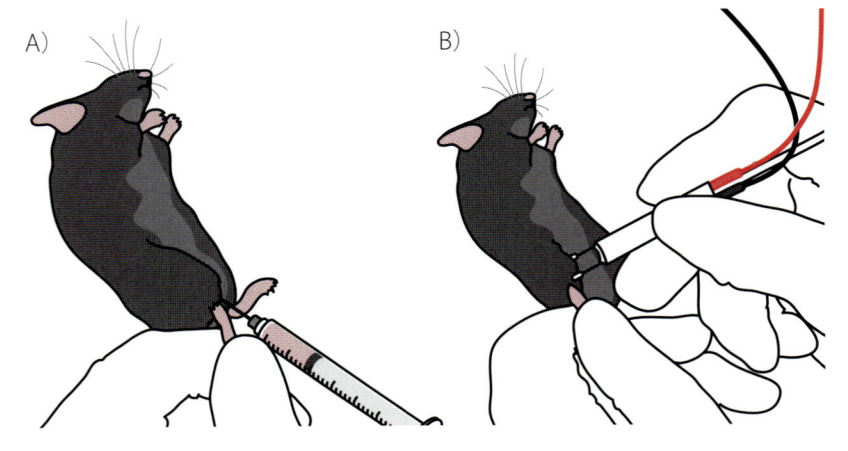

図1　下肢筋肉へのプラスミドDNAの注射と電極の刺入
プラスミドDNAを麻酔下マウスの前脛骨筋に注射し，電極を刺入し，電気パルスをかける

❷ 遺伝子導入効率の評価

遺伝子導入効率の評価のため，あるいは *in vivo* エレクトロポレーション法の練習のために，IL-5などのサイトカイン，あるいはβ-ガラクトシダーゼを発現するプラスミドが使用される．これらを用いた場合の評価法を下記に示すが，EGFPを発現するプラスミドなども有用である．

1) IL-5による測定

準備するもの

● マウスIL-5 ELISAキット（サーモフィッシャーサイエンティフィック社）

プロトコール

❶ pCAGGS-IL-5 プラスミドDNAを上記❶の方法により前脛骨筋に導入する
❷ 5日後，マウスの尾静脈から採血する
❸ 血清中のIL-5をELISAキットを用いて測定する（図2）[a]

[a] 5日後に10 ng/mL以上あればうまく導入できていると考えられる．

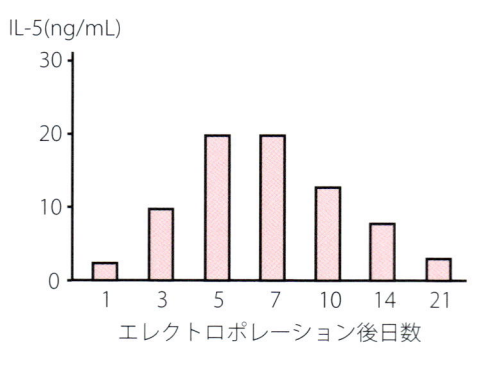

図2 遺伝子導入後の血中IL-5レベル
pCAGGS-IL-5 プラスミドを前脛骨筋に導入し，経時的に血清中のIL-5を測定した．導入5〜7日後に発現のピークがみられる

2) β-ガラクトシダーゼによる測定

準備するもの

● 4％パラホルムアルデヒド
　PBSで調製しておく
● 40 mM X-gal（5-bromo-4-chloro-3-indolyl-β-D-galactopyranoside）
　dimethylsulfoxide（DMSO）に溶解したもの．使用時に，PBSで1 mMに希釈する．
● O.C.T.コンパウンド（Miles社）
● ドライアイス-アセトン
● クリオスタット
● 3-アミノプロピルトリエトキシシランでコートされたスライドグラス（マツナミ社）

- 1.5％グルタルアルデヒドを含むPBS
- エオジン

プロトコール

❶ pCAGGS-lacZ プラスミドDNAを上記❶の方法により，前脛骨筋に導入する

❷ 5日後，マウスを安楽死させる[a]

❸ 前脛骨筋を採取し，4％パラホルムアルデヒド液で3時間固定し，PBSで1時間洗う

❹ 筋肉全体でβ-ガラクトシダーゼ活性を見るためには，筋肉サンプルを37℃で18時間，1 mM X-gal中で染色する（図3A）

❺ 横断面を観察するためには，筋肉をO.C.T.コンパウンドに浸け，ドライアイス-アセトン中で凍結する[b]

気泡が入らないように，気をつける

液体窒素の液面で，徐々に凍結させる

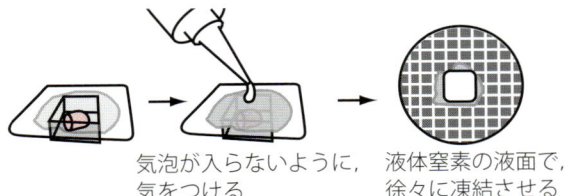

❻ クリオスタットで切片（15μm厚）を切り，3-アミノプロピルトリエトキシシランでコートされたスライドガラスに乗せる[c]

❼ 切片を1.5％グルタルアルデヒドで室温10分固定し，PBSで3回洗う

❽ サンプルを37℃，3時間，1 mM X-gal中で染色する

❾ エオジンで対比染色する

❿ 顕微鏡で観察する（図3B）

[a] β-ガラクトシダーゼは導入5日目に最も発現が高くなる．

[b] 新鮮な凍結ブロックから凍結切片を用いて，速やかに染色するのが望ましい．

[c] 剥離防止のため．

グルタルアルデヒド
室温10分
（長すぎると染色が悪くなる）

PBS
3回

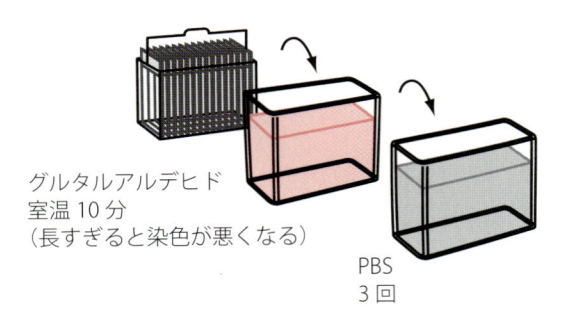

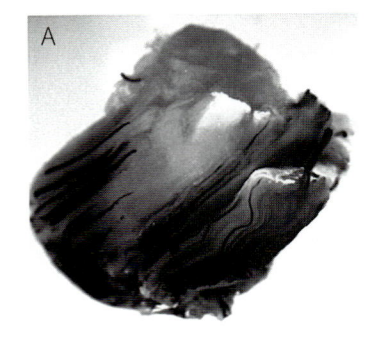

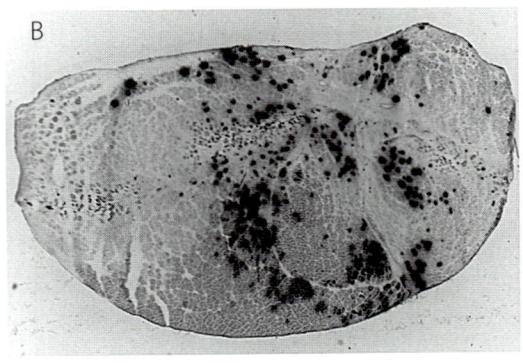

図3　pCAGGS-lacZプラスミドを導入した前脛骨筋（A）とその組織切片（B）のX-gal染色
DNA導入5日後，前脛骨筋を採取し，X-galで染色した．いずれも導入がうまくいった筋細胞が染色されている

生体へのエレクトロポレーション法 トラブルシューティング

⚠ 導入効率が悪い

原因
❶ プラスミド DNA の純度
❷ 発現プラスミドの発現レベル
❸ 実験手技
❹ 対象動物，筋肉
❺ 電極の選択

原因の究明と対処法

❶ 導入に用いるプラスミド DNA の純度は高いことが望ましい．大腸菌由来のエンドトキシンなどが残っていると，免疫反応を引き起こし，発現期間の短縮や実験結果に影響する恐れがある．一般的には，カラムタイプのプラスミド DNA 精製キットを用いて精製すればよいが，さらに，フェノール抽出，フェノール/クロロホルム抽出，エタノール沈殿などを行う方が望ましい．

❷ 新たな発現プラスミドについては，前もって in vitro で発現を確認することが望ましい．そのためには，C2C12 細胞などのマウス筋芽細胞株にリポフェクションなどにより遺伝子導入する．

❸ 前脛骨筋は導入などの操作がしやすい筋肉であるが，マウスではかなり小さいので，導入できる DNA 液の容量が限られる（50μL 以下）．色素などを用いて，注射の練習をすることも必要である．

❹ 針電極を用いる場合，電極間の距離は 5 mm としているが，より大きな筋肉や動物を用いる場合には，この距離を変える必要がある．細胞膜を透過させるためには，電圧ではなく，電場の強さ（voltage/distance）が重要なので，その距離を 10 mm とする場合は，加えるパルスの電圧を 2 倍にする必要がある．

❺ 針電極以外に，プレート型電極なども使用可能である．この場合は，DNA 注射後，プレートに電極液（心電図用）を付けて筋肉を挟み，パルスをかける[6]．

参考文献
1) Wolff, J. A. et al : Science, 247 : 1465-1468, 1990
2) Tokui, M. et al : Biochem. Biophys. Res. Commun., 233 : 527-531, 1997
3) Aihara, H. & Miyazaki, J. : Nat. Biotechnol., 16 : 867-870, 1998
4) Mir, L. M. et al. : Proc. Natl. Acad. Sci. USA, 96 : 4262-4267, 1999
5) Niwa, H. et al. : Gene, 108 : 193-199, 1991
6) Horiki, M. et al. : J. Gene Med., 6 : 1134-1138, 2004

4章 遺伝子導入実験プロトコール

2 エレクトロポレーション法による細胞・組織への導入

④ ニワトリ胚への遺伝子強制発現およびノックダウン

仲村春和

特徴 エレクトロポレーションについては4-2-1も参照
- 非常に簡便な方法
- 目的の遺伝子を，目的とする部位で，目的とする発生段階で強制発現，ノックダウンすることが可能
- すべての細胞にトランスフェクトできないことがデメリット（60〜70％の細胞にトランスフェクト可）
- 上皮組織には比較的簡単に導入できるが，間充織細胞への導入は難しい

　ニワトリ胚は産み落とされてからは，黄身の上で発生が進行するので，操作が行いやすく，実験発生学の材料として用いられてきた．しかし，卵管膨大部で，受精してから子宮で卵白と卵殻をかぶって産み落とされるまでに24時間かかるために，トランスジェニックニワトリを作製したり，ノックアウトニワトリをつくるといったことがきわめて困難で分子生物学の時代になると，実験材料としての価値が下がっていた．われわれは，ニワトリ胚への遺伝子導入を模索していたが，低電圧の矩形波によるエレクトロポレーションにより胚への遺伝子導入が示されたとき，即座にニワトリ胚への導入条件を決定した．本項ではエレクトロポレーションによるニワトリ胚への遺伝子導入法を紹介する．

❶ エレクトロポレーション法による遺伝子導入

　胚への遺伝子導入にあたっては，胚へのダメージを極力抑えることが重要である．細胞に電場をかけると小さな孔があき，そこからDNAが細胞内に入る．20Vくらいの低電圧だとその孔はやがて閉じ，胚は発生を続ける．DNAは負に帯電しているので，陽極側の組織にDNAが導入される．発現ベクターに，RSV（ラウスサルコーマウイルス）エンハンサーとβアクチンプロモーターをもつpMiwベクター，CMV（サイトメガロウイルス）エンハンサー，プロモーターをもつCMVベクター，あるいはCAGGSベクターなどを用いると，一過性ではあるが，胚のほとんどの組織で発現させることが可能である．GFP発現ベクターなどと混ぜてエレクトロポレーションすると，導入したい遺伝子とGFPなどの発現はほぼ同じ細胞にみられるので，導入効率，導入場所などをモニターすることができる[1)2)]．

準備するもの

▶ **1) 機器類**
- 遺伝子導入装置…CUY 21（ベックス社）
- 実体顕微鏡
- マイクロマニピュレーター
- 電極

▶ **2) 消耗品類**
- 眼科用剪刀
- 精密ピンセット Dumon 5（2本）
- 持針器にセットした微小メス
  縫い針（英国製がよい）を磨いてつくる（右図A）. 先端を切り，歯科用ドリルで平らにする．アーカンサスストーンの角を使って，右図に示すような一寸法師の刀に仕上げる．
- 18 Gの注射針
- 10〜20 mL注射器
- 墨汁
  PBSなどで10倍程度に希釈したロトリングインク．
- 墨汁注入用のピペット（右図B）
  市販のパスツールピペットを伸ばしてつくる．
- 微小ピペット
  DNA注入のための微小ピペット作成用ガラスピペット（直径1mm, Narishige GD-1, 右図C）をガラス電極作製器で伸ばしてつくる．

▶ **3) サンプルなど**
- 孵卵した受精卵
- ベクター

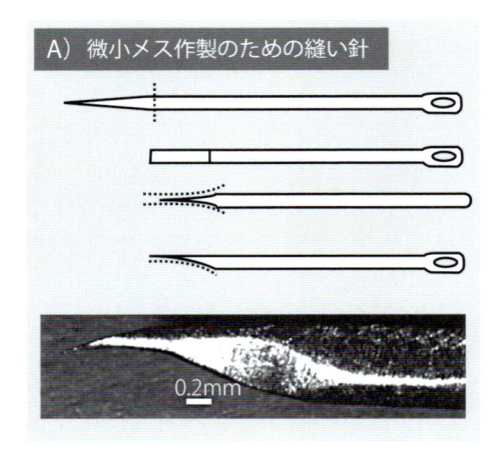

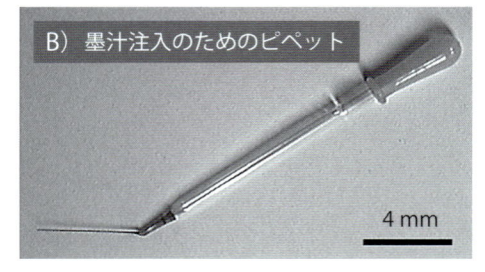

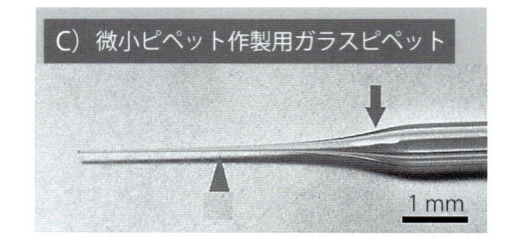

A) 微小メス作製のための縫い針

0.2mm

B) 墨汁注入のためのピペット

4 mm

C) 微小ピペット作製用ガラスピペット

1 mm

1) 神経管への遺伝子導入

最初に確立されたシステムである[1)2)].

プロトコール

❶ 卵を横にして38℃で孵卵する[a]

❷ 孵卵1.5日（stage 10前後）に卵のとがった方に穴を開け，18ゲージの注射針で卵白を2～5 mL抜く[b]

❸ 卵殻の上に窓を開け，そこから胚を操作する

[a] 受精卵のストックは4℃ではなく15℃で行うこと．40℃だと胚は死ぬ．15～20℃では胚の発生は進まず，1週間くらいはストックできる（10日を過ぎると奇形の胚が増える）．

[b] 鈍なところには気室がある．穴は眼科用剪刀でこつこつたたいて開ける．卵白を抜く際は針を真下に向けること．斜めにすると卵黄を傷つけることがある．窓は眼科用剪刀でちょっと穴を開け，そのまま剪刀でじゃりじゃり切って直径1～2 cmの窓にする．発生のもっと進んだ段階の胚を操作するときも窓開けまでは1.5日胚で行った方がよい．後になると血管が卵殻にへばりついて窓が開けられない．

孵卵1.5日の受精卵から2～5 mLの卵白を抜き，卵殻の上に窓を開け，実体顕微鏡の下にセットしたところ．電極はマニピュレーターにセットする

❹ 胚を実体鏡の下にセットし，墨汁注入のためのピペットを使って，胚の下に墨汁を入れておくと胚が観察しやすい

胚の直下（内胚葉直下）に墨汁を入れ，胚を見やすくしてある

❺ 胚の上には卵黄膜（vitelline membrane）があるのでそれを微小メスでカットする[c]

[c] 卵黄膜を切らずに微小ピペットを刺そうとしても，なかなかうまく刺さらず，胚を傷つけることが多い．図3（後述）では，卵黄膜を切り開いてある状態を見ることができる．

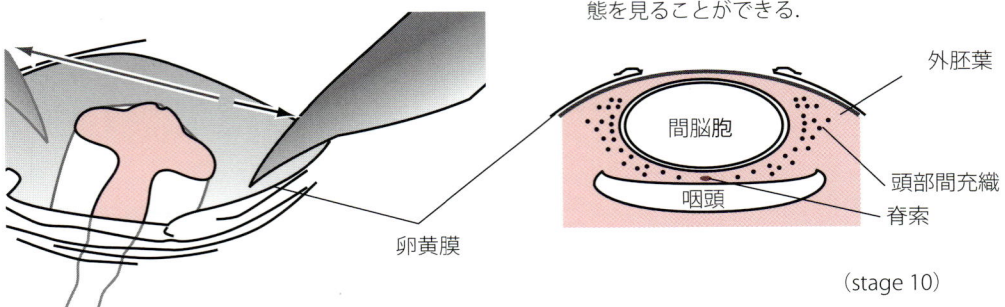

卵黄膜

外胚葉
間脳胞
頭部間充織
咽頭
脊索

（stage 10）

❻ガラス管でつくった微小ピペットにより神経管の中に発現ベクターを入れる[d]．DNA に Fast green を混ぜておくと注入の状況が把握しやすい

[d] 1 μg/μL の濃度の DNA を 0.1～0.2 μL

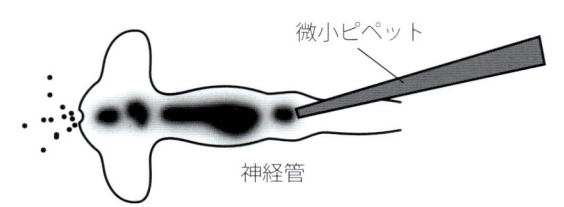

❼胚の両側に電極[e]を置いて，5V, 50 ms/s の矩形波を数回かける[f]

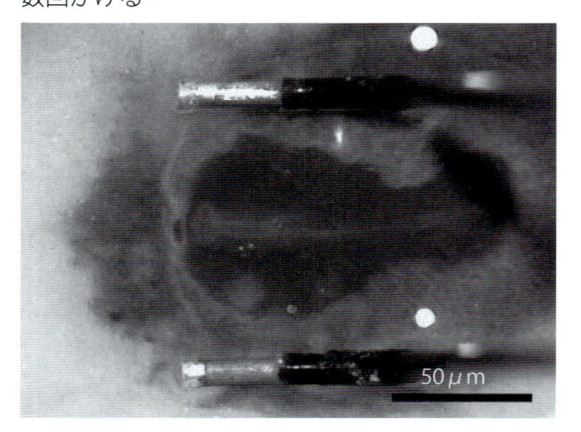

[e] 電極は露出部が 1 mm ほどで，先端を被覆した方がよい．被覆すると胚を横切るように電場ができる．被覆しないと場が大きくなる．

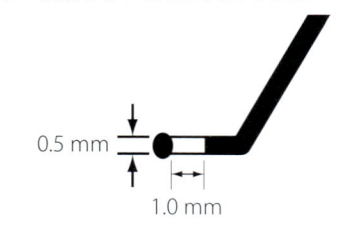

[f] この方法だと，神経管の陽極側に遺伝子が導入されるので，陰極側は対照として使用できる（図1）．

❽ lacZ だと，発現は 2 時間後から 3 時間もたつとかなり強くなり（図1A），24 時間後にピークとなる（図1B）

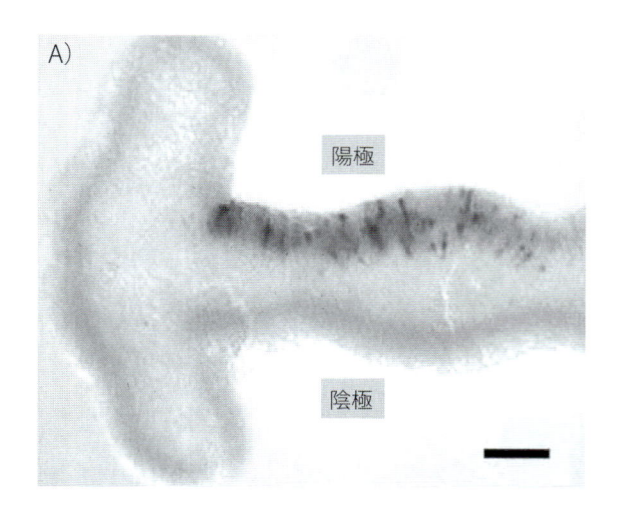

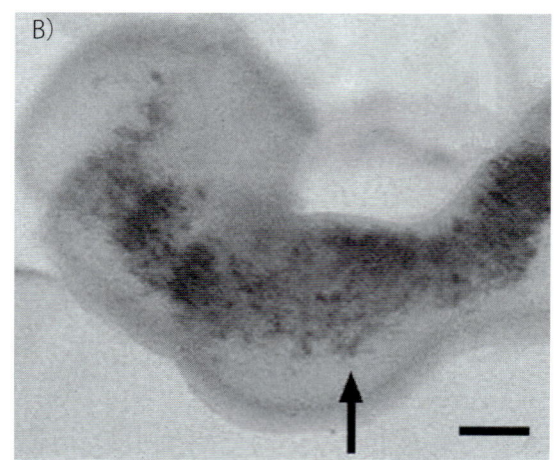

図1　lacZ 導入後の発現の様子
A) 3 時間後．2 時間後から翻訳産物が検出でき，3 時間ではかなりの量の発現が観察される．B) 24 時間後．24 時間後に発現のピーク（矢印）が見られる．バー：200 μm

☞ 2）視蓋原基への遺伝子導入

プロトコール

❶ E3〜5日の視蓋原基は膨らんでおり，そこにプラスミドを注入する（図2A）

❷ 棒状で，露出部が約2 mmの陰極（図2B）を胚の下に，半球状の陽極（図2C）を漿膜の上に置く[a]

❸ 5〜10V, 50 ms/sの電圧を2, 3回かける[1)3)]

❹ 孵卵3日目にシャーレに卵を移して，shell less culture[b]を行い，そこで行った方が電圧の調整などは行いやすい

[a] 胚の下に棒状電極，漿膜の上に球状電極を置くことによって，ちょうど視蓋を横切る電場が形成される．

[b] shell less culture：胚を深さ1.5 cm，直径10 cmのシャーレに卵全体を割り込んで，37℃で培養する．割り込む際，卵黄膜を傷つけないよう，また胚が上に来るように注意する．12日目くらいまで培養できる．

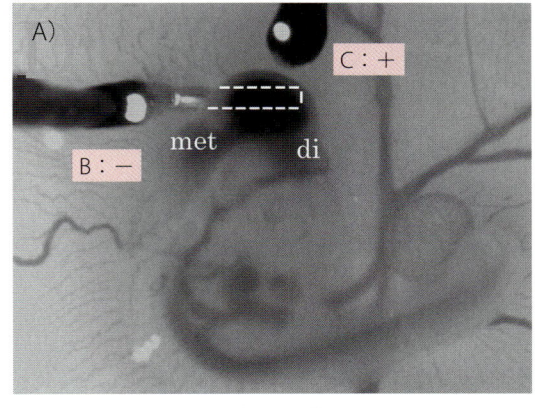

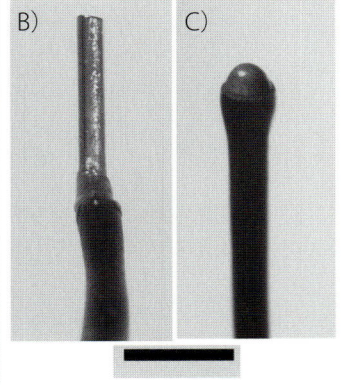

図2 視蓋原基への遺伝子導入
E3〜5日胚の視蓋原基（中脳胞）は膨らんでいるが，そこにプラスミドを入れ，視蓋原基の下に棒状の電極を置き（陰極），原基の上の方に半球状の電極を置く（陽極）．5〜10 V, 50 ms/sの矩形波をかける．di：間脳，met：後脳，バー：2 mm

☞ 3）眼胞への遺伝子導入

プロトコール

❶ E1.5でstage10前後の眼胞にプラスミドを注入する

❷ 胚の前と耳胞の脇に，胚の長軸に直交するよう電極をおく（図3A）

❸ 13V, 50 ms/sの電圧を3回かける[1)4)]

❹ 網膜の鼻側に導入したいときは胚の前の方を陽極とし，耳側に導入したいときは後ろの方を陽極とする[a]

[a] 棒状電極で，露出部が約1 mm（図3B）を使うとよい．

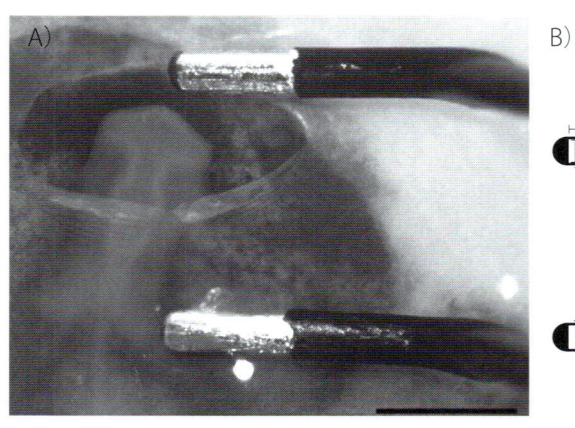

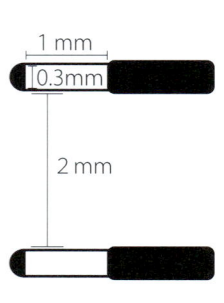

図3 眼胞への遺伝子導入（A），棒状電極（B）
胚のより頭側と，耳胞のあたりに棒状の電極を胚の長軸と直交しておく．13 V, 50 ms/sの矩形波を3回かける．バー：1 mm

☞ 4）中胚葉への遺伝子導入

エレクトロポレーションによる間葉（間充織）細胞への遺伝子導入はなかなか難しい．そのため，中胚葉細胞への導入は原腸陥入直前のエピブラストに行うとよい（図4）[1) 3) 5) 6)]．

プロトコール

❶ どのレベルの体節，中間中胚葉，側板中胚葉を狙うかにより，Stage3〜9胚の原条のあたりにプラスミドをおく [ⓐ]

❷ 胚の下（原始内胚葉の下）にタングステン製の棒状電極（図3B，露出部2 mm）を差し込み陽極とし，原条の上にタングステンの微小電極（図4B）を置いて陰極とする

❸ 5〜8 V, 25 ms/sの矩形波を2, 3回かける

ⓐ 胚のどの部分に遺伝子を導入するかは，初期ニワトリ胚の予定運命図[7)〜9)]を参照して，プラスミドを置いたらよい．

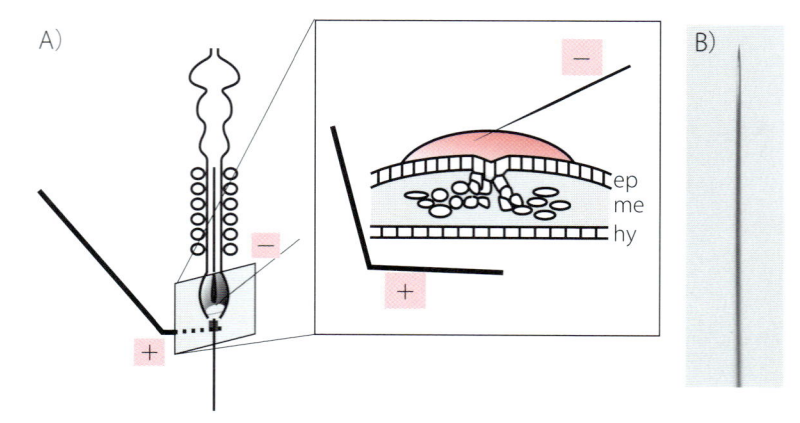

図4 中胚葉への遺伝子導入
間葉組織（間充織）にエレクトロポレーションで遺伝子を導入するのは難しいので，原腸陥入前で，中胚葉細胞がまだエピブラストにあるときに行う．胚の下に棒状の電極（図3B）を置き（陽極），原条の上に針状の電極を置く（陰極，B）．胚はstage 3くらいからstage 9くらいまで，目的により使い分ける． ep：epiblast, me：中胚葉， hy：hypoblast

5）その他の組織への導入

内胚葉系の組織，肢芽への遺伝子導入に関しては，それぞれFukuda[1]，Suzuki[1) 10)]の論文参照のこと．

2 長期にわたる導入遺伝子の発現

1 レトロウイルス・プロウイルスのエレクトロポレーション

RCASプロウイルスを培養細胞にトランスフェクトし，ウイルスパーティクルを濃縮して感染させるのが一般的なレトロウイルスによる遺伝子導入であるが，プロウイルスをエレクトロポレーションすることにより，ウイルスを精製する手間が省けるのと，しかも次の点でウイルス感染法に比べて優れている．

ウイルスが感染していると干渉により，他のウイルスが感染しない（ウイルス抵抗性）ので，ウイルス感染実験のためにはウイルス感染のない受精卵を準備する必要がある．エレクトロポレーションだと，ウイルス抵抗性の胚にも導入でき，その際はトランスフェクトした細胞の子孫細胞だけに遺伝子が導入されるので，細胞系譜が追跡できる．ウイルス感受性胚を用いると，トランスフェクトした細胞によりつくり出されたウイルスにより感染が拡がっていくので，広範囲の細胞に遺伝子導入が可能である[1) 11) 12)]．

2 トランスポゾンによる導入遺伝子の染色体への組み込み

川上らのグループが開発したメダカのトランスポゾンTol2システム[13)]を高橋らのグループがエレクトロポレーションに応用したものである[1) 14)]．Tol2ベクターは2つよりなり，1つはCAGGSプロモーターの下流にTol2トランスポゼースを組み込んだベクター（図5A，pCAGGS-T2TP），もう1つはTol2エレメントをもつベクターで，Tol2エレメントに挟まれて，導入したい遺伝子が組み込まれている（図5B，pT2K-XXX）．この2つのベクターをエレクトロポレーションすると，CAGGSプロモーターによりTol2トランスポゼースが発現し，

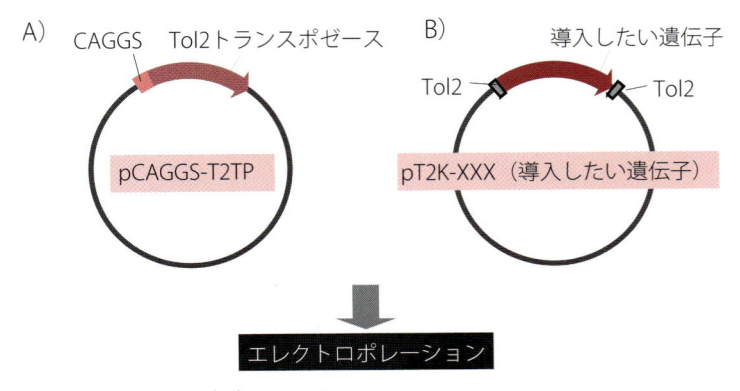

図5　トランスポゾンベクター

Tol2で挟まれた目的遺伝子を切り出して，ホストの細胞のゲノムに組み込むことができ，長期にわたる遺伝子発現が可能となる．

❸ コンディショナルな遺伝子発現

これは，CAGGSプロモーター下流にテトラサイクリン依存性転写活性化因子（rtTA）あるいは抑制因子（rTA）をもつプラスミド（図6A，pT2K-CAGGS-M2）と，TRE（tet-responsive element）の下流に目的遺伝子を組み込んだプラスミドを同時にエレクトロポレーションするものである[1)15)]．翻訳されたrtTAはテトラサイクリンが存在するときだけTREに結合し転写を活性化するので（Tet-on），テトラサイクリンの誘導体であるDox（ドキシサイクリン）を投与することにより，導入遺伝子を発現させることができる（図6B）．rTAタンパク質はTREに結合し転写を活性化しているが，Doxを投与するとTREに結合できず転写が止まる（Tet-off）．

このrtTAあるいはrTAと，TRE-標的遺伝子をそれぞれTol2で挟み，Tol2トランスポゼースを組み込んだプラスミド（図5，pCAGGS-T2TP）と一緒にエレクトロポレーションすると，rTAあるいはrtTA，TRE-標的遺伝子を細胞のゲノムに組み込むことができ，長期的にDoxによる導入遺伝子の発現調節が可能となる．

なお，TREをもつプラスミドは両方向性でGFPと標的遺伝子を発現させるBIベクターとしてタカラバイオ社から発売されている．

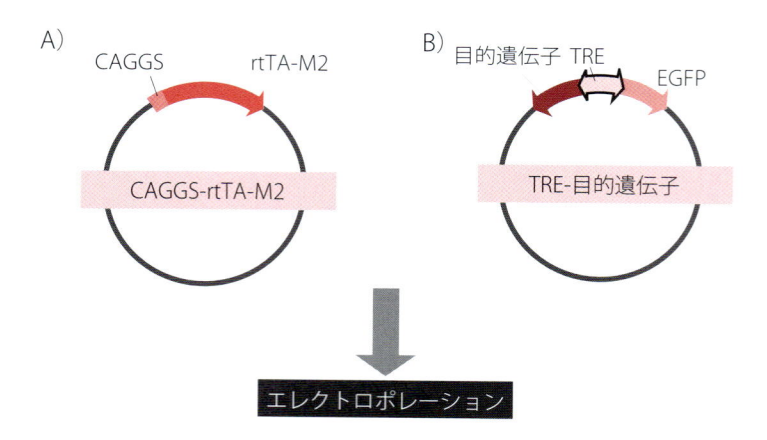

図6　Tet-onベクター

❹ ノックダウン

1 shRNAによるノックダウン

標的となるcDNAから20塩基ほど選び，そのセンスおよびアンチセンスをヘアピンルー

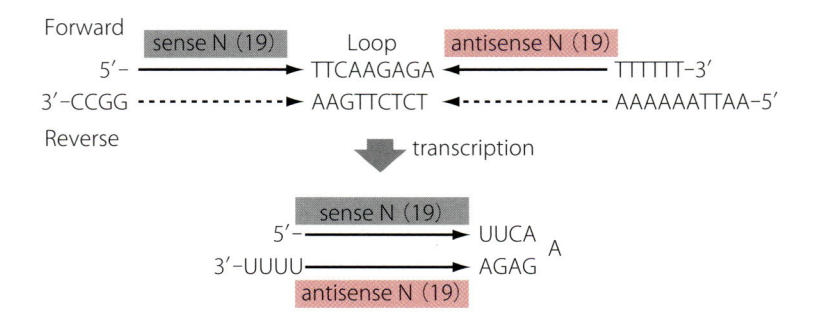

図7　shRNA
センス，アンチセンスの配列をループで挟み，順，逆方向のDNAを合成して，Pol IIIにより転写を行う発現ベクターに組み込む．転写されるとヘアピン状の二本鎖RNA（shRNA）ができるが，やがて，ヘアピンは切断され，siRNAとして作用する

プでつないだコンストラクト（図7）をsiRNA用ベクターに組み込み，目的とする組織にエレクトロポレーションで導入する．通常このような短いRNAの転写はRNAポリメラーゼIII（Pol III）による転写システムをもつベクターを使う．H1やU6プロモーターによりドライブする発現ベクターを購入できる．転写されたRNAからはヘアピンが切除され短い二本鎖RNAとなり，デザインが適切な場合は標的のmRNAを切断する．ニワトリ胚中脳胞で，siRNAによるEn2ノックダウンでは，エレクトロポレーション6時間後には*in situ* hybridizationにより効果が検出されはじめ，12時間たつとタンパク質レベルでもEn2のノックダウンがみられた[1)16)]．

2 コンディショナルなノックダウン

Pol IIによる転写のコンディショナルな制御は難しい．それで，石井らにより開発されたpDECAPと，強制発現の項❸で述べたTet-onシステムによるsiRNAの発現調節が開発された．pDECAPベクターはライボザイムを含み，Pol IIにより転写されたRNAからキャップ構造が切り取られる．また，MYC-associated zinc finger protein（MAZ）siteをもつためにPolyA tailができない．そのために，転写されたRNAは核から細胞質に運ばれず，核内でDicerによりsiRNAに切断される（図8）[17)]．

pDECAPに400塩基長ほどの標的遺伝子のセンス，アンチセンスをスペーサーを挟んで組み込み，それをさらに，TREをもつBIベクターに組み込み，必要部分を切り出してTol2ベクターに組み込む．このpT2K-BI-TRE-EGFP-DECAPと，pCAGGS-T2TP，pT2K-CAGGS-rtTA-M2の3つのベクターを同時にエレクトロポレーションする（図8A）[18)]．

Dox投与により長期にわたるsiRNA発現の調節が可能となる（図8B）．ただこのベクターの作製には長い二本鎖RNAをpDECAPに組み込むので，クローニングは難しい．

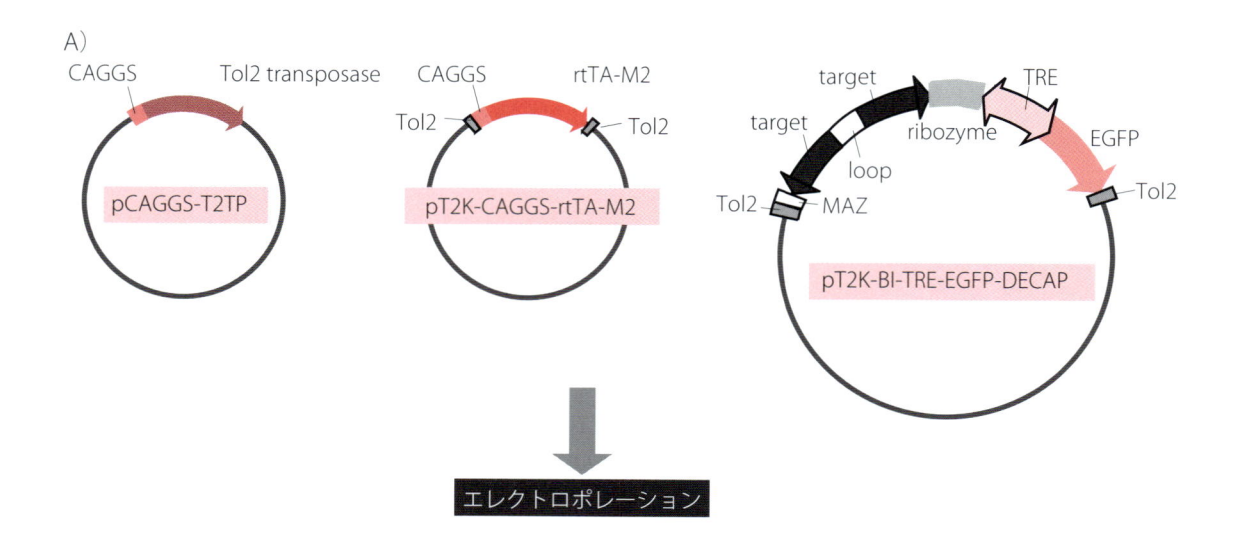

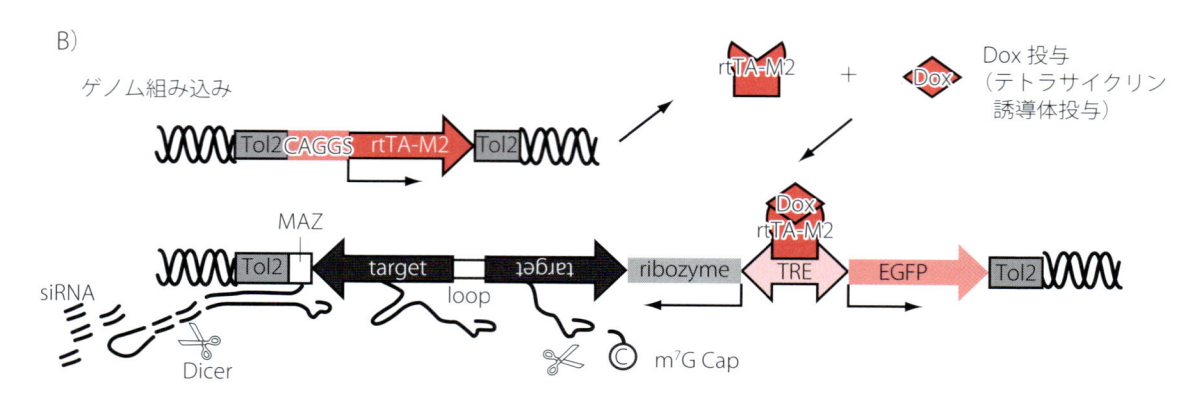

図8 コンディショナルsiRNA法
A）Tol2トランスポゼース発現ベクター（pCAGGS-T2TP），CAGGSプロモーター制御の下にrtTAを発現させるカセットをゲノムに組み込むようTol2で挟んだベクター（pT2K-CAGGS-rtTA-M2），EGFPを一方にもち，もう一方にDECAPカセットの中にセンスおよびアンチセンスRNAを組み込んであるBIベクターのカセットをTol2で挟んだベクター（pT2K-BI-TRE-EGFP-DECAP）をエレクトロポレーションする．B）BIベクターとrtTAカセットがゲノムに組み込まれ，Doxを投与すると，Dox結合したrtTAがBIベクターに含まれるTREに結合し，EGFPとDECAPカセットの発現が開始される．DECAPにはRibozymeが含まれているのでキャップ（m7G Cap）が切り取られ，またMAZ配列があるため，poly Aがつかない．そのために転写された長い二本鎖RNAは核内でDicerにより切断され，siRNAとなり細胞質にでていく．DECAPカセットの代わりに発現ベクターカセットを組み込めば，強制発現のTet-onシステムになり，pT2K-CAGGS-rtTA-M2の代わりにpT2K-CAGGS-rTA-M2を用いれば，強制発現のTet-offシステムとなる

⑤ 応用

　発生の早い時期には胚は電場をかけることにより奇形を生じやすい．エレクトロポレーションの条件をより厳密に制御するために穴のあいた濾紙に胚をはり付けて切り出し，*in vitro*でエレクトロポレーションして，濾紙にはり付けたまま培養する方法がある（New

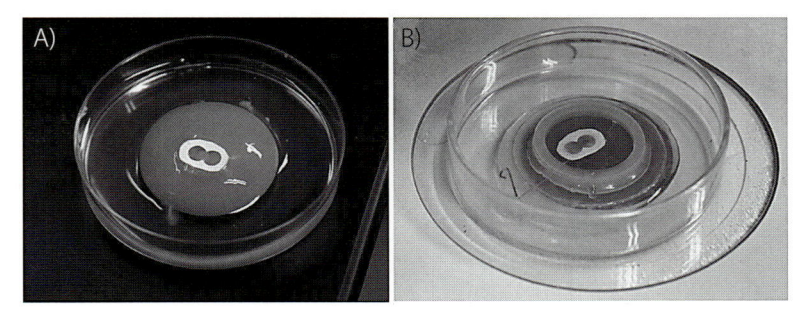

図9　変法 new culture
穴の開けた濾紙を胚の上に置き（A），そのへりに沿って，胚と卵黄膜を切り取り，アガロース・アルブミンプレートの上で培養する（B）．アガロース・アルブミンプレートの作り方は，まず，新鮮な卵からアルブミンを採取し，10％グルコース水を0.3％になるよう加える．そして，123 mMのNaClを含む0.6％アガロース水を煮沸，50℃で等量混ぜ，35 mmディシュに2 mLずつ注ぎ，固める．文献22より転載（嶋村教授のご厚意による）

cultureの変法，図9）[1)19)]．このような方法ではstage 17くらいまで培養できるので，エンハンサーの解析などが行われている[1)20)]．

　初期に遺伝子導入を行って器官形成に及ぼす影響を調べるためにはさらに発生を継続させる必要がある．そこで，変法New cultureでしばらく培養した胚をまた卵に戻し，E5.5まで孵卵を続ける方法も開発された[21)]．この方法と臓器特異的プロモーターを利用して，目的とする臓器に遺伝子を導入し[21)]，その効果を調べることが可能である．

参考文献
1) 『Electroporation and Sonoporation in Developmental Biology』（Nakamura, H. ed.），Springer Japan, 2009
2) Funahashi, J. et al.: Dev. Growth Differ., 41: 59-72, 1999
3) Odani, N. & Nakamurua, H.: Dev. Growth Differ., 50: 443-448, 2008
4) Harada, H. et al.: Dev. Growth Differ., 50: 697-702, 2008
5) Sato, Y. et al.: Development, 129, 3633-3644, 2002
6) Ito, K. et al.: Dev. Biol., 351: 13-24, 2011
7) Lopez-Sanchez, C. et al: Cells Tissues Organs, 169: 334-346, 2001
8) Psychoyos, D. & Stern, D. C.: Development 122: 1523-1534, 1996
9) Selleck, M. A. & Stern, C.: Development, 112: 615-626, 1991
10) Suzuki, T. & Ogura, T.: Dev. Growth Differ., 50: 459-465, 2008
11) Sugiyama, S. & Nakamura, H.: Development, 130: 451-462, 2003
12) Sakuta, H. et al.: Dev. Growth Differ., 50: 453-457, 2008
13) Kawakami, K. et al.: Gene, 225: 17-22, 1998
14) Sato, Y. et al.: Dev. Biol., 305: 616-624, 2007
15) Watanabe, T. et al.: Dev. Biol., 305: 625-636, 2007
16) Katahira, T. & Nakamura, H.: Dev. Growth Differ., 45, 361-367 2003
17) Shinagawa, T. & Ishii, S.: Genes Dev., 17: 1340-1345, 2003
18) Hou, X. et al.: Dev. Growth Differ., 53: 69-75, 2011
19) Hatakeyama, J. & Shimamura, K.: Dev. Growth Differ., 449-457, 2008
20) Uchikawa, M.: Dev. Growth Differ., 50: 467-474, 2008
21) Tanaka, J. et al.: Dev. Growth Differ., 52: 629-634, 2010
22) Hanashima, J. & Shimamura, K.:『Electroporation and Sonoporation in Developmental Biology』（Nakamura, H. ed.)", pp43-53, Springer Japan, 2009

Column 5

トランスポゼースを用いた遺伝子発現

　6年以上も前の，ある会議でのこと．Tol2トランスポゾンの系を用いてゼブラフィッシュの遺伝学を進めていた川上浩一氏（遺伝研教授）の発表を，「だら～っと」聞いていたところ，ある瞬間に私の背筋が真っ直ぐにのびた．「あれっ！これって，ニワトリ胚へのエレクトロポレーション法と組み合わせたらいいのでは？」．ニワトリ胚 in ovo エレクトロポレーション法は，仲村春和氏（東北大教授）らの手によって世の中に広く知られるところとなり[1)2)]，この方法を知らないニワトリ胚発生研究者はいないというほどのメジャー入りを果たした．一方で，導入された遺伝子が染色体に組み込まれないため，その発現は2～3日間のみしかみられず一過的であった．ニ

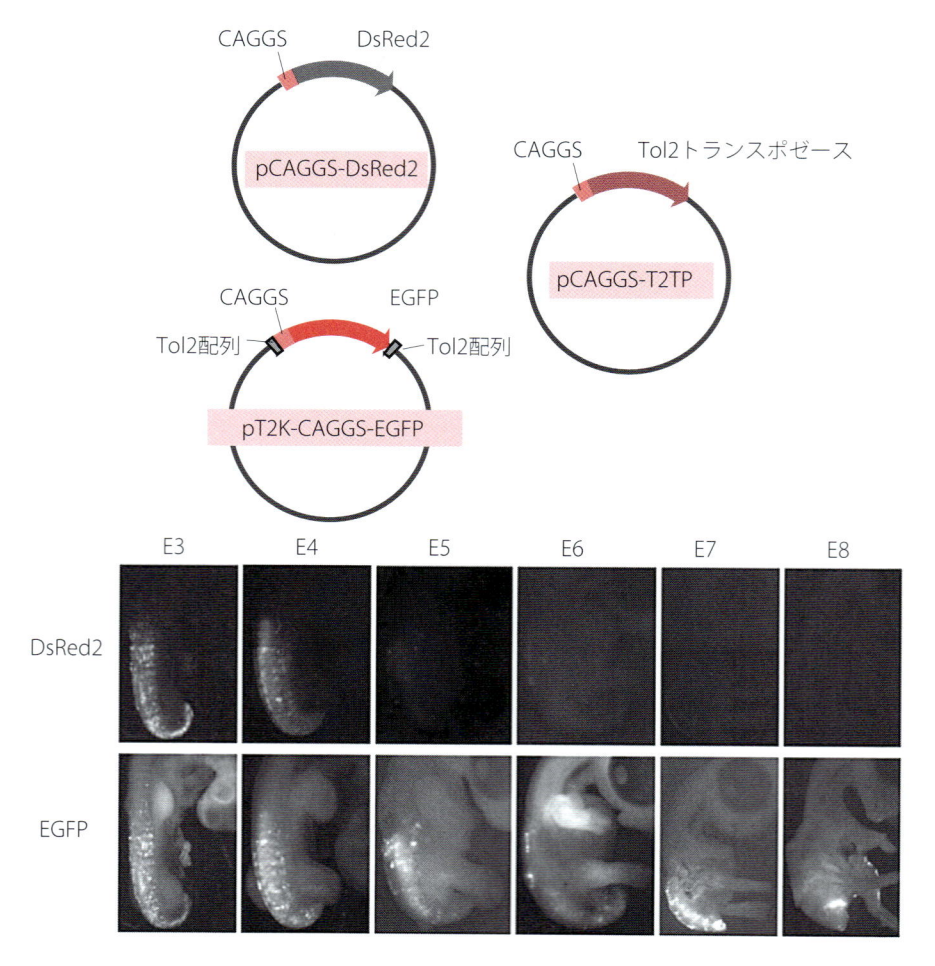

図　Tol2法による導入遺伝子の安定的発現

Tol2法を用いると，ニワトリ胚に導入された遺伝子（EGFP）が安定的にかつ長期的に発現される．発生2日目（E2）の段階で，in ovo エレクトロポレーション法により3種類のプラスミドを共導入した．Tol2-EGFP遺伝子の染色体への組み込みには，トランスポゼースの一過的な発現で十分である．共導入したDsRed2遺伝子はTol2配列をもっていないため，2～3日後に発現が消失した．文献5より転載

ワトリ胚は，初期胚の操作性に優れ，それを発生後期まで飼うことができるため，器官形成の研究にもよいモデルである．しかしながら，せっかくの in ovo エレクトロポレーション法も，器官形成の研究にはうまく活かすことができないという問題があったのである．このような背景のなか，川上氏の講演終了後，私はただちに彼に駆け寄り，私のアイデアを伝えた．当時はあまり面識のなかった川上氏だが，瞬時に共同研究に賛同くださり，その数日後には，必要なプラスミドがすべて届くというスピード感も小気味よかった．

川上氏が中心となって開発したTol2トランスポゾン法を簡単に説明すると，導入したい遺伝子（例えばEGFP）の両側に，染色体に組み込まれるために重要な配列（ここでは便宜上"Tol2配列"とよぶ）を連結させ，このコンストラクトと同時に，染色体への組み込みを促す酵素トランスポゼースをコードする発現ベクターとを共導入することにより，EGFP遺伝子が宿主細胞の染色体に組み込まれるという原理である[3)4)]．われわれはpCAGGSベースの発現ベクターとTol2法とを組み合わせて，トリ胚細胞の染色体に組み込まれた後も効率よく発現するシステムを構築した．そしてこれらをトランスポゼースと共導入すると，それまでみたことのない長期的発現が観察され，みんなでたいそう喜んだものである（図）．プロトコールの詳細はすべてSatoらの論文に記載されている[5)]．

さらには，ニワトリ胚用に改良を進めていたテトラサイクリン発現誘導系[6)]とTol2法とを組み合わせたところ，導入遺伝子の発現時期を自在にコントロールできる系も可能になった．最近では，組織特異的エンハンサーおよびCre-loxシステムと組み合わせることにより，神経堤細胞でのみ長期的に発現が可能になる方法を開発した[7)]．ただしこの場合，用いるコンストラクトがかなり複雑になること，および共導入するプラスミドの種類が増えるに従って目的とする遺伝子の相対的濃度が低下するなどの問題もあるが，これらのデメリットを超えるようにニワトリ胚操作法とを組み合わせれば，独自の解析法を楽しむことができるのではないだろうか．そしてそこからは，必ず新しい発見が生まれると信じたい．

参考文献

1) Funahashi, J. et al.：Dev. Growth Differ., 41：59-72, 1999
2) Momose, T. et al.：Dev. Growth., Differ 41：335-344, 1999
3) Koga, A. et al.：Nature, 383：30, 1996
4) Kawakami, K. et al.：Proc. Natl. Acad. Sci. USA, 97：11403-11408, 2000
5) Sato, T. et al.：Dev. Biol., 305：616-624, 2007
6) Watanabe, T. et al.：Dev. Biol., 305：625-636, 2007
7) Yokota, Y. et al.：Dev. Biol., 353：382-395, 2011

（高橋淑子）

4章 遺伝子導入実験プロトコール

3 エレクトロポレーション法による神経細胞への導入

❶ 子宮内胎仔脳への遺伝子導入

田畑秀典,久保健一郎,仲嶋一範

> **特徴** ※エレクトロポレーションについては4-2-1も参照
>
> **＜神経細胞への導入全般＞**
> ・短時間での実験が可能
> ・安全性が高い
> ・導入されるコピー数が多い
> ・部位/ステージごとに特異的な方法がある
>
> **＜子宮内胎仔脳への導入に固有の特徴＞**
> ・方向性をもった導入が可能
> ・胎仔に与えるダメージが比較的強い
> ・個体ごとの導入率にばらつきが出やすい

　エレクトロポレーションのなかでも神経細胞への導入は部位別に特徴があるため,①子宮内胎仔脳,②網膜,③成熟神経細胞,④分散した神経細胞,⑤脳スライスについてそれぞれとりあげる.本項で述べる子宮内エレクトロポレーション法は,子宮内で発生過程にある哺乳類胎仔の中枢神経系に,任意の遺伝子を発現させるための方法である[1].本法では,注入するプラスミドの場所(側脳室,第3脳室,第4脳室など)と,電場の方向によって,脳内のさまざまな部位への遺伝子導入が可能である.本項では,大脳新皮質背外側領域,前頭前皮質,および海馬への遺伝子導入に関して解説する.

❶ 子宮内エレクトロポレーション法の原理

　哺乳類の中枢神経系発生過程において,神経幹細胞は主に脳室周囲に存在し,神経細胞はここから直接,あるいは二次前駆細胞を介して間接的に産生され,それぞれ特有の場所へ移動し,配置される(図1).子宮内エレクトロポレーションに際しては,まずプラスミドを子宮壁越しに脳室内へ注入し,次に子宮壁の外から電極を当てて,電気パルスを与える.これにより,注入したプラスミド溶液に接する細胞,つまり神経幹細胞を含む脳室帯細胞にプラスミドが取り込まれ,ここから移動する神経細胞にも外来性プラスミドが受け継がれる.このため,神経細胞の産生から移動,配置までのあらゆる発生段階での外来遺伝子の発現が可能である(図1).

　興味深いことに,CAGプロモーターを用いてGFPを発現させた場合,導入後,1カ月以上経過してもGFPの強い蛍光が認められ,神経細胞の成熟過程への影響も解析できる.同様の実験はウイルスベクターを用いた方法でも達成可能であるが,本法では発現プラスミドをつ

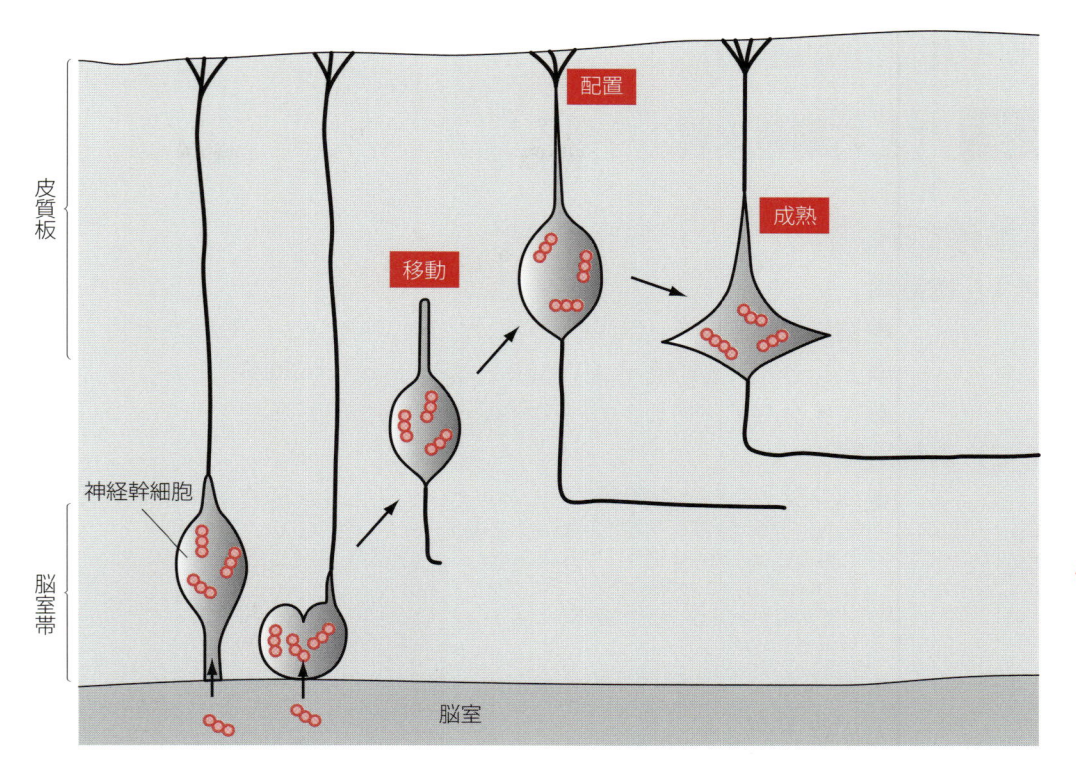

図1　子宮内エレクトロポレーション法による解析対象（大脳新皮質の例）
子宮内エレクトロポレーション法では，プラスミドは脳室帯に接する神経幹細胞に導入され，そこから生じる神経細胞にも受け継がれるため，その移動，配置，成熟の過程で外来遺伝子を発現させることができる

くりさえすれば，すぐに実験可能である．またウイルスベクターに比べて導入されるプラスミドのコピー数が多いので，発現量も高く，複数のプラスミドを同一細胞に発現させることも可能である．

　エレクトロポレーションによる遺伝子導入の際立った特徴の1つとして，プラスミドDNAが与えられた電場の陽極側にのみ導入される点がある．これにより，同じ側脳室への注入でも，電極の向きにより，大脳新皮質や大脳基底核原基，海馬[2]などに選択的に導入することが可能である．また，新皮質内でも，例えば前頭前皮質に選択的に導入するなどの実験が可能で[3]，適当なプロモーターがない場合には，特に本法は有効であろう．さらにプラスミドを第3脳室へ注入すれば視床（**コラム⑥**），第4脳室へ注入すれば小脳や橋核への導入も可能である．侵襲もさほど強くないため，同一個体に2回の導入を行うことも可能で，例えば，異なった日に同一個体に導入を行うことで，異なった時期に生まれた神経細胞を別々にラベルすることができる[4,5]．

　また，導入されるコピー数の多い本法は，遺伝子の強制発現だけではなく，プラスミドを用いたRNA干渉法による遺伝子特異的なノックダウンにも非常に有効である[6]．さらに，本法はプラスミドに基づいたさまざまな技術が利用可能である．例えば，Cre recombinase発現ベクターとloxP siteの組み合わせでは，条件的発現や，少数の細胞だけを可視化して個々の細胞の動態を観察することができる．またトランスポゾンを用いてトランスジーンをゲノムに組み込ませる系を用いて，分裂細胞においても希釈されない系譜解析を行う（**コラム⑤**）

など，その応用範囲はさらに広がっている．

1）大脳新皮質への導入

準備するもの

1）機器類
- 遺伝子導入装置…CUY21E，もしくはNEPA21（ネッパジーン社）
- ピンセット型電極…CUY650P3，あるいはCUY650P5
- マイクロインジェクター…IM300（ナリシゲ社）など

2）消耗品類
- インジェクション用針
  芯入硝子管（ナリシゲ社，#GD-1）をプラーで引いてつくる．プラーにナリシゲ社のPC-10を用いた場合には，錘4つを付けてHeat adj.を75にする．この機械では上下にガラス管が引かれるが，下に引かれた方を用いる．
- 吸引チューブ…Drummond，#2-040-000
  製品には赤いマウスピースが付いているが，これを外して，孔サイズ0.22μLのフィルター（ミリポア社，Millex-LG，#SLLG013SL）を取り付け，さらにピストンを外した1 mLのシリンジを新しいマウスピースとして取り付ける（右図）． 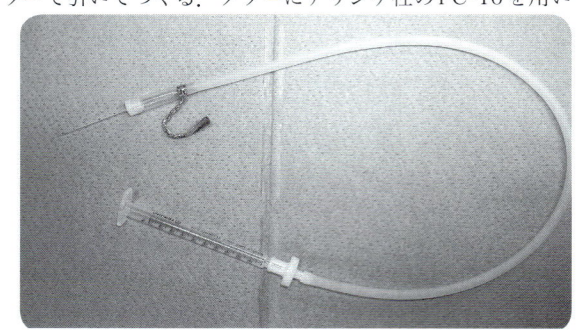
- ファイバーライト…テクノライト（ケンコートキナ社　#KTS-150RSV）など
- 滅菌ガーゼ…ケーパイン，7.5×7.5 cm
- 手術台
  発砲スチロールの板を削ってくぼみをつくり，マウスを仰向けに寝かせたとき，うまくはまるようにする（右図）．
- 解剖用具
  ピンセット×2，解剖用はさみ×2，リングピンセット×1，持針器×1，尖鋭ピンセット（夏目製作所　#A-45など）
- 外科手術用テープ…3M，Transpore
- ナイロン製縫合糸（ネスコ，#HT1605NA75）
- 絹製縫合糸（D&G，#112451）

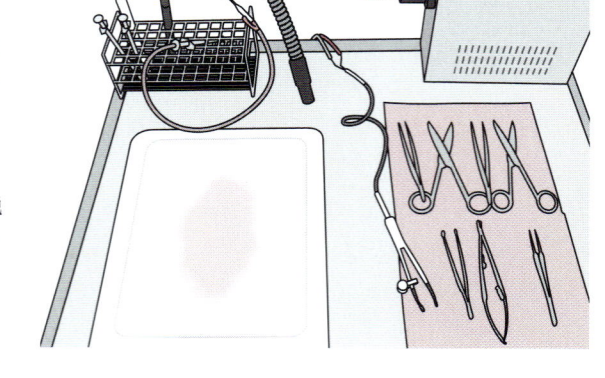

3）試薬
- HEPES緩衝液（HBS）
  シグマ・アルドリッチ社から2×濃度の溶液（#51558）が入手できるので，これを滅菌水で1/2に希釈して使うのが便利である．

- **プラスミドDNA溶液**
  キアゲン社のMaxi kitまたは，超遠心により精製したプラスミドDNAをHBSでなるべく濃い溶液となるように溶かす（5 mg/mL以上）．プラスミドの純度は非常に重要である．
- **0.1％FastGreen溶液**
  シグマ・アルドリッチ社（#F7258）の粉末を滅菌水で溶かす．
- **PBS**
  滅菌したPBSを50 mLのシリンジに入れ，先端に孔サイズ0.22 μmのフィルターを取り付ける．
- **1/10希釈ネンブタール注射液**
  麻酔として使用．ネンブタール注射液（50 mg/mLペントバルビタールNa溶液，大日本住友製薬），またはソムノペンチル（64.8 mg/mLペントバルビタールNa溶液，共立製薬）を滅菌水で1/10に希釈する．

プロトコール

▶ 1）プラスミド調製と胎仔の準備

❶ 1回分に分注したプラスミドDNA溶液（20 μLなど）に，1/10量の0.1％FastGreenを加える[a]

❷ インジェクション用の針の先端を尖鋭ピンセットで適当な太さになるように折る．実体顕微鏡下で斜めに折って先端を鋭くすると，刺しやすくなる

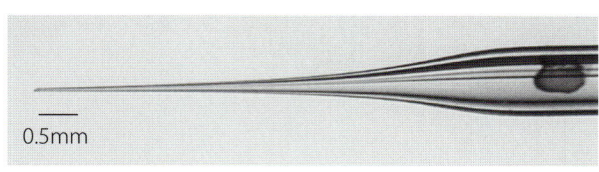

0.5mm

❸ 1/10に希釈したネンブタール注射液を体重10 g当たり120 μLの割合で，腹腔内に投与する

❹ 10分ほど待って，脱力し，呼吸が深く安定した状態になったことを確かめた後，手術台に仰向けに寝かせ，四肢を外科手術用テープで固定し，腹部を70％エタノールで消毒する[b]

❺ ファイバーライトで照らしながら，1組のはさみとピンセットで腹部の皮膚を正中線に沿って切開する．下位2組の乳頭の中間の高さから切開を開始し，上に約2 cm切り進む

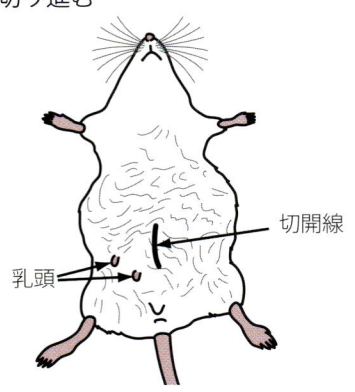

[a] **重要** プラスミドDNA溶液は，例えばCAGプロモーターによるGFP発現ベクターで神経細胞を標識するためには，0.5〜1 μg/μL程度，通常の機能タンパク質を発現させる場合には1〜5 μg/μLが適当である．

[b] 個体によっては，この条件でも麻酔が効かない場合がある．この場合には，200 μL追加投与する．

切開線
乳頭

4章 3 エレクトロポレーション法による神経細胞への導入

❻ 皮膚を切開すると，腹壁の正中線に白線が見える．これに沿って，もう1組のはさみとピンセットで切開する
❼ 滅菌ガーゼの中心を切り抜いて窓をつくり，切開部にあてがい，リングピンセットを用いて片方の子宮角を露出させる ⓒ

ⓒ このとき，子宮を強くつかんではいけない．ピンセットでひっかけて取り出す感覚である．また，ある程度露出したら，ピンセットは使わず，手で取り出した方がダメージは少ない．子宮がねじれて鬱血にならないように，気を付ける．

▶ 2）大脳新皮質への導入 ⓓ

❽ 吸引チューブの先に先端を折ったインジェクション用針を取り付け，プラスミドDNA溶液を吸い上げる
❾ 子宮壁を通して胎仔が見えるので，側脳室の片方，あるいは両方にプラスミドDNA溶液を呼気で注入する ⓔⓕ

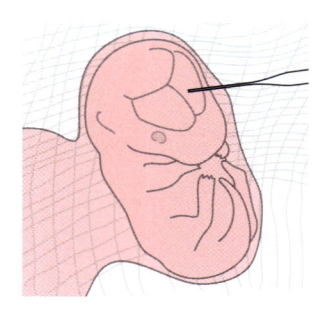

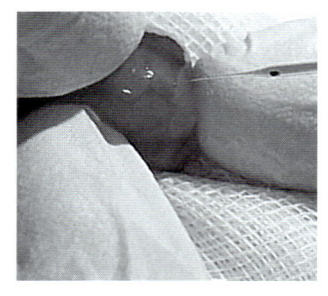

ⓓ 文献1参照．またメタ・コーポレーション・ジャパン制作のビデオがウェブサイトから閲覧できる．
http://www.actioforma.net/s3d/utero/index.html
ID：keio01　pass：NEPA21

ⓔ 吸引チューブを用いずに，マイクロインジェクターを用いてもよい．胎生10日目などの発生段階の早い胎仔への導入では，針をより細く加工する必要があり，この場合にはマイクロインジェクターが非常に有効である．胎生14日目の胎仔では，片方の側脳室当たり1μL程度が目安である．

ⓕ プラスミドのインジェクションにはある程度の熟練が必要である．針を刺すとき，胎仔が動いてしまうことを防ぐため，胎仔の後頭部を押して子宮壁に顔を押しつけながら，素早く一気に刺す．刺す深さはなるべく浅くする．子宮内で腟に一番近い胎仔はアプローチしにくく，傷つくと流産の危険があるので，インジェクションしない．

インジェクションは胎仔の頭部をしっかり保持し，側脳室の前側を狙う

❿ PBSで子宮壁をよく濡らし，ピンセット型の電極を用いて子宮壁越しに胎仔の頭部を挟み，電気パルスを与える．皮質のなるべく広い範囲に導入するため，陰極を胎仔の顎に当て，陽極を皮質の中心に据える ⓖ

ⓖ ただし，子宮内の胎仔の位置によっては，これが不可能な場合もある．

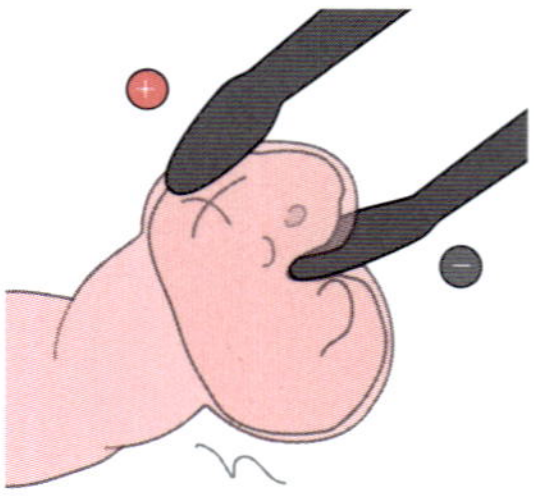

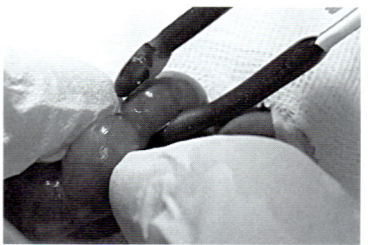

インジェクションした側脳室を覆うように陽極を斜めに当てる

⓫ 電気パルスは，ICRマウスを用いる場合には，以下の条件を目安にする ⓗ

妊娠日数	電極の径	電圧	パルス幅	パルス間隔	回数
12.5日	3 mm	33 V	30 msec	970 msec	4
13日以降	5 mm	30〜35 V	50 msec	950 msec	4

ⓗ このとき，実測の電流値は40〜60 mAとなる．電流値は子宮のPBSによる濡れ具合や，電極の当て方に大きく依存する．3 mmの電極は電流が流れにくいので電圧をやや高めに設定する必要がある．電極やエレクトロポレーターの個性によっても電流値は異なってくるので，電流値が40〜60 mAとなるように電圧を調整する．

⓬一方の子宮角に対する作業が終了したら，腹腔内に戻し，もう一方の子宮角に同様の操作を行う

▶ 3) マウスの処置

⓭子宮角を腹腔内に戻した後，PBSで腹腔内を満たす
⓮腹壁をナイロン製縫合糸で，皮膚を絹製縫合糸で縫合する．腹壁は3針，皮膚は5針が適当である ⓘ
⓯子宮を露出したことと，麻酔の効果により，マウスの体温は低下している．手でしばらく温めるか，スライドウォーマーなどで保温する ⓙ
⓰使用後の電極は，表面に汚れが残っていると抵抗値が変わってしまい，導入効率に影響が出る．使用後は電極部分を歯磨き粉と歯ブラシでよく磨いておく

ⓘ 皮膚は専用のステープラーを用いてもよい（ベクトン・ディッキンソン社，Autoclip Applier 9 mm, 4 #27630など）．その場合には3針程度が適当である．

ⓙ 手術に時間がかかると，マウスの体温低下が著しくなり，胎仔の致死率が高くなる．開腹から閉腹までの時間をなるべく30分以内に留める．時間を短縮するため，いくつかの胎仔だけに限定して操作を行う場合もある．胎生期に固定するのであれば，卵巣から何番目の胎仔にインジェクションしたかを記録しておけば，その個体だけを固定することができる．生後ではインジェクションしたものと，していないものが混ざってしまうが，GFPの発現が強ければ，生後1日目の段階で，皮膚を通して蛍光が見えるので，インジェクションした個体を選択することができる．

☞ 2) 前頭前皮質への導入 [3)]

大脳新皮質のなかでも前頭前皮質を狙う場合，電極の当て方に注意が必要である．図2に示すように，大脳新皮質背外側への遺伝子導入の場合はプラスミドをインジェクションした大脳新皮質の外側にプラス極を当てるが，前頭前皮質の場合はプラスミドをインジェクションした大脳新皮質の前方かつやや内側にプラス極を向ける．また，プラス極はマイナス極より心持ち水平よりも上方に当てる．注入するプラスミド溶液は，片方の側脳室あたり通常の半分程度（0.5μL程度）を，なるべく側脳室の前方に注入する．電気パルスは通常の大脳新皮質に導入する場合と同じ電圧などの条件で与える．

大脳新皮質背外側への導入　　　　前頭前皮質への導入

インジェクションしたプラスミド

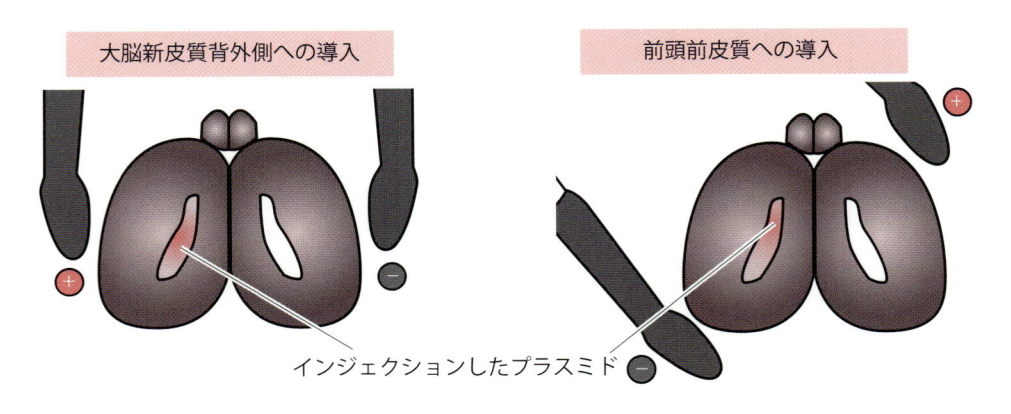

図2　大脳皮質背外側と前頭前皮質へのエレクトロポレーション法

☞ 3) 海馬CA1領域への導入 [2)]

プラスミドの脳室へのインジェクションは上記の大脳新皮質の場合と同様に行う．電圧値も大脳新皮質の場合と同様である．図3のように，大脳新皮質への遺伝子導入の場合はプラ

スミドをインジェクションした大脳新皮質の側にプラス極を当てるが，海馬CA1領域への遺伝子導入の場合はプラスミドをインジェクションした大脳新皮質の側にマイナス極を当てる．電極の角度は図3のように水平方向から30度程度傾ける．妊娠の胎生13〜15日目に遺伝子導入を行うと，多くの細胞がラベルされる．妊娠の胎生12日目に遺伝子導入を行う場合には，電極をより水平に近い角度で当てる必要がある．

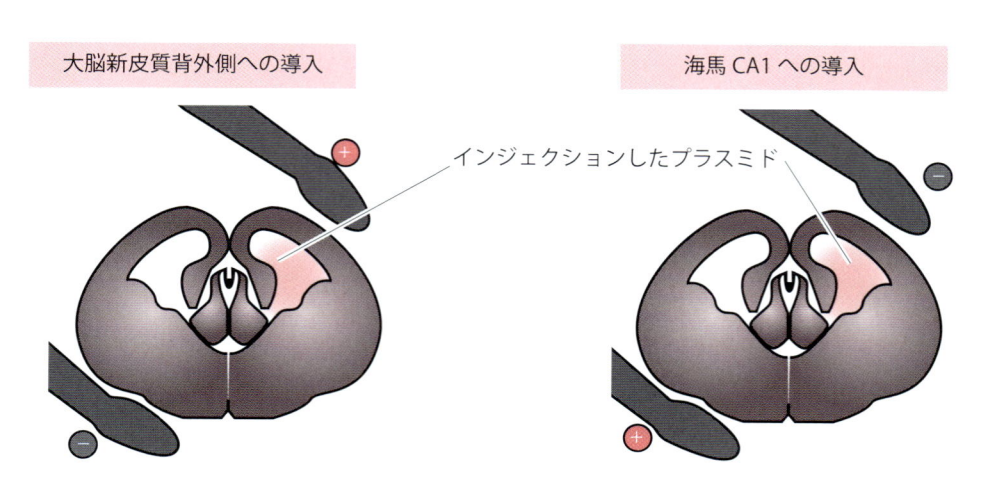

図3 大脳皮質背外側と海馬CA1へのエレクトロポレーション法

❷ プロモーターの選択のヒント

恒常的な発現を支持するプロモーターとしては，CMV（cytomegalovirus）プロモーターや，CAGプロモーター，EF1α（elongation factor 1α）プロモーターがよく知られている．しかし，これらのプロモーターは，発生中の脳の中では，必ずしも恒常的に発現しない．CMVプロモーターは脳室帯の細胞や，移動中の幼若神経細胞で良好に発現を支持するが，成熟した神経細胞では，発現が消失する[5]．EF1αプロモーターでは，全体的にCMVプロモーターよりも発現が強く，また移動が終了し，成熟した後でも発現が続く．CAGプロモーターは，移動中から成熟までの各段階でEF1αよりもさらに強い発現が観察されるので，筆者らは日常的にこのプロモーターで実験している．また，このプロモーターはEF1αに比べて，脳室帯での発現が速やかに減少する傾向があり，遺伝子導入した時点で誕生した神経細胞をかなり特異的に標識できる特徴がある．

Tα1プロモーターは，神経細胞特異的に発現する．本法で導入した場合には，移動神経細胞が皮質板に進入するころに発現が観察され始める（表）．

表　脳神経系への導入におけるプロモーターの比較

	通常細胞	脳室帯の神経細胞	移動中の神経細胞	成熟神経細胞	備考
CMVプロモーター	恒常的な発現	★	★	ー	
CAGプロモーター	恒常的な発現	★★★※	★★★	★★★	
EF1αプロモーター	恒常的な発現	★★	★★	★★	
Tα1プロモーター	ー	ー	★	★	神経細胞特異的に発現

※：発現は速やかに減少

トラブルシューティング

神経細胞へのエレクトロポレーション法

⚠ 胎仔の致死率が高い，もしくは流産してしまう

原因
1. 手術時間が長い
2. 操作中に胎仔をつぶしている

原因の究明と対処法

1. 手術時間はなるべく30分以内に留める．手技に慣れないうちは，無理にすべての胎仔に導入しようとせず，やりやすい胎仔を選んで，操作する．
2. 個々の胎仔は羊膜で包まれており，羊水中に浮かんでいるため，簡単に方向を変えることができる．胎仔を強くもつと，羊膜が破れて，このような可動性を示さなくなる．このような状態では胎仔は生き残ることができない．プラスミドの注入時に胎仔をこね過ぎたり，子宮を腹腔内に戻す際に押しつぶしたりしないよう，注意する．

⚠ 水頭症になる

原因
1. プラスミドDNAの純度が低い
2. 電圧が高すぎる
3. 注入するDNAの量が多すぎる
4. 注入時のダメージが強い

原因の究明と対処法

1. キアゲン社などのプラスミド抽出キットで精製したプラスミドは，さらにフェノール/クロロホルム処理2回，クロロホルム処理2回の後，エタノール沈殿してHBSに溶解する．
2. ネッパジーン社の遺伝子導入装置では，電気パルス発生後，実際に流れた電流が表示される．この電流値が40〜60 mAになるように，PBSによる湿らせ具合や，電極の当て方（電極の子宮への接触面積や電極間の距離），設定電圧を調節する．また，電極が劣化すると，電流が高く流れがちになるので，その場合には新しいものと交換する．
3. 妊娠14〜15日目では，片方の側脳室あたり1〜2μLが適当である．
4. 注入用のマイクロピペットの先端は斜めに折る．刺す際に大きな抵抗を感じるときには，先端を加工し直すか，別の針に換える．

謝辞
本項で紹介したプロトコールの確立にあたっては，文部科学省脳科学研究戦略推進プログラム，科学研究費補助金などの支援を受けた．

《特許》
遺伝子導入動物の製造方法，特許第4536233号

参考文献
1) Tabata, H. & Nakajima, K.：Neuroscience, 103：865-872, 2001
2) Tomita, K. et al.：Hum. Mol. Genet., 20：2834-2845, 2011
3) Niwa, M. et al.：Neuron, 65：480-489, 2010
4) Kubo, K. et al.：J. Neurosci., 30：10953-10966, 2010
5) Sekine, K. et al：J. Neurosci., 31：9426-9439, 2011
6) Bai, J. et al.：Nat. Neurosci., 6：1277-1283, 2003

Column 6

針電極を使った視床への導入法と，そのエッセンス

　近年の目覚ましい技術進歩に伴い，時間および脳部位特異的に発現する遺伝子の機能解析が可能となった．これらの中で特に著しい発展をみせた技術の1つとして，子宮内胎仔脳への遺伝子導入法があげられる．この手法を用い，マウスの脳内のさまざまな領域において，遺伝子を過剰発現，shRNAベクターによる機能阻害が容易に行えるようになった．原則的には，脳室に接していて，遺伝子を注入できる領域ならば，どこにでも遺伝子導入することができる．そのため，脳領域特異的にcreを発現するマウスが入手できない場合，creを発現するベクターをLoxP-stop-Lox-遺伝子Xをもつマウスに本手法にて目的部位に導入し，発現させるなど，有効な活用法があげられる．しかし，すべての脳領域に転用可能なこの技術にも，いくつかの問題点がある．

　注目すべき問題点の1つは，視床下部や視床といった脳の深部への遺伝子導入ではないだろうか．脳表面に近い大脳皮質とは異なり，視床下部や視床は間脳という大脳原基に挟まれた領域から発生してくる．そのため，細胞への遺伝子導入に必要な電気刺激が通りにくい．そのような脳の深部へより多くの遺伝子を導入するために，強い電圧をかけると胎仔が死んでしまう．そこで，電圧を上げずにより多くの電流を通過させるために，次の方法を提案したい．

■ 針電極を使った導入法

　従来法（**4章-3-1**）では，電極を子宮壁にあて，子宮壁を隔てて電流をかける．これに対して，われわれの方法では胎仔の脳内に針型の電極を挿入し，低電圧でより多くの電流を流すのである．そのため，針型電極の作製は重要となる．針型電極の作製には，マイナス側の電極にタングステン，ポジティブ側にプラチナの針金を用いて，適度な細さになるまで電極を削るという作業を要する．この工程で注意すべき点は，電極が胎仔の脳内に直接挿入されるため，胎仔にダメージを与えないように十分細くなければならないこと，また，子宮筋の通過に耐えうる強度も必要とされる．

　この針金を削る，という作業は現在われわれの研究室ではすべて手作業で行っており，熟練を必要とする．しかし，一度この電極を削るという作業ができるようになると面白いように，狙った場所にぴたりと遺伝子を導入できるようになる．はじめのうちは，電極を細く削り過ぎて子宮筋の通過に耐えられず「くにゃっ」と曲がってしまう，という経験をする．逆に強度をあげようとして電極を太めにつくると，胎仔にダメージを与えてしまい，胎児がすべて死んでしまうという事態に陥る．そのため，針型電極の作製を習得しにきた人々からは，「このような失敗経験をする必要があるのか？」「どこかの会社にもっと効率よくつくってもらえないのか？」と質問を受ける．しかしながら，大事につくった自分の電極を無駄にしないように，という心遣いをもって手術を行うことが成功につながるのではないかと思っている．またこういった心遣いは命ある動物を用いて実験をするうえで，「すべてを無駄にしない」という実験の根本に立ち戻るうえでも重要である．

　適度な細さの目安など詳しい針型電極の作製法および，それを用いた遺伝子導入法については以下の論文，動画を参考にしていただきたい．

参考文献
1）Matsui, A. et al.：J. Vis. Exp., 54：3024, 2011
　動画URL：
　http://www.jove.com/video/3024/mouse-in-utero-electroporation-controlled-spatiotemporal-gene-transfection
2）Shimogori, T. & Ogawa, M.：Dev. Growth Differ., 50：499-506, 2008

〔下郡智美，松居亜寿香〕

4章 遺伝子導入実験プロトコール

3 エレクトロポレーション法による神経細胞への導入

❷ 網膜への遺伝子導入

松田孝彦

> **特徴** ※神経細胞への導入全般については4-3-1も参照
> - 発生期の網膜に対して非常に有効な遺伝子導入法
> - 導入したプラスミドからの遺伝子発現は数カ月以上持続する
> - 2種類以上のDNAを100％に近い効率で同一細胞に導入できる
> - BACなどの巨大DNAに対しても適用可能
> - 成体網膜に対するプラスミドの導入効率はきわめて低い

❶ 網膜への遺伝子導入の原理

エレクトロポレーション法を用いて，発生期のマウス（ラット）網膜に簡便に遺伝子を導入することができる[1)～3)]．この遺伝子導入法には，生きたままのマウスに in vivo でエレクトロポレーションを行う方法（図1）と，摘出した網膜に対して in vitro でエレクトロポレーションを行い，その後，網膜を組織培養する方法（図2）の2つがある．前者は，生体内で遺伝子機能を解析できるという大きな利点をもつ．しかしながら，（それほど難しい技法ではないものの）DNAインジェクション操作の習熟に若干の時間を要する．一方，後者の in vitro エレクトロポレーション法は，①技術的に容易である，②遺伝子導入効率のばらつきが少ない，③蛍光タンパク質の発現を経時的に観察しやすい，④薬剤投与との組み合わせが容易である，といった長所がある．しかし，網膜組織培養系で in vivo での環境を完全に模倣

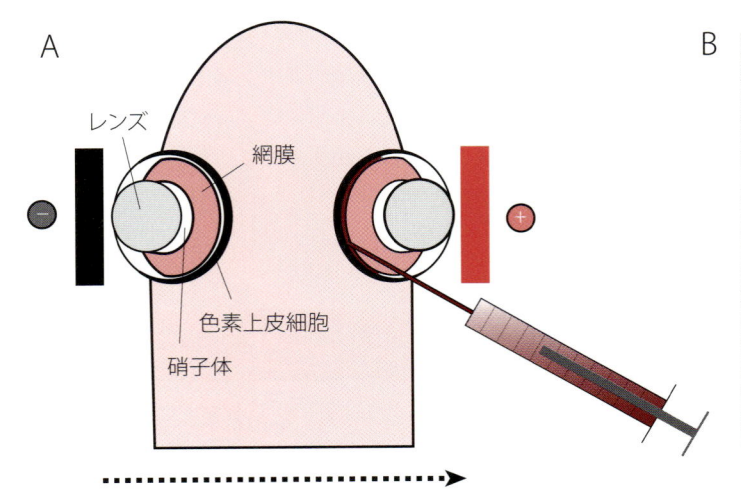

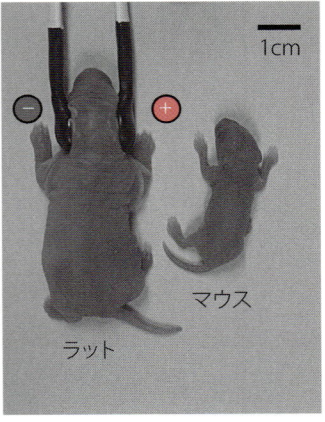

図1 網膜への in vivo エレクトロポレーション
A) In vivo エレクトロポレーションの概略図．B) 電気パルスはピンセット型円形電極を用いて与える

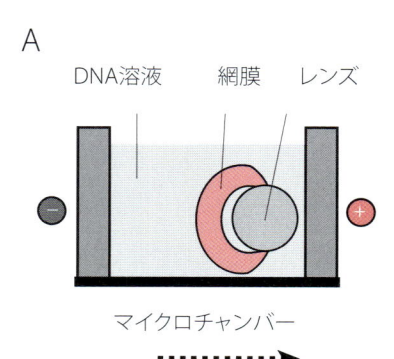

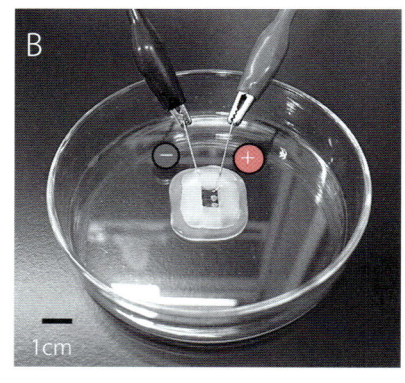

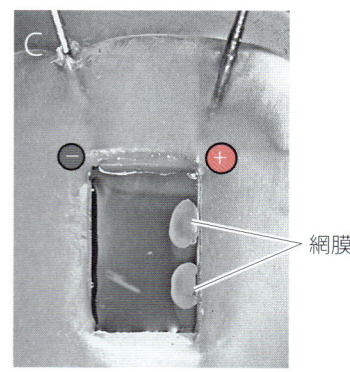

図2 網膜への in vitro エレクトロポレーション
A）In vitro エレクトロポレーションの概略図．BC）電気パルスはチャンバー型電極を用いて与える

することは困難であり，健康な状態で網膜を培養できるのは最大2週間程度までであることなど，組織培養につきまとういくつかの限界がある．

　In vivo エレクトロポレーションにおいては，DNA溶液を網膜と色素上皮細胞との間（網膜下腔）に注入し，図1に示す方向（破線矢印）で電気パルスをかける．これにより，網膜に高効率でプラスミドDNAが導入される．電極の向きを図1と逆にすることによって，色素上皮細胞に遺伝子を導入することも可能である[4) 5)]．DNAを硝子体腔内に注入し，図1と逆の向きに電気パルスを与えて網膜神経節細胞に遺伝子を導入したとの報告もある[6)〜8)]．しかし，少なくとも筆者の実験条件下においては，硝子体側からの遺伝子導入効率は非常に低い．なお，プラスミドDNAよりも低分子の蛍光標識アンチセンスモルフォリノオリゴを用いた場合，エレクトロポレーションによって硝子体側からゼブラフィッシュの網膜に効率よく導入できるとの報告がある[9)]．In vitro エレクトロポレーションにおいては，DNA溶液で満たしたマイクロチャンバー内で，摘出した網膜の硝子体側（レンズ側）をプラス電極に向けて配置し，電気パルスを与える（図2）．

　網膜に対してエレクトロポレーションを行った場合，基本的にDNAは未分化な網膜前駆細胞に導入される．理由は不明であるが，分化した神経細胞にプラスミドDNAはほとんど導入されない．したがってマウスの場合，エレクトロポレーション可能な時期は，増殖している網膜前駆細胞が存在する胎仔期から生後1週間目あたりまでで，発生期を過ぎるとエレクトロポレーション法を用いた網膜へのプラスミドDNAの導入は困難になる．

❷ 目的・導入部位による使い分け

　網膜は大別すると6種類のニューロンと1種類のグリア細胞から構成される．これら細胞種は一定の決まった順序で産生されており，マウスの場合，胎仔期に神経節細胞，水平細胞，錐体視細胞，アマクリン細胞が主に産生され，生後に桿体視細胞，双極細胞，ミューラーグリア細胞が主に産生される（図3）．DNAは未分化な網膜前駆細胞に導入されるため，発生

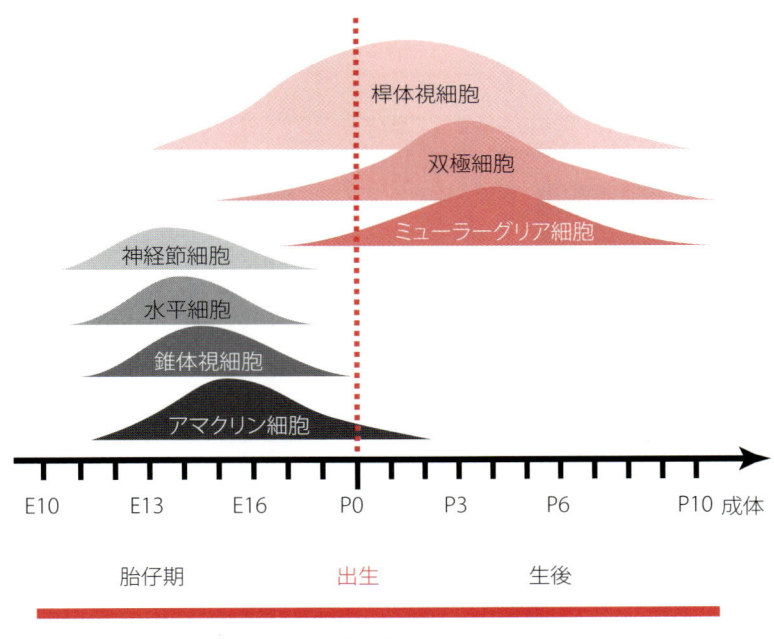

図3　マウス網膜における各種細胞の発生順序
出生直後（赤点線）の時点で存在する未分化網膜前駆細胞からは桿体視細胞，双極細胞，ミューラーグリア細胞ならびに（一部の）アマクリン細胞が産生される

　のどの時期の網膜を標的とするかによって，最終的にラベルされる細胞種が異なってくる．例えば，出生直後（postnatal day 0：P0）のマウス網膜を標的とした場合，遺伝子導入された網膜前駆細胞からは桿体視細胞，双極細胞，ミューラーグリア細胞，アマクリン細胞が産生されるが，神経節細胞，水平細胞，錐体視細胞は生まれないため，前者の4種類の細胞のみがラベルされる（図3，図4）．神経節細胞，水平細胞，錐体視細胞をラベルしたい場合には，胎仔期の網膜を標的にする必要がある．

　マウス網膜への in vivo エレクトロポレーションは，胎生13.5日目（E13.5）あたりから可能である（それより早いステージでは，子宮壁を通して胎仔の眼球を認識するのが困難である）．しかし，出生前の胎仔網膜への遺伝子導入は，in utero での手術になるために比較的難易度が高い．筆者の場合，E13.5のマウス胎児網膜にGFP発現ベクターを in utero で導入したときの成功率（GFP陽性になった網膜の割合）は，平均で30％程度である．胎仔期の網膜を標的とする場合には，まず in vitro エレクトロポレーションを試みるのが無難な選択であろう．一方，生後のマウス網膜への in vivo エレクトロポレーションは比較的容易であり，筆者の成功率はほぼ100％である．これまで多くの研究者にマウス新生仔の網膜への in vivo エレクトロポレーション法を指導してきたが，ほぼすべての人が最初のトライアルで成功させており，それほど難しいテクニックではないといえる．

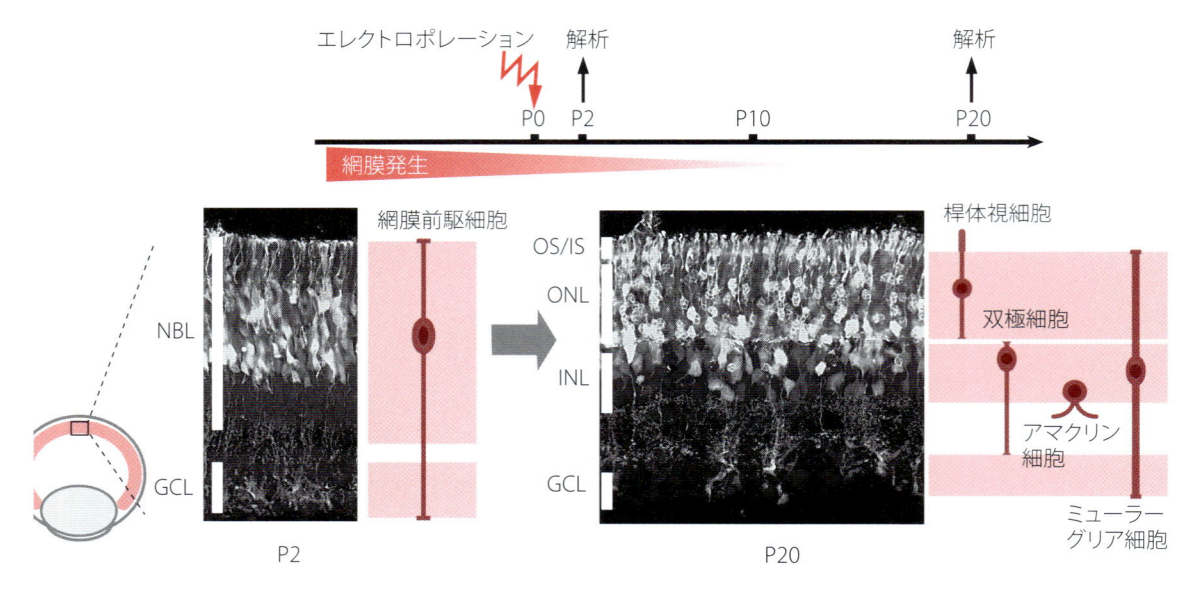

図4 新生仔網膜へのin vivoエレクトロポレーション
出生直後（P0）の網膜にpCAG-GFP発現ベクターをin vivoエレクトロポレーション法で導入し，その2日後（P2）および20日後（P20）に網膜を解析した．P2の時点では，ほとんどのGFP陽性細胞が形態的に未分化な前駆細胞であるが，P20では，GFP陽性細胞は桿体視細胞，双極細胞，ミューラーグリア細胞およびアマクリン細胞に分化している．NBL：神経芽細胞層，GCL：神経節細胞層，OS/IS：視細胞外節/内節，ONL：外顆粒層，INL：内顆粒層

1）出生直後のマウス網膜へのin vivoエレクトロポレーション

準備するもの

▶1）サンプルなど

- 妊娠マウス
  どの系統のマウスに対しても適用可能であるが，ICRなどの非近交系アルビノマウスを用いると，眼球に注入されたDNA溶液の様子を観察しやすい．

- プラスミドDNA
  キアゲン社などのlarge prep kitで精製し−20℃で保存．最終的にはPBS中で1〜5μg/μLの濃度になるように調整する．凍結融解を頻繁に繰り返すと，一部のDNAが凝集してインジェクション針が目詰まりする原因になるので避ける．筆者が論文で報告したエレクトロポレーション用のプラスミド[2)3)]はAdd Gene（http://www.addgene.org）を通じて入手可能．

▶2）機器類

- 遺伝子導入装置…CUY21（ネッパジーン社）
  他にもネッパジーン社のNEPA21，BTX社のECM830が同様に使えることを確認している．
- 実体顕微鏡
- ピンセット型円形電極（in vivo用）：直径5 mm…CUY650-5（ネッパジーン社）

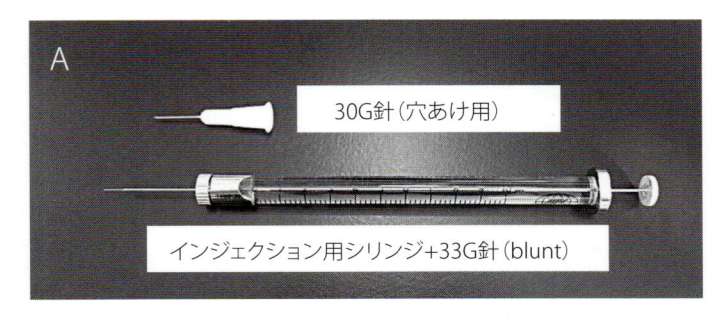

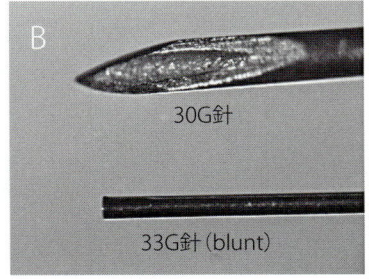

図5　マウス新生仔眼球へのDNAインジェクションに用いる針
A）眼球に穴を空けるための30G針とインジェクション用のブラント末端33G針．B）針先の拡大図

▶ 3) 試薬品類

- **1％ Fast green FCS（シグマ・アルドリッチ社）**
  粉末を水に溶かして0.45 mmのフィルターを通した後，室温で保存．DNA溶液に1/20量（終濃度0.05％）を加えて着色する．

▶ 4) 消耗品など

- **インジェクション用のシリンジと針**
  NanoFil 10 μLシリンジ（World Precision Instruments社，#NANOFIL）に33 G blunt NanoFil needle（World Precision Instruments社，#NF33BL-2）を装着（図5）．World Precision Instruments社は33, 34, 35, 36 Gのblunt end needleとbeveled needleを取り揃えており，必要に応じて針の形状を変更できる．針が細いほど組織へのダメージは小さくなるので，34 Gや35 Gのblunt end針を用いてもよい．しかし，針が細くなるにつれて針の目詰まりの頻度が増すので，その点も考慮に入れる必要がある．36 Gの針は目詰まりしやすいのでおすすめしない．マウス胎仔への in utero でのインジェクションには35 Gのbeveled針を用いている．
- **使い捨て注射針 30 G1/2（ベクトン・ディッキンソン社 #5106）**
- **使い捨てカミソリ（またはメス）**
- **リングピンセット（Fine Science Tools社 #11103-09）**
- **綿棒**
- **70％エタノール**
- **PBS**
- **氷（マウス新生仔の麻酔用）**
- **手術後のマウス新生仔を温める装置（スライドウォーマーなど）**

プロトコール

❶ Fast Green（終濃度0.05％）を加えたプラスミドDNA溶液（終濃度1〜5 μg/μL）を調製する ⓐ

❷ 33 Gのblunt針を装着したインジェクション用シリンジをDNAで満たす（〜0.5 μL程度）

❸ 新生仔を氷の上に数分間置き，麻酔する ⓑ

❹ 実体顕微鏡下，片側の眼球を上にして左手で麻酔したマウスを固定する（図6A）ⓒ

ⓐ 凝集したDNAや，DNA溶液に混入したゴミによるインジェクション針の目詰まりを防ぐために，実験直前に室温で15,000 rpm（20,000 G），3分遠心してその上清を用いる．

ⓑ 新生仔がほとんど動かなくなれば次の操作に移る．新生仔を氷上で長時間（10分以上）放置すると死亡することがあるので注意が必要．

ⓒ 新生仔を固定する際，強く指で押しすぎると「うっ血」して死亡するので，適度なさじ加減が必要．

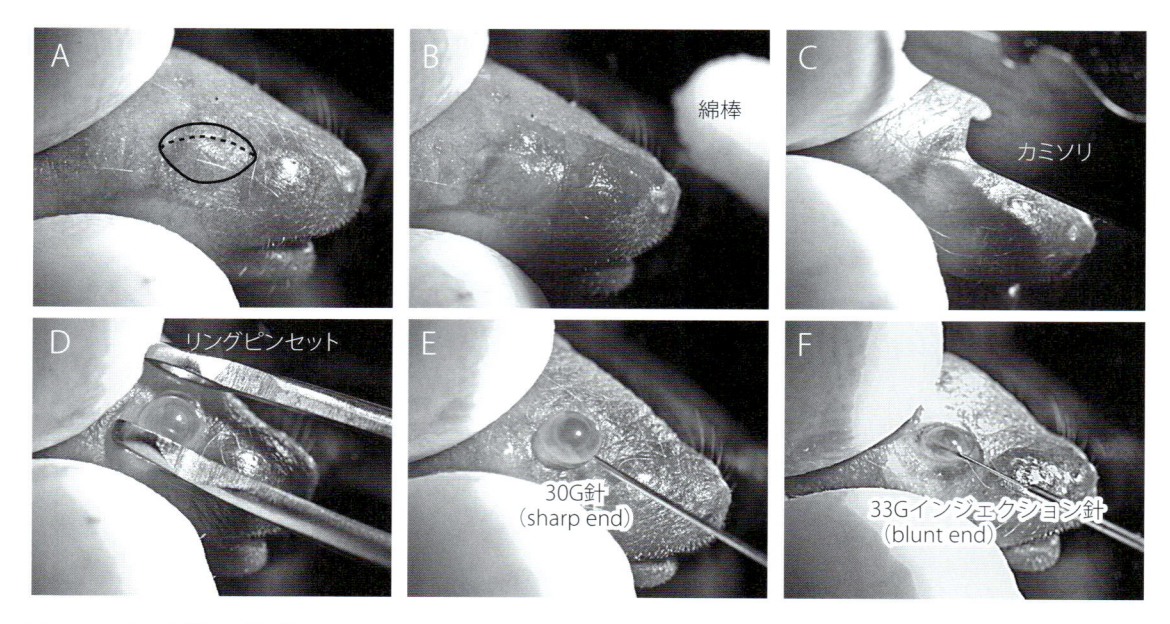

図6 マウス新生仔眼球へのDNAインジェクションの手順
詳細は本文参照．Aでは眼球の位置を実線で，カミソリで切開する部位を破線で示した

❺ 70％エタノールに浸した綿棒で眼球の上の皮膚を消毒する（図6B）
❻ 鋭利なカミソリ（またはメス）を用いて瞼を切開する（図6C）ⓓ
❼ リングピンセットを用いて切開した瞼を押し下げ，眼球を露出させる（図6D）
❽ 30Gの使い捨て注射針を用いて角膜近くの強膜に穴を開ける（図6E，図7A）
❾ インジェクション用の33Gのblunt針を❽でつくった穴に通し，眼球内に挿入する（図6F，図7C）
❿ 眼球内に挿入した針先に軽い抵抗を感じた時点でDNAをインジェクトする（0.3〜0.5μL）ⓔ
⓫ 露出させた眼球をもとに戻し，瞼で覆われるようにするⓕ
⓬ PBSで濡らしたピンセット型円形電極をマウス新生仔の頭部にあてがう（図1B）ⓖ
⓭ エレクトロポレーション（80V，50msecの矩形波をパルス間隔950msecで5回）
⓮ 手術後のマウスを温め，動き出したら母親の元に戻すⓗ
⓯ DNAを導入してから24時間後には遺伝子発現が観察される

ⓓ 上下の瞼のつなぎ目（線として認識できる）に沿って切開する．上手く切断すればほとんど出血しない．出血が激しいと傷口が癒着して将来目が開かないことがある．

ⓔ **重要** 針先が網膜下腔に到達した時点で軽い抵抗を感じる．新生仔の眼球は柔らかいので，さらに強く押すとblunt針といえども容易に眼球（強膜）を突き破ってしまうので注意が必要．

ⓕ 角膜が電極に直接触れるとエレクトロポレーションの際にダメージを受ける可能性があるので，眼球を瞼で覆って直接電極と触れないようにする．

ⓖ DNAをインジェクトした眼球側にプラス電極，反対の眼球側にマイナス電極をあてがう．

ⓗ 筆者は通常，片側の眼球にのみ遺伝子を導入している．両方の目にエレクトロポレーションをする場合には，新生仔のダメージを考慮し，片側の目に遺伝子導入後，10分以上の間隔を空けてもう片方の目に導入するとよい．待ち時間の間，手術後の新生仔を温めて一旦，麻酔から回復させる．母親の元に戻す必要はない．

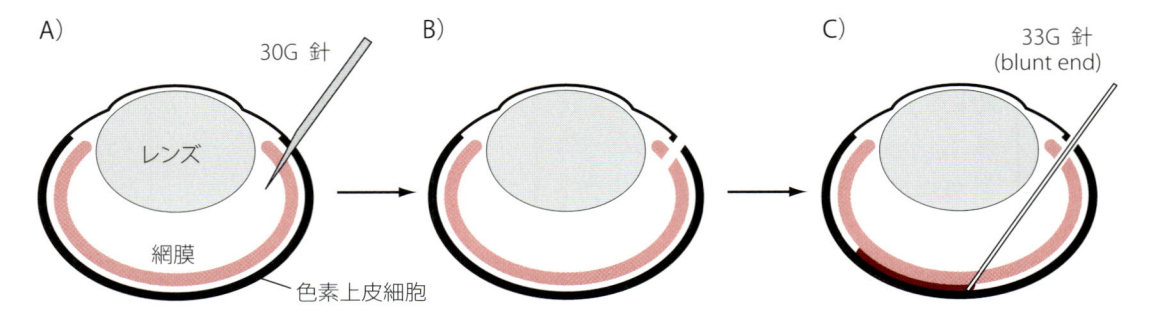

図7 網膜下腔（subretinal space）へのDNAインジェクションの手順
シャープな30 G針で眼球に穴を開け（A，B），その穴を通してインジェクション用の33 Gのblunt針を挿入する（C）．blunt針を用いることで，眼球を突き破らずに網膜と色素上皮細胞の間へのDNA注入が容易になる

2) 出生直後のマウス網膜への in vitro エレクトロポレーション

準備するもの

▶ 1) サンプルなど

- 妊娠マウス
  どの系統のマウスに対しても適用可能であるが，ICRなどの非近交系アルビノマウスを用いると，眼球に注入されたDNA溶液の様子を観察しやすい．

- プラスミドDNA
  キアゲン社などのlarge prepキットで精製し−20℃で保存．最終的にはPBS中で1〜5 μg/μLの濃度になるように調整する．凍結融解を頻繁に繰り返すと，一部のDNAが凝集してインジェクション針が目詰まりする原因になるので避ける．筆者が論文で報告したエレクトロポレーション用のプラスミド[2) 3)]はAdd Gene（http://www.addgene.org）を通じて入手可能．

▶ 2) 機器類

- 遺伝子導入装置…CUY21（ネッパジーン社）
  他にもネッパジーン社のNEPA21，BTX社のECM830が同様に使えることを確認している．
- 実体顕微鏡
- シャーレ型白金プレート電極（in vitro 用）…CUY520P5（ネッパジーン社）
- 網膜摘出用のピンセット（Dumont社 #5, #55）
- 眼科用剪刀（FST社 #14085-08）
- 眼科用スプリング剪刀（FST社 #15000-00）

▶ 3) 試薬品類

- 網膜組織培養用培地
  調製後，4℃で保存．2週間程度で使い切る．以下はすべてライフテクノロジーズ社インビトロジェン製品

Neurobasal-A（#10888-022）	47.5 mL
N-2 supplement ×100（#17502-048）	0.5 mL
B-27 supplement ×50（#17504-044）	1.0 mL
GlutaMax ×100（#35050-061）	0.5 mL
ペニシリン-ストレプトマイシン ×100（#15140-122）	0.5 mL
Total	50.0 mL

- DMEM/F12（HEPES含有）（ライフテクノロジーズ社インビトロジェン製品 #11039-021）

▶ 4）消耗品など

- Nucleopore Track-Etched membrane 直径25 mm（Whatmen社　#110606）
- 6ウェル組織培養プレート（コーニング社　#3516）
- 6 cmシャーレ
- 先端を切って太くした200 μLのチップ

プロトコール

❶ プラスミドDNA溶液を調製する（終濃度1〜2 μg/μL）

❷ 6ウェルプレートに網膜組織培養用培地（1 mL/well）を入れる [a]

❸ 各ウェルにNucleopore membraneフィルターを浮かべ、CO_2インキュベーターに入れておく [b]

❹ 安楽死させた新生仔から眼球を摘出し、DMEM/F12で満たした6 cmシャーレに移す [c]

❺ 実体顕微鏡下、鋭利なピンセットと眼科用剪刀を使って眼球から網膜を取り出す [d]

❻ シャーレ型白金プレート電極のチャンバーをDNA溶液で満たす（〜140 μL）

❼ 先端を切ったチップを装着したP200マイクロピペッターを使って網膜をチャンバーに移す [e][f]

❽ ピンセットを使ってチャンバー内での網膜の向きを整える（レンズをプラス電極側に向ける，図2）

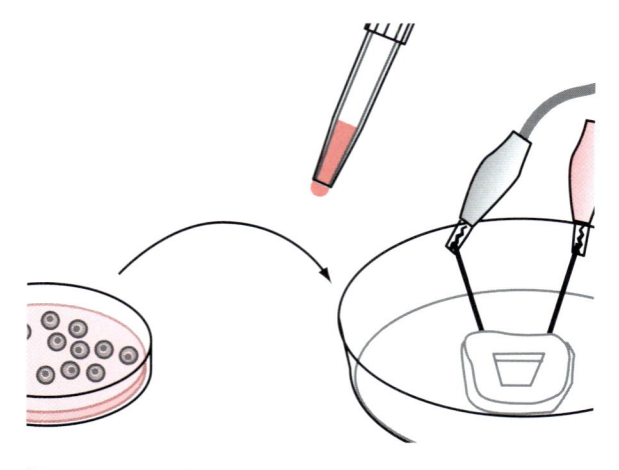

❾ エレクトロポレーション（30 V，50 msecの矩形波をパルス間隔950 msecで5回）[g]

❿ 網膜をDMEM/F12で満たした新しい6 cmシャーレに移し、DNA溶液を洗い落とす

⓫ 先端を切ったP200チップを使って網膜を6ウェルプレートに浮かべたフィルター上に移す [h]

[a] 無血清培地で安定して網膜が培養できるとの報告がある[10]．筆者自身もウシやウマ血清入り培地などをいろいろ試してきたが、無血清培地を用いる方が結果は良好なようである．

[b] 1〜2日程度ならば、フィルターを用いずに網膜を培養液中で維持する事は可能である．しかし、培養期間が長くなる場合、培養液中での静置培養では網膜の健康な状態を維持できない．また、培地を入れた培養プレートを長時間インキュベーターの外で放置すると、pHが変化して培地が変色してくる．

[c] 使用する解剖用具や実験台を70％エタノールで消毒し、できる限り雑菌をもち込まないようにする．

[d] レンズが網膜に付いたままの状態で取り出すと後の操作が容易である．通常、眼球から取り出した網膜に色素上皮細胞は付着していない．

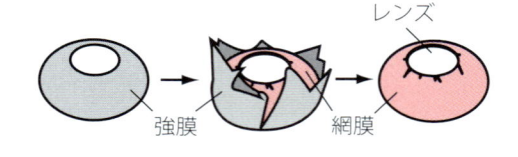

[e] 網膜が吸い込める程度の太さのピペットマンチップを作製する．重力により網膜はピペットマンチップの先端部分に溜まるので、培地をほとんどもち込まずにチャンバーに移せる．

[f] マウス新生仔の場合、1つのチャンバーに数個の網膜を同時に入れることができる．

[g] 操作後、チャンバー内のDNA溶液をピペッティングによって撹拌すれば、そのまま別の網膜のエレクトロポレーションに使える．徐々に導入効率は落ちていくが、4〜5回は使い回せる．

[h] フィルター上の中心部分にあらかじめ100 μL程度の培地をマイクロピペッターで滴下しておく．この水滴があると網膜を移しやすい．

❶フィルター上でレンズ側が上にくるよう網膜を配置する
❸ピンセットで注意深くレンズを取り除く
❹P200のマイクロピペッターでフィルター上の余分な培地を吸い取り，網膜をフラットにする①

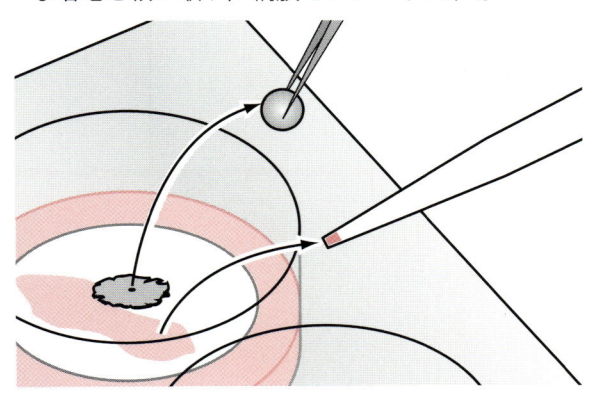

> ① **重要** 網膜が折り重なった部分をフラットにするときには，まず培地を少し滴下し，ピンセットを用いて培地の中で網膜の折り重なった部分を慎重に広げる．その後，余分な培地を吸い取る．

❺網膜の上から培地を〜20 μL滴下する
❻37℃のCO_2インキュベーター内で培養する
❼2日おきに培地を交換する

トラブルシューティング

神経細胞へのエレクトロポレーション法

⚠ 遺伝子が導入されない

原因
❶DNAが正しく眼球内（網膜下腔）に注入されていない
❷正しくエレクトロポレーションされていない
❸DNAの品質が悪い

> **原因の究明と対処法**
> ❶色素で着色したPBSをインジェクトし，直後に眼球を摘出して網膜下腔が染まっているかをチェックする．インジェクション技術をマスターするまでは，多産でアルビノのICRマウスを使って練習するとよい．
> ❷実行電流値を調べる．電気パルスがかかる度にマウスの筋肉が軽く痙攣するので，それを指標にしてエレクトロポレーションの成否を判断してもよい．*In vitro*の場合，正しく電気パルスがかかれば，チャンバー内に気泡が発生する．
> ❸プラスミドDNAは通常のlarge prepキットで調整したもので十分であるが，少し高価なエンドトキシンフリーのキットを用いてDNAを調整すれば，より少量のDNAで高い導入効率が得られる．

⚠ 遺伝子は導入されたが，網膜の形状が崩れている

原因
❶DNAインジェクションの際に網膜を傷つけた
❷インジェクトしたDNAの量が多すぎる

❸インジェクトしたDNAの濃度が濃すぎる

> 原因の究明と対処法

❶ゆっくりと慎重にインジェクション針を眼球内へ挿入し，針先にほんの僅かな抵抗感を感じた時点で止める．針の挿入によって眼球が変形するようであれば，強く押し過ぎである．
❷眼球にインジェクトする溶液量は0.5μL以下にとどめる．それ以上注入すると，深刻な網膜剥離を引き起こす．
❸必要以上にDNA濃度が高すぎてもよくない．pCAG-GFPの場合，濃度1μg/μLで十分明瞭なGFPの発現が観察できる．

⚠ 培養した網膜の形状が崩れている

原因 ❶網膜組織培養の際，網膜を傷つけた
❷培養期間が長すぎる

> 原因の究明と対処法

❶網膜がダメージを受けた領域は層構造が乱れやすい．操作中，網膜を傷つけないように細心の注意を払う．特に，フィルター上で網膜をフラットにする際には，滴下した培地中で操作を行って網膜に余計な張力を与えないようにする．
❷培養日数が長くなるほど，網膜の形態が崩れやすくなる．培養日数は必要最小限にとどめる．

⚠ エレクトロポレーションの翌日マウス新生仔が死亡している

原因 ❶手術の際，マウスを手で強く押さえすぎた
❷氷上麻酔が長すぎた
❸母親が面倒をみない

> 原因の究明と対処法

❶新生児マウスを指で強く固定しすぎると，うっ血して皮膚の色が黒ずんでくるので，手術中の皮膚の色の変化に注目する．
❷麻酔は5分程度までにとどめる．10分以上氷上で放置すると回復しないことが多い．
❸C57BL/6などの近交系マウスを用いた場合，母親が子育てせずに手術後の新生仔が死亡することがよくある．必要ならば，ICRなどの非近交系マウスを里親につけることを検討する．

参考文献
1) Matsuda, T. & Cepko, C. L.：Methods Mol. Biol., 423：259-278, 2008
2) Matsuda, T. & Cepko, C. L.：Proc. Natl. Acad. Sci. USA, 104：1027-1032, 2007
3) Matsuda, T. & Cepko, C. L.：Proc. Natl. Acad. Sci. USA, 101：16-22, 2004
4) Chalberg, T. W. et al.：Invest. Ophthalmol. Vis. Sci., 46：2140-2146, 2005
5) Johnson, C. J. et al.：Mol. Vis., 14：2211-2216, 2008
6) Dezawa, M. et al.：Micron, 33：1-6, 2002
7) Kachi, S. et al.：Gene Ther., 12：843-851, 2005
8) Huberman, A. D. et al.：Nat. Neurosci., 8：1013-1021, 2005
9) Thummel, R. et al.：Dev. Neurobiol., 68：392-408, 2008
10) Johnson, T. V. & Martin, K. R.：Invest. Ophthalmol. Vis. Sci., 49：3503-3512, 2008

4章 遺伝子導入実験プロトコール

3 エレクトロポレーション法による神経細胞への導入

❸ 培養皿上の成熟神経細胞への遺伝子導入

田谷真一郎, 星野幹雄

> **特徴** ※神経細胞への導入全般については4-3-1も参照
> - 遺伝子（プラスミドDNA）を初代培養神経細胞に過剰発現/発現抑制する
> - さまざまな発生段階の神経細胞に遺伝子導入できる
> - 高効率で遺伝子導入できる
> - 高生存率を維持できる

❶ 成熟神経細胞への導入の原理

　ラット/マウス由来の初代培養神経細胞に遺伝子を導入することは比較的難しい実験系とされている．筆者の経験上，培養皿上の成熟神経細胞への遺伝子導入効率だけを比較すると，ウイルスによる感染＞エレクトロポレーション＞リポフェクション，の順になる．ウイルス感染を用いる方法は，使用許可申請の手続きの煩雑さや実験設備の関係により，敬遠されがちである．一方，エレクトロポレーションは手技的に簡易で，短時間に成熟神経細胞への遺伝子導入が可能になる系である．本項では，筆者がネッパジーン社のスーパーエレクトロポレーター NEPA21を使用しているため，このシステムに対応した紹介をする．NEPA21が特に優れている点は，3ステップ式マルチパルス方式を取り入れている点である．エレクトロポレーションの原理は，電気刺激により，細胞に穴を空け，遺伝子（プラスミドDNA）を細胞に送り込むものである．この技術により，一般的に遺伝子導入が困難とされている初代培養神経細胞に対しても物理的に遺伝子を導入することができる．しかし，細胞が受けるダメージは大きく，電気刺激の強さに依存して生存率が低下してしまう．NEPA21は細胞膜に微細な穴をあけるポアーリングパルス（高電圧・短時間）と遺伝子を細胞内に送り込むトランスファーパルス（低電圧・長時間）の3ステップ式マルチパルス方式を自由に設置できる点が長所である．導入したい細胞への3ステップ式マルチパルス方式の条件設定を決定してしまえば，高効率で遺伝子導入でき，かつ高生存率を維持することができる．電気条件は細胞により異なるために，本項ではラット由来の海馬初代培養神経細胞への遺伝子導入の条件を紹介する．

❷ 導入時期の使い分け

　研究目的として，神経細胞のさまざまな成熟過程において，研究対象の分子の機能を知りたいと考えている方は少なくないと思う．この目的に対する具体的な解決法は，神経細胞において目的分子の過剰発現の効果・RNAiによる発現抑制の効果などを検討するのが一般的である．神経細胞にも多数の種類が存在しているが，著者は遺伝子導入する in vitro の神経培養細胞として，海馬初代培養神経細胞がその発達過程が詳細に解析されているため扱いやすいと考えている．

　海馬初代培養神経細胞は1990年代にBankerらによって5つのステージに分けられた（**図1**）[1]．この神経細胞は培養開始後にみられるラメリポディアの形成（ステージ1）から数時間後に複数の非常に活発に動く神経突起を形成する（ステージ2）．その半日後に複数の突起の中の1本が急速に伸長し，神経軸索の特徴を有するようになる（ステージ3）．この間残りの突起の伸長は非常に遅く，後に樹状突起となる（ステージ4）．樹状突起は成熟してシナプスを形成する（ステージ5）．海馬初代培養神経細胞は，このステージに対応する大まかな培養日数（DIV）がすでに報告されている．したがって，研究対象の分子の機能を，神経細胞のどの成熟過程に対して検討するのか計画を立てやすい．例えば，神経細胞の軸索・樹状突起への運命決定（極性形成機構）を解析したいのであれば，神経細胞を組織から分散した直後（DIV0）に遺伝子導入しなければならなくなるので，**4章-3-4**の項目を参考にしてほしい．本項では，樹状突起形成やシナプス形成への効果が検討できる培養皿上の成熟神経細胞への遺伝子導入について紹介する．

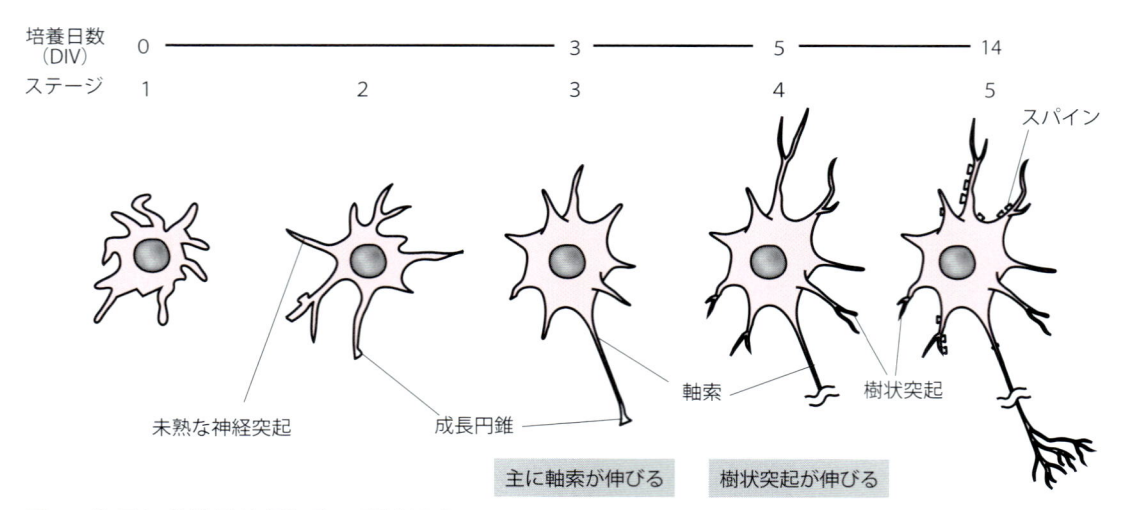

図1　海馬初代培養神経細胞の発達過程
ステージ3（DIV3）は軸索が伸び，ステージ4（DIV5）は樹状突起が伸びる

準備するもの

▶ 1) 機器類

- 遺伝子導入装置…NEPA21（ネッパジーン社，右図上）
- 付着細胞用脚付電極24ウェル用…CUY900-13-3-5（ネッパジーン社，右図下）
  培養皿上の（神経）細胞に遺伝子導入する際に用いられる．

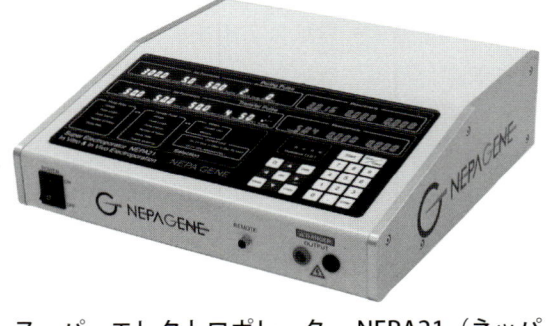

スーパーエレクトロポレーター NEPA21（ネッパジーン社）

▶ 2) 試薬類

- ポリ-D-リジン
- 12～13 mm カバースリップ（マツナミ社）
- 24ウェルプレート平底タイプ
- 無血清培地
- Opti-MEM（ライフテクノロジーズ社インビトロジェン製品）

▶ 3) サンプルなど

- 2～10 mg/mL プラスミドDNA
  高発現させたい遺伝子をコードするプラスミドDNA．キアゲン社EndoFree kit精製相当．

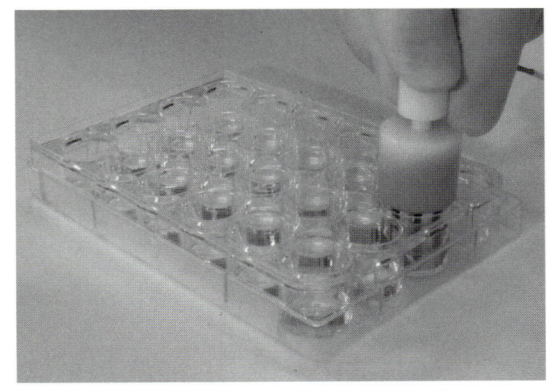

付着細胞用脚付電極（CUY900-13-3-5）

プロトコール

▶ 1) 細胞の培養

❶ 海馬初代培養神経細胞（約 3×10^4 cells/well）をポリ-D-リジンでコートした ⓐ カバースリップ上に播き，24ウェルプレート中で目的に応じた時期まで培養する

▶ 2) プラスミドDNAの準備

❷ キアゲン社 EndoFree kit などを用いて，10 mg/mL プラスミドDNAを準備する

❸ エレクトロポレーションに用いるプラスミドDNAは，最終濃度 1 mg/mL となるように，Opti-MEMで希釈する（DNA混合溶液）

ⓐ コートしないと細胞が吸着しない．コートする手順は次の通り．
  ① ポリ-D-リジン（PDL）を加え，37℃オーバーナイト（12時間くらい）
  ② PBSで3回洗う
  ③ 使用培地を加える

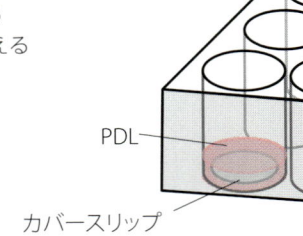

PDL
カバースリップ

▶3）付着細胞用脚付電極の滅菌

❹ 24ウェルプレートに70％エタノール（～1 mL）とOpti-MEM（～1 mL）を用意する

❺ 付着細胞用脚付電極を70％エタノールのウェルに1～2分浸け置き，滅菌する

❻ 次に，Opti-MEMのウェルでエタノールを十分洗浄し，もう1つ準備したOpti-MEMのウェルに付着細胞用脚付電極を置いてエレクトロポレーションに使用する

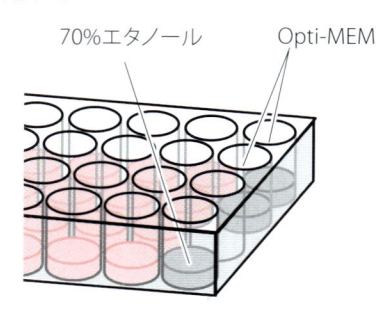

▶4）エレクトロポレーション

❼ 24ウェルプレートの培地を回収する（回収した培地は⓫にて再利用）[b]

❽ 海馬初代培養細胞を培養している24ウェルプレートにDNA混合溶液（300 μL）を加える

❾ 付着細胞用脚付電極を24ウェルプレートに細胞に衝撃を与えないように，静かに置く

❿ 抵抗値を測定し，エレクトロポレーションを行う[c]

電気条件

	電圧	パルス幅	パルス間隔	回数	減衰率
ポアーリングパルス	200 V	5 msec	50 msec	2回	10％
トランスファーパルス	30 V	50 msec	50 msec	5回	40％

⓫ エレクトロポレーション終了後，DNA混合溶液を丁寧に吸引する．すぐに，❼で回収した神経細胞の増殖用培地を加え，培養する[d]

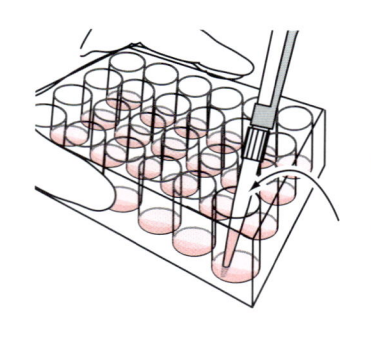

[b] 神経細胞を無血清培地（Neurobasal mediumなど）で培養している場合はすぐにエレクトロポレーションに移行できる．血清を含む培地で培養している場合は，Opti-MEMで2回洗浄する．

[c] 広範囲に遺伝子導入したければ，エレクトロポレーション後に，電極を90度回転させて，再度エレクトロポレーションを行う．

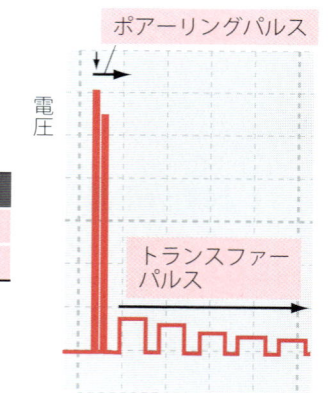

[d] 複数回エレクトロポレーションを行うのであれば，DNA混合溶液を回収し再利用する（著者は5回までなら問題なくエレクトロポレーションできることを確認している）．

❷ DIV18まで培養し，EGFPのシグナルを観察する（図2）ⓔ

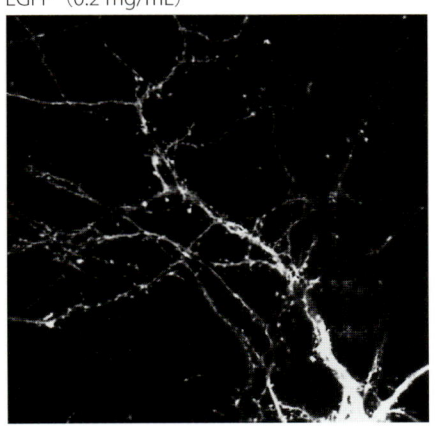

ⓔ EGFPのシグナルはスパイン様構造物にみられる．エレクトロポレーションする時期を調整することで樹状突起伸長・分岐やシナプス形成への影響を検討することができる．

EGFP（0.2 mg/mL）

図2　DIV7でエレクトロポレーションし，DIV18で固定（×60レンズで撮影）
DIV7を用いることで軸索の影響よりも樹状突起形成やシナプスに与える影響をみることができる．DIV18ではシナプス形成がみられる

❸ 条件検討のヒント

1 プラスミドDNA濃度

ネッパジーン社推奨のプラスミドDNAの濃度は最終的に1 mg/mLである．この条件でエレクトロポレーションを行うと遺伝子導入された細胞が隣接し，どの軸索/樹状突起がどの細胞体由来なのかわからなくなってしまう恐れが生じる（図3A）．そこで，プラスミドDNAの濃度は最終的に0.2 mg/mLになるようにして同様の実験を行った．その結果，適度に遺

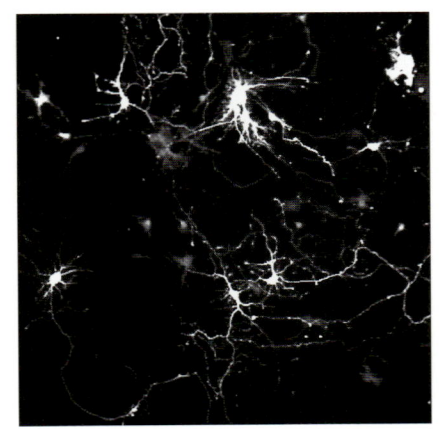

A　EGFP（1 mg/mL）　　　　B　EGFP（0.2 mg/mL）

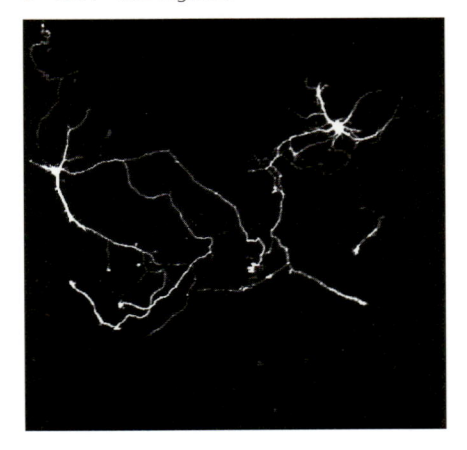

図3　DIV2でエレクトロポレーションし，DIV5で固定（×20レンズで撮影）
AとBの細胞密度は同一である．A）高濃度のプラスミドをエレクトロポレーションした場合．高濃度のプラスミドを用いたため，多くの神経細胞に遺伝子導入できている．しかし，軸索や樹状突起が交差しているために，どの細胞体からでている軸索/樹状突起なのか区別が難しい．これらの区別ができないと，長さや分岐数の計測が困難になる．B）低濃度のプラスミドをエレクトロポレーションした場合．低濃度のため，適度の神経細胞に遺伝子導入できている．しかし，Aに比べると細胞1個あたりに導入されている遺伝子のコピー数が減少し，その遺伝子の効果が見えにくくなる可能性がある

伝子導入された細胞を分散させることに成功した（図3B）．ただし，気をつけなければならない点は，おそらく細胞に導入されたプラスミドDNAの濃度も1/5に減っている可能性がある．この結果，過剰発現やRNAiの効果に影響を与えるようであれば問題であるので，注意していただきたい．

2 コスト

最後に本項で紹介したエレクトロポレーションに関して，コストの説明をする．初期投資として，スーパーエレクトロポレーター NEPA21を購入する必要がある．初期投資としては高くつくと思われるが，その後のランニングコストはOpti-MEMとプラスミドDNAの調製だけなので非常に安価である．また，別売りのキュベットを購入すれば成体に対しての *in vivo*，胎児に対しての *in utero*，組織切片に対しての *ex vivo*，浮遊細胞に対しての *in vitro* などの各種エレクトロポレーションなどが可能（4章-2-1参照）になるため，今後の研究の展開次第では，有効なツールになるのではないかと考えている．

神経細胞へのエレクトロポレーション法 トラブルシューティング

⚠ エレクトロポレーションされた細胞が確認できない

原因
1. プラスミドDNAの純度が低い
2. プラスミドDNAの濃度が低い
3. エレクトロポレーターのトラブルが生じている

原因の究明と対処法
1. プラスミドDNAの検査（吸光度や電気泳動）をする．
2. プラスミドDNAの再精製をする．
3. 実験ごとに抵抗値を測定する．また，必ずワークするポジティブコントロールを用意する．

⚠ 高濃度のプラスミドDNAを精製できない

原因の究明と対処法
必要量のプラスミドDNAを用意し，エタノール沈殿させた後，Opti-MEMで再度溶かし直す．

参考文献
1) Craig, A. M. & Banker, G. : Annu. Rev. Neurosci., 17 : 267-310, 1994

4章 遺伝子導入実験プロトコール

3 エレクトロポレーション法による神経細胞への導入

④ 分散した神経細胞へのキュベット電極を用いた遺伝子導入

楠澤さやか，仲嶋一範

> **特徴** ※神経細胞への導入全般については4-3-1も参照
> ・子宮内胎仔脳への導入と比べ，作業が容易であり，導入効果が高く，短時間ですむ

① 分散した神経細胞への導入の原理

神経細胞への遺伝子導入にはいくつかの方法があるが，その中でもキュベット電極を用いた *in vitro* 遺伝子導入は技術的に容易であり，条件を一定にすれば再現性が高いという利点をもっている．電場によって細胞膜に微細孔を一過性にあけて遺伝子を導入するものであり，目的とする細胞を用いて最初に条件検討を行い，最適な条件を決める必要がある．原理の詳細は **4章-2-1** を参照．

☞ 大脳基底核原基への導入

準備するもの

▶ 1) 器具・機械

- 細胞培養用プレート
  6ウェルプレート（スミロン，コーニングなど）
- 遺伝子導入装置…NEPA21（ネッパジーン社）
- キュベット電極用チャンバー…CU500（ネッパジーン社）
- キュベット電極…EC-002S（ネッパジーン社）
  2 mm gap

▶ 2) 試薬

- Opti-MEM…Gibco
- 細胞用培地…Gibco neurobasal medium
  グルタミン，B-27（Gibco）などを添加．L-グルタミンは，神経細胞などにおいて必要とされる必須アミノ酸で，細胞の維持や培養に必要とされる栄養素．B-27は，神経細胞の増殖および長期生存に必要な補助試薬．
- トリプシン…Difco #215240
- DNase I…シグマ・アルドリッチ社

▶ 3) サンプルなど

- マウス胎仔

- ● 導入するプラスミド
  1 μg/μL濃度で TE バッファーに溶解.

プロトコール

▶ 1) 細胞の調製

❶ マウス胎生 13 日目の大脳基底核原基を摘出し，小さい組織片に切り刻んだ後 1.5 mL チューブに回収する

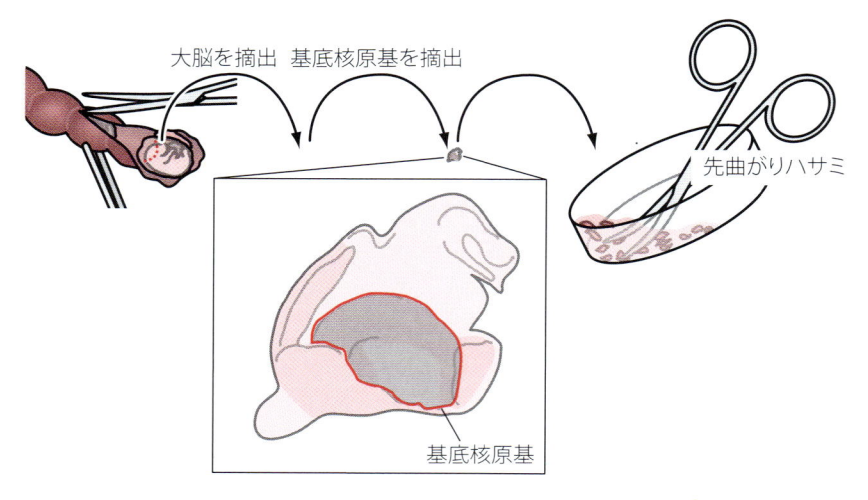

❷ 0.25 % トリプシン /1 % DNase I を入れる ⓐ

❸ 37 ℃で 7 分間置く．途中で軽く撹拌する ⓑ

❹ 100 μL 血清を加えて反応を止め，卓上低速遠心機にて 10 秒ほど遠心し，組織片を落とす

❺ 上清を除き，500 μL の Opti-MEM を加え，15 回ほどピペッティングし，細胞を懸濁する

▶ 2) エレクトロポレーション

❻ 細胞数を数えて，1×10^6 cells/90 μL になるように Opti-MEM を加え，キュベット電極に移す

❼ そこに，導入するプラスミド 10 μg を加えて，最終的に 100 μL に調整する

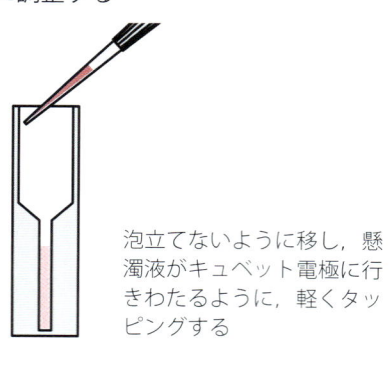

ⓐ 500 μL/1.5 mL チューブ．トリプシン処理によって，接着に関与するタンパク質が分解され，細胞を分散することができる．また細胞分散中に，一部の細胞が死んで DNA を放出するので，不要な細胞の塊化を防ぐために Dnase I を添加する.

ⓑ 用いる細胞によって反応時間を調整する．
・胎生期の大脳皮質や基底核原基の場合：7 分
・生後の大脳皮質：15 分

泡立てないように移し，懸濁液がキュベット電極に行きわたるように，軽くタッピングする

❽キュベット電極を電極チャンバーにセットし、パルスを加える

電気条件

	電圧	パルス幅	パルス間隔	回数	減衰率	
ポアーリングパルス	275 V	0.5 msec	50 msec	2回	10 %	
トランスファーパルス	20 V	50 msec	50 msec	5回	40 %	極性切替え ON

❾1分以内に⒞、ピペットを使用してキュベット溶液を吸引し、あらかじめ用意しておいた細胞用培地2 mL（6ウェルプレート）に溶液を加え、37℃で2日間培養する⒟

⒞ 弱っている細胞を早く最適環境に戻すことによって生存率かつ遺伝子導入効率を上げるため。

⒟ 筆者らの実験では生存率約90％、導入効率約70％となる。

❷ 実験条件を最適化するコツ

　ポアーリングパルスの電圧・パルス幅・回数を振って最適な条件を探すとよい。用いる細胞腫によっても異なるが、マウス胎生期においては生存率、導入効率がともに70％以上になるものが、最適範囲。各設定の振り幅は、電圧（260〜290 V）、パルス幅（0.3〜1 msec）、回数（2〜3回）であるが、電圧（275 V）を固定しパルス幅と回数を検討する方法か、パルス幅と回数（0.5 msec, 2回）を固定して電圧のみを検討する方法が効果的である。

　初代培養神経細胞の場合は、基本的に導入効率も低く、また細胞の状態により、同じ電気条件下で実験を行っても、結果に差が出ることが多い。そのため、細胞の状態をいかによい状態に保つかがポイントとなる。すべての工程を胎仔摘出から約1時間以内に終わらせることや、細胞分散時にトリプシンの代わりにより細胞毒性の少ないパパイン（10 unit/mL）を使用することも導入効率を上げるポイントとなる。

神経細胞へのエレクトロポレーション法 トラブルシューティング

⚠ 導入効率が低い

原因
1. エレクトロポレーション時に血清や抗生物質などが混入し、導入効率が下がっていた
2. トランスファーパルスの減衰率が0％
3. バッファーの抵抗値を、サンプルの量など物理的条件が変わるたびに測定していないため、電流値が一定ではない

原因の究明と対処法
1. Opti-MEMにて1〜2回遠心すると改善する。
2. 減衰率を30〜50％に必ず設定すること。
3. 電圧などが同じ設定条件であっても、抵抗値に違いがあると測定電流値が変化するので、バッファーの抵抗値測定を毎回行い確認すること。今回の条件下での平均測定値は次の通り。

測定抵抗値：40〜55 Ω（NEPA21表示：0.040 kΩ〜0.055 kΩ）

⚠ 細胞の生存率が低い

原因 ❶合計測定エネルギー値が高い
❷エレクトロポレーション前後の環境が適切ではない可能性

原因の究明と対処法

❶ポアーリングパルスの合計測定エネルギー値は〔測定電圧（V）×測定電流値（A）×設定パルス幅（sec）〕であり，その値が細胞の生存率に直結するため，各神経細胞に応じて条件検討を行うこと．本項❷を参照．

❷キュベット電極は，水滴ができるのを防ぐために氷冷せず常温放置し，実施する．細胞撹拌時や，キュベット電極に細胞懸濁液を移す際は決して泡をたてず，エレクトロポレーション終了後は早めに細胞を培地に移して培養すること．

参考文献
1）Kusuzawa, S. et al.：Eur. J. Neurosci., 36: in press, 2012

4章 遺伝子導入実験プロトコール

3 エレクトロポレーション法による神経細胞への導入
❺ 脳スライス培養への遺伝子導入

石田綾，岡部繁男

特徴
※神経細胞への導入全般については4-3-1も参照
・細胞種特異的な遺伝子導入が可能
・細胞毒性が低い
・安全性が高い

❶ 脳スライス培養へのエレクトロポレーション法の利点

　脳スライス（微小組織）培養は，脳の層構造の一部が保たれ，神経回路網がより生体内に近い状態で維持された培養系である．生理的な条件で長時間の実験ができる利点を生かし，分子生物学，形態学，発生学，電気生理学など，幅広いアプローチを用いる解析で利用されている．脳スライス培養への遺伝子導入には，エレクトロポレーション法のほかに，ウイルスベクターや遺伝子銃が用いられる．ウイルスベクターは，細胞毒性や安全性が常に問題となる．また，神経細胞に選択的に遺伝子を導入するためには，適切なウイルス種を選び，プロモーターなどの諸条件を検討する必要がある．遺伝子銃は，機器が高額ではあるが，ウイルスベクターと比較して簡便に利用することができる．スライス内の細胞にランダムかつ低密度に遺伝子が導入されるため，形態学的観察に適するが，細胞種特異的な遺伝子導入には適さない．これらの方法と比較して，エレクトロポレーション法の利点は，安全で準備が簡便であること，発現量が多く，複数の遺伝子を同時に導入することができることがあげられる．また，目的とする細胞の存在部位の特徴を利用することで，効率よく細胞種特異的な遺伝子導入が可能であることも，大きな利点である．

❷ 細胞選択性に応じた使い分け

　エレクトロポレーション法は，細胞のごく近傍にプラスミドDNA溶液を注入し，高電圧をかけることで細胞膜に小さな穴を開け，その瞬間にプラスミドDNAを取り込ませるという方法である．プラスミドDNA溶液の注入方法と，電圧のかけ方を工夫することで，目的に応じたパターンに遺伝子を導入することができる．ここでは，本研究室で利用されている，3種類の脳スライスへのエレクトロポレーション法を紹介する．**非特異的遺伝導入法**としては，海馬スライス培養を用いた例を紹介する．この方法はできるだけたくさんの細胞に非特異的でもよいから導入したいという目的に用いることができる．プラスミドDNA溶液を，ス

ライス全体を覆うように添加し，スライス全体に電場をかける．**細胞種特異的に遺伝子を導入する方法**としては，細胞の存在位置の特徴を利用する方法を紹介する．この原理は側脳室帯の神経幹細胞など，さまざまな細胞をターゲットとして用いられているが，ここでは小脳顆粒細胞への導入法を紹介する．幼弱期の小脳顆粒細胞は，脳の表層（外顆粒層）に存在し，発達過程を経て内顆粒層に移動する．外顆粒層の表面にプラスミドDNAが接するように，DNA溶液を小脳溝に注入し，電場を小脳全体にかけることで，顆粒細胞特異的に遺伝子を導入することができる．**単一神経細胞エレクトロポレーション法**は，特定の1つの細胞に遺伝子を導入する方法である．目的とする細胞表面に，顕微鏡下でプラスミドDNA溶液の入った微小電極を接触させ，細胞特異的に電場をかけることにより，遺伝子を導入する（**表**）．

表　3種類の脳スライスへのエレクトロポレーション法

	導入できる細胞数	導入できる細胞種	難易度	備考
海馬スライスへの非特異的遺伝導入法	★★★	非特異的	★	大脳皮質や小脳など，他の組織にも応用可能
小脳顆粒細胞への選択的遺伝子導入法	★★	顆粒細胞	★	細胞の存在位置の特徴を利用することで，神経幹細胞にも応用できる
単一神経細胞へのエレクトロポレーション	★	目的とする個々の細胞	★★★	大脳皮質や小脳など，他の組織にも応用可能

1）海馬スライス培養への非特異的遺伝子導入

準備するもの
※脳スライス培養の作製方法については，参考文献7を参照．

▶1）機器類
- 遺伝子導入装置…CUY21E（ネッパジーン社）
- ニードル白金電極…CUY611P3-1
- フレーム付シャーレ円形白金電極 2 mm φ…CUY700P2E

▶2）消耗品類
- 解剖用具（ピンセット2本程度）
- メンブレンフィルター…JHWP02500（ミリポア社）
- シャーレなど
- ハンクス緩衝溶液（HBSS）

▶3）サンプルなど
- プラスミドDNA溶液
  キアゲン社のMaxi kitで精製したプラスミドDNAをHBSに調製する．DNA濃度は，1 μg/μLとする．溶液の分布をわかりやすくするため，FastGreen 0.01 ％（シグマ・アルドリッチ社 #F7258）で着色する．HBSの組成は，子宮内エレクトロポレーション法（**4章-3-1**参照）と同様である．

プロトコール

❶ マウス胎仔（胎生15.5日〜生後0日目）の海馬から培養用のスライスを作製し，冷たいHBSSの入ったシャーレに入れ，氷上に置くⓐ

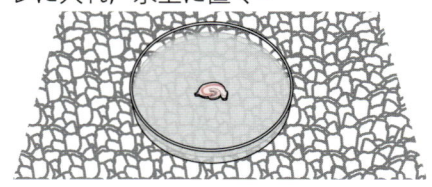

ⓐ 細胞へのダメージを防ぐため，低温を維持する

❷ エレクトロポレーション用のチャンバー（フレーム付シャーレ円形白金電極：下図）に冷たいHBSSを満たし，メンブレンフィルターの上に海馬スライスを置く

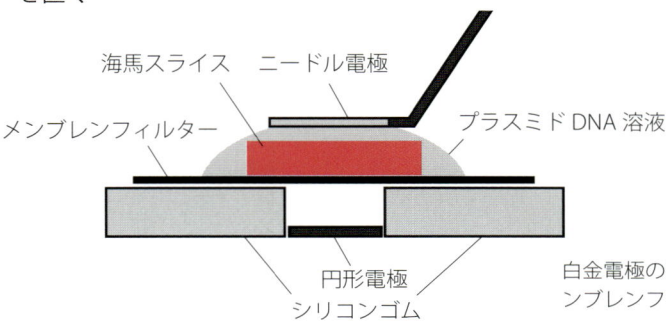

海馬スライス　ニードル電極
メンブレンフィルター　プラスミドDNA溶液
円形電極
シリコンゴム

白金電極の設置されたシャーレ内を冷たいHBSSで満たし，メンブレンフィルターの上に海馬スライスを載せる．文献2より

❸ プラスミドDNA溶液5μLを海馬スライスの上に滴下する
❹ ニードル白金電極をプラスミドDNA溶液表面に接触させる
❺ 電気パルスを与えるⓑ
❻ 電場の方向を逆にし，もう一度同様の電気パルスを与えるⓒ
❼ スライスを培養し，数日後に遺伝子発現を確認する（図1）

ⓑ 電圧値は，導入したい細胞数に応じて5〜15Vに調節する．例えば，電圧15V，パルス幅5 msec，パルス間隔995 msec，5発

ⓒ 電気パルスは10発以上かける必要があるが，すべて同じ方向にかけると細胞へのダメージが大きい．電気パルスを5発かけた後，逆向きのパルスを5発かけることで，ダメージを抑え，より多くの細胞に導入することができる．

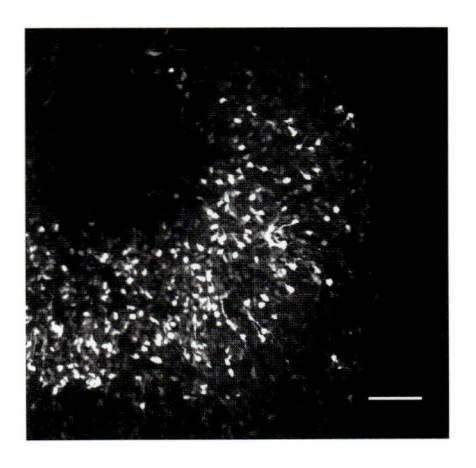

図1　遺伝子（EGFP）を導入後，培養3日目の海馬スライス培養
多くの幼弱な神経細胞にEGFPの発現が確認された．スケールバー：100μm

👉 2）小脳顆粒細胞への選択的遺伝子導入

▎準備するもの

▶ 1）機器類

- ● 遺伝子導入装置…CUY21E（ネッパジーン社）
- ● ピンセット型電極…CUY650P5（ネッパジーン社）
- ● 吸引チューブ（Drummond社）
- ● インジェクション用ガラスキャピラリー…30-0066（Harvard社）など
  内径が太めのもの．注入しやすいよう先端を適宜折っておく．
- ● リン酸緩衝溶液（PBS）

▶ 2）サンプルなど

- ● プラスミドDNA溶液
  キアゲン社のMaxi kitで精製したプラスミドDNAをHBSに調製する．DNA濃度は，$2\,\mu g/\mu L$ とする．溶液の分布をわかりやすくするため，FastGreen 0.01％（シグマ・アルドリッチ社 #F7258）で着色する．HBSの組成は，子宮内エレクトロポレーション法と同様である．

▎プロトコール

❶ ガラスキャピラリーと吸引チューブを接続し，あらかじめプラスミドDNA溶液 $10\,\mu L$ を吸っておく

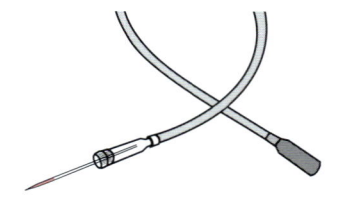

❷ 6 cmディッシュにPBS 15 mLを入れ，氷上で冷やしておく

❸ マウス（生後6〜8日目）の小脳を摘出し，PBS中に入れる

❹ 小脳溝にプラスミドDNA溶液 $10\,\mu L$ を注入する[a]

[a] 実体顕微鏡で観察しながら，小脳溝にキャピラリーの先端を挿入する．いくつかの角度から，複数の小脳溝に溶液を注入する．

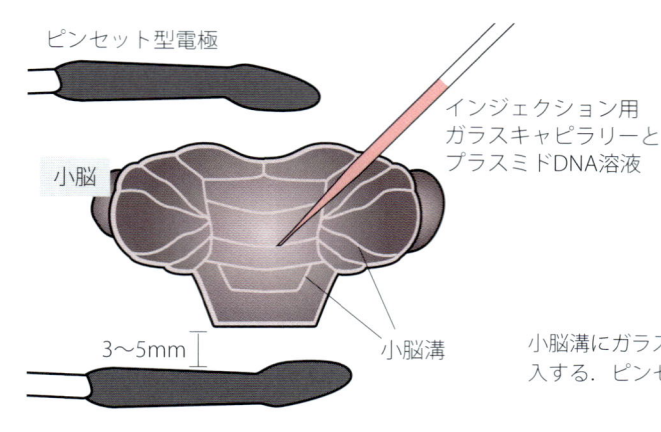

ピンセット型電極
インジェクション用ガラスキャピラリーとプラスミドDNA溶液
小脳
3〜5mm
小脳溝

小脳溝にガラスキャピラリー先端を挿入し，プラスミドDNA溶液を注入する．ピンセット電極は小脳を挟むように小脳溝に平行にもつ

❺ピンセット型白金電極を，小脳を挟むように⑥，小脳溝に平行にもつ
❻電気パルスを与える⑥
❼小脳スライスを作製し，培養する（図2）⑥

⑥ただし，じかに接しないように注意．

⑥電圧値は，導入したい細胞数に応じて30〜100Vに調節する．120V以上では，細胞へのダメージが大きくなる傾向がある．例えば，電圧100V，パルス幅50 msec，パルス間隔450 msec，5発．

⑥エレクトロポレーション後のサンプルは氷上に置き，なるべく速やかにスライスを作製する．

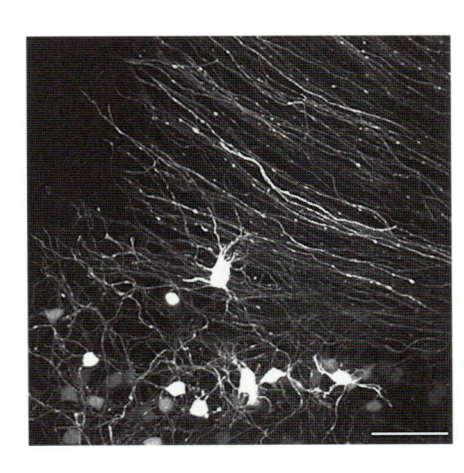

図2　EGFPを導入後，培養6日目の小脳スライス培養
顆粒細胞特異的にEGFPが発現していることを確認した．スケールバー：40μm

3）単一神経細胞エレクトロポレーション法

準備するもの

▶ 1）機器類
- 電気刺激装置とアイソレータ（日本光電社）
- 手動マイクロマニピュレーター（ナリシゲ社）
- 微小ガラス電極針…64-0787（Warner Instruments社）など
  先端は細いほうがよく，0.6〜1μmに調節する．
- 電極用の銀線，2本

▶ 2）サンプルなど
- プラスミドDNA溶液
  キアゲン社のMaxi kitで精製したプラスミドDNAを精製水に調製する．DNA濃度は，1μg/μLとする．溶液の分布をわかりやすくするため，FastGreen 0.01％（シグマ・アルドリッチ社 #F7258）で着色する．HBSの組成は，子宮内エレクトロポレーション法と同様である．
- 低濃度血清培地
  通常よりも血清濃度の低い培地（5％ウマ血清）．

プロトコール

❶ 微小ガラス電極針にDNAプラスミド溶液を充填し，陰極側の銀線を溶液内まで挿入し，手動マイクロマニピュレーターに設置する

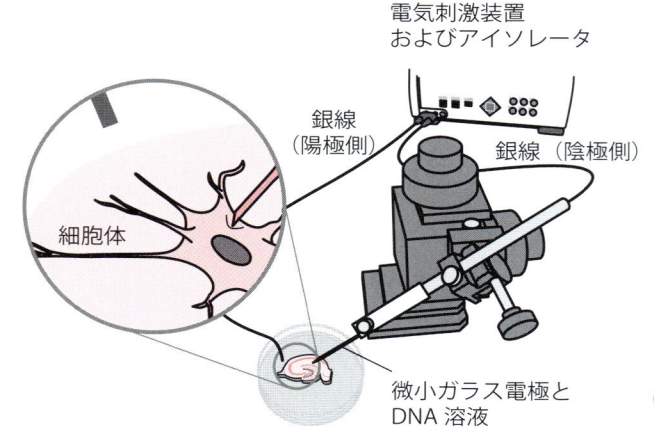

陰極側の銀線は微小ガラス電極内に挿入し，陽極側はスライスの外側の培地に浸るように設置する．細胞体が少しくぼむまで電極を近づけ，電気パルスを与える

❷ 海馬スライス（培養8〜10日目）を低濃度血清培地の入ったディッシュに移し，正立顕微鏡下（60倍，水浸レンズ）で，目的の細胞を決める

❸ 陽極側の銀線は，スライスの外の培地中に置く

❹ マニピュレーターを用いて，ガラス電極先端を細胞体の近傍まで誘導し，細胞体が軽くくぼむ程度まで近づける

❺ 電気パルスをかける [a]

❻ 海馬スライスを培養液に戻し，数日後に観察する（図3）[b]

[a] 文献5より，最も効率がよいとされる条件を選択した．必要な電圧の大きさは，条件により変わるため，10〜50 Vに適宜調整する．例：電圧30 V，パルス幅1 msec，周波数200 Hz，200発

[b] 単一神経細胞エレクトロポレーション法は，他の方法よりも熟練を必要とする．条件検討の際，プラスミドDNA溶液の代わりに蛍光色素を用いるとよい．電気パルスをかけた直後に，細胞体へ色素がとりこまれているかを蛍光顕微鏡でチェックしながら，電極先端の細胞への接触のさせ方や電圧値を調節する．テトラメチルローダミンデキストラン（細胞トレーシング用の赤色蛍光色素）を利用する場合，電気パルスの方向は，DNAの場合の逆なので注意する．

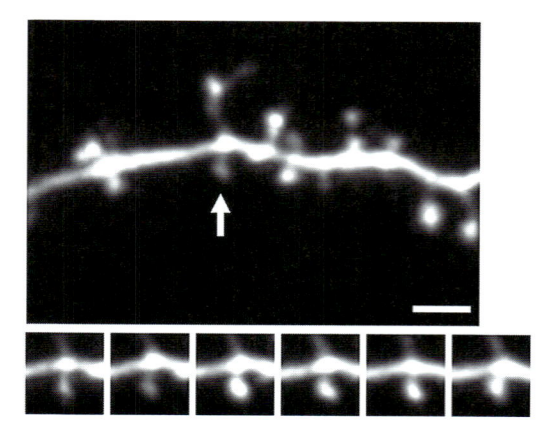

図3　単一神経細胞エレクトロポレーション法によりEGFPを導入した海馬神経細胞を用いた実験例
EGFPが導入された海馬神経細胞に対して，高頻度電気刺激（100 Hz, 100発）を与えると，スパインの頭部が大きくなる様子が観察された．スケールバー：2 μm．文献6より転載

神経細胞へのエレクトロポレーション法　トラブルシューティング

⚠ 遺伝子が導入されない

原因
1. プラスミドDNA溶液の注入方法が不適切
2. 電気パルスのかけ方に問題がある

原因の究明と対処法

1. DNA溶液の注入方法については，海馬スライス培養への非特異的遺伝子導入法では基本的には問題にならないと思われる．小脳顆粒細胞への選択的遺伝子導入法では，小脳溝にガラス先端を深めに挿入し，DNA溶液の池ができるようなイメージ（**右図**）で，多めに注入するとよい．単一神経細胞エレクトロポレーション法では，ガラス電極の先端が細胞体にしっかりと密着する必要がある．あまり押し付けすぎると細胞が死んでしまうので，ちょうどよいところを見つけることが大切である．

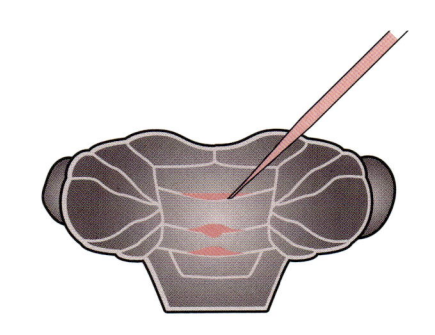

2. 電気パルスについては，毎回の電流値を確認し，電圧の設定値を調整する．細胞にダメージを与えないように，できるだけ低い電圧を用いる必要がある．まず，やや高めの電圧に設定し，遺伝子の発現を確認できたら，少しずつ下げていくとよい．

参考文献
1）『必ずうまくいく遺伝子導入と発現解析プロトコール』（仲嶋一範，北村義浩／編），羊土社，2003
2）Kawabata, I. et al.：Neuroreport, 15：971–975, 2004
3）Yang, Z. J. et al.：J. Neurosci. Methods, 132：149–160, 2004
4）Konishi, Y. et al.：Science, 303：1026–1030, 2004
5）Haas, K. et al.：Neuron, 29：583–591, 2001
6）Yamagata, Y. et al.：J. Neurosci, 29：7607–7618, 2009
7）Stoppini, L. et al.：J. Neurosci. Methods, 37：173-182, 1991

4章 遺伝子導入実験プロトコール

4 超音波遺伝子導入法

立花克郎

特徴
- 超音波エネルギーは生体への影響が少なく毒性が低い
- 遺伝子導入の時間，標的部位を正確に制御
- 遠隔から超音波照射が可能なため非侵襲的
- 導入率は血清など，培養環境に影響されない
- 遺伝子導入率はウイルスベクターより低い
- 超音波条件設定に多少の試行錯誤が必要

① 超音波遺伝子導入の原理

　近年，超音波遺伝子導入法（ソノポレーション）はさまざまな分野の基礎実験に使われるようになり，この手法を使った論文数も急速に増加している．また，近い将来にその臨床応用が可能な点も注目されている1つの理由である．現在，一般診療で超音波画像診断法（エコー）が広く使われているが，肝臓や心臓の診断用超音波造影剤として利用されている脂質の殻をもつマイクロバブル（直径が1～10μm）とメガネ洗浄器レベルの超音波照射を併用するだけで遺伝子導入が可能である（図1）．超音波遺伝子導入法はエレクトロポレーション法に比べ組織へのダメージが少なく，時間・空間的に遺伝子導入を制御できる．実施手技

ONE POINT　超音波の基本知識

　超音波遺伝子導入はマイクロバブルの崩壊・振動で起こる．このことを念頭に超音波の条件を決定する必要がある．一般にマイクロバブルは乳白色なので，超音波照射後に溶液が一瞬で透明になることでバブル崩壊の確認できる．厳密には超音波周波数にバブル崩壊は依存するが，プローブの最適周波数は固定なので変更不能である．結果的に超音波強度，照射時間，Duty比を変えることで十分対応できる．
　超音波遺伝子導入の設定に多くの単位が使われる．

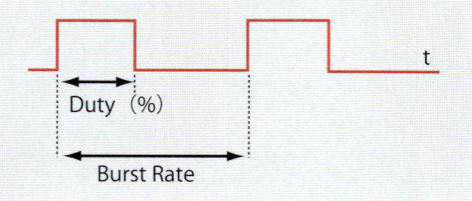

- 超音波強度（W/cm^2）：超音波の"強さ"．装置の電圧（V）に比例する
- Duty比（%）：超音波のonとoffの比率．Duty比が20%で1秒照射しても合計すると0.2秒間しか超音波はプローブから出ていない．
- Burst Rate（Hz）：onとoffの繰り返される早さ．
- 超音波周波数（frequency, MHz）：プローブの種類，大きさ，形で最適周波数が決まる．

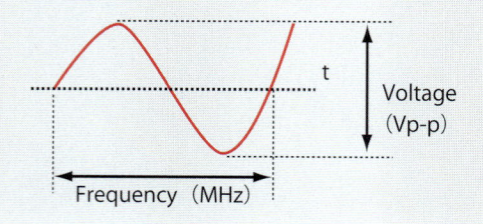

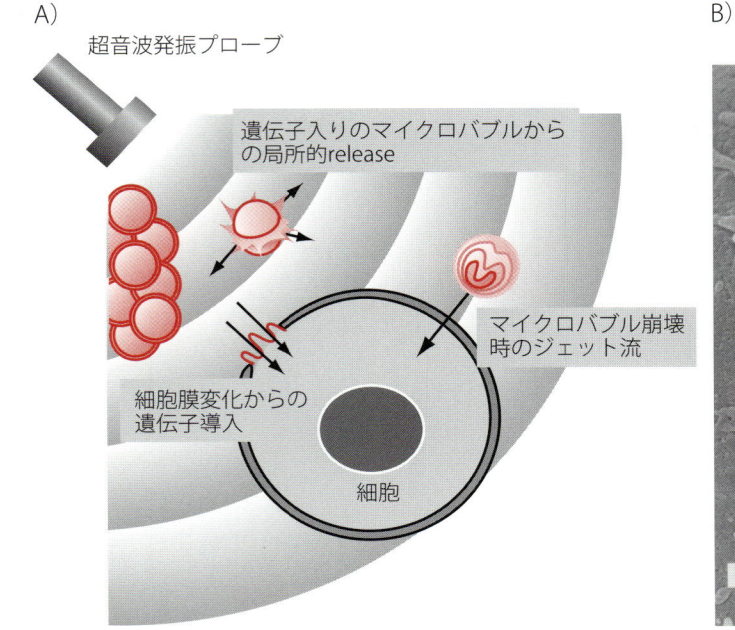

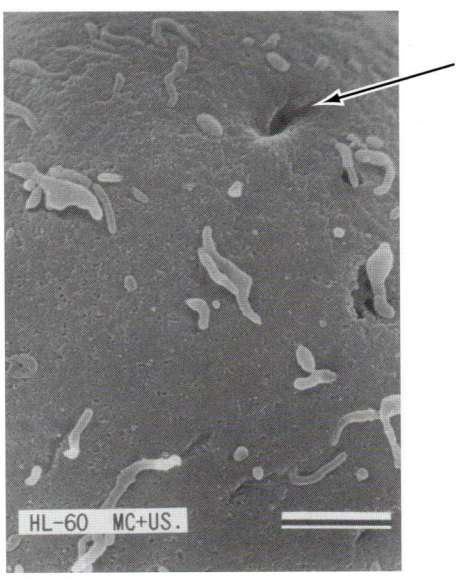

図1 超音波遺伝子導入の概要
A) 超音波遺伝子導入法のメカニズム．超音波エネルギーが細胞表面を直接機械刺激する場合とマイクロバブル破裂でジェット流を発生させることで遺伝子を取り込む場合がある．また，遺伝子を局所で放出させるマイクロバブルも考案されている．
B) 超音波照射直後の細胞表面．マイクロバブルの破裂によってできた"穴"（矢印，走査型電子顕微鏡）スケールバー１μm

は簡単であることから発生学，遺伝子治療の基礎実験，再生医療研究への応用が，この数年，増加している．また，細胞よりも組織への遺伝子導入が容易にできることもこの方法の大きな特徴である．細胞に比べ，組織に使える遺伝子導入超音波条件の範囲がきわめて広いことが一因である．一方，超音波遺伝子導入専用にデザインされたマイクロバブル製剤はまだ市販されておらず，超音波照射の条件設定もそれぞれの実験系で異なるため，まだ，完全に確立された手法ではない．実験を成功させるにはまだ多少なりとも試行錯誤が必要である．

　超音波エネルギーによる遺伝子導入メカニズムはまだ完全には解明されていない．しかし，超音波によりマイクロバブルが破裂した瞬間に近くの細胞に穴が開く様子は超高速ビデオカメラでとらえられている（図2）．マイクロバブルの物理運動は何らかの形で細胞膜の透過性の促進をもたらし遺伝子導入を起こすようである．さらに超音波で崩壊したマイクロバブルの周囲に発生する時速600 kmに達するマイクロ単位の細い液体ジェット流が細胞に当たり，遺伝子導入"注射器"の役割を果たしている．細胞膜の穴は短時間で元通りに復元される．超音波照射条件，マイクロバブルのサイズ，弾力性などで遺伝子導入率は大きく変化する．また，マイクロバブルの殻の材料に脂質が使われ，ドラッグデリバリーシステム（drug delivery system：DDS）で利用されているリポソームを気泡化する製造法も開発されている．次世代の超音波造影剤は未来の分子イメージングと分子治療の担い手として注目され，バブルを目的部位へ誘導するタンパク質をその表面分子（ポリエチレングリコール：PEG）の先端に付けることが可能である．目的の炎症細胞，がん，動脈硬化血管内皮にマイクロバブルを誘導し，遺伝子の"運び屋"や"導入促進剤"として専用の"テーラーメイド"のマ

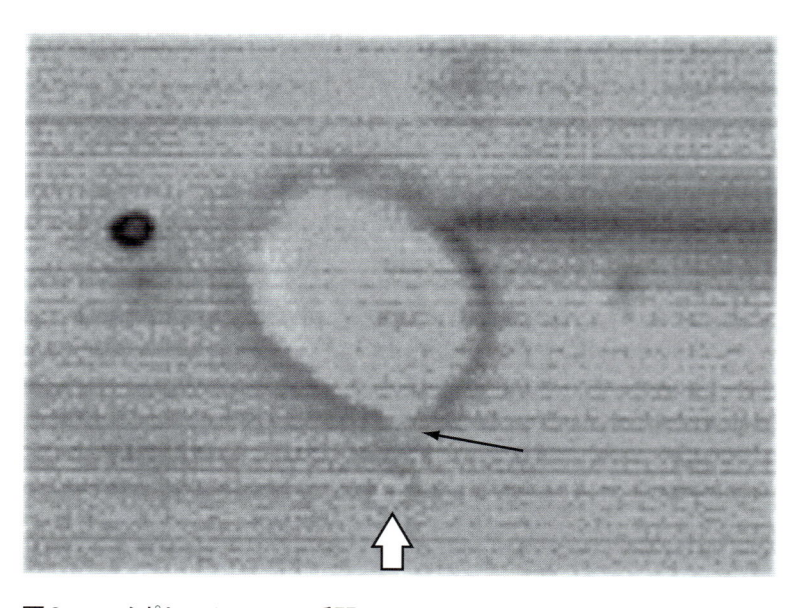

図2 ソノポレーションの瞬間
マイクロバブル（白矢印）と細胞の表面に穴ができた瞬間（黒矢印）の高速ビデオカメラ画像（5,000 frames/sec）

イクロバブルも開発されると予想される．マイクロバブルの殻の性質など遺伝子導入に最適化されたバブルや，特定の組織のみに集積する"知的（Intelligent）"バブルも夢ではなく，今後の超音波遺伝子導入の発展・普及が期待される．

❷ 超音波遺伝子導入法の使い分け

　in vitro における超音波照射は主に2つの方法がある．遺伝子導入に使用される超音波は空気中に伝搬しない．また，プラスチックやガラス容器は超音波エネルギーを透過せず，減衰する．上記の理由で超音波プローブを細胞培養溶液に直接挿入する方法か，または薄いフィルムなど，超音波が通過する素材容器を介して容器の外から超音波を照射する方法がある．それぞれ長所・短所がある（表）．装置の操作に不慣れな初心者には超音波を確実に細

表　各種の超音波照射方法の比較

	プローブ直接挿入超音波照射	超音波通過素材容器を用いた方法	
		容器のフィルム底から超音波照射（ガス透過性特殊フィルム培養ディッシュ）	両面ガス透過性フィルム完全密閉容器（細胞培養システム OptiCell）
長所	確実に超音波照射 培養ウェルが安価	コンタミネーションが少ない 照射の条件が安定 手技が簡単で短時間 浮遊細胞に適している	コンタミネーションが少ない 1個の容器に複数個所に照射が可能
短所	コンタミネーションが心配 超音波プローブの操作が煩雑 実験者，施行者で結果がばらつく 超音波プローブが特注になる	培養ウェルが高価 超音波でフィルムから細胞がはがれる 使えない細胞株種がある	細胞，試薬，遺伝子が大量に必要（10 mL） 容器が高価 検体数が限定される 気泡の混入で不安定になる 容器全体に照射できない

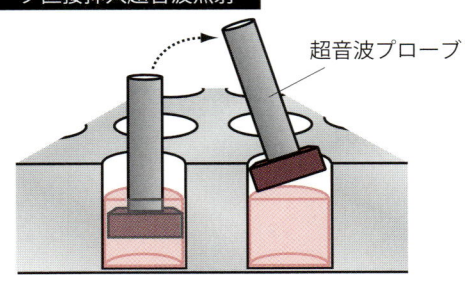

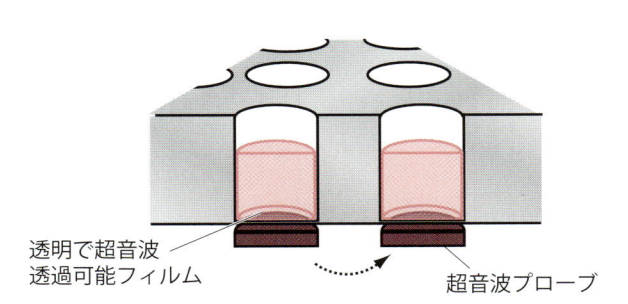

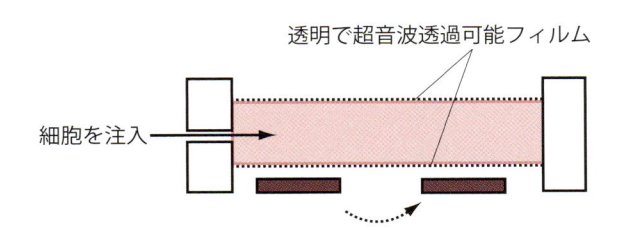

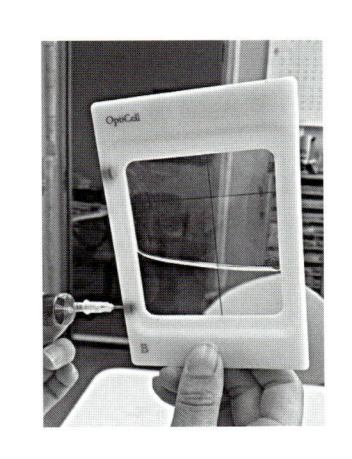

図3 超音波照射方法
画像は両面ガス透過性フィルム完全密閉容器．細胞は容器の横から注入する．透明なフィルムなので視覚的に超音波照射が確認できる（細胞培養システム OptiCell）

胞に照射できる，プローブ直接挿入法をすすめる．より正確で，検体数が多い場合は，フィルムを介した照射法が最適である．超音波遺伝子導入専用の容器は市販されていないが，容器底がガス透過性特殊フィルム（厚さ25μm）の培養ディッシュが超音波遺伝子導入に流用できる（lumox dish，グライナージャパン社）．また，両面がガス透過性特殊フィルム（厚さ100μm）で完全密閉された容器（図3）もよく使われている（研究用細胞培養システムOptiCell，パナソニックヘルスケア事業部）．透過フィルムと超音波プローブの間に超音波透過ゲル（アクアサウンド クリア/260 mLボトルなど）を塗る必要がある．

③ マイクロバブルの種類

脂質を殻とするマイクロバブルには主に次の3つがある．

1 超音波検査用造影剤ペルフルブタン（ソナゾイド注射用，第一三共）

ペルフルブタン（C_4F_{10}，PFB）ガスを水素添加卵黄ホスファチジルセリンナトリウムで安定化したPFBマイクロバブルを有効成分とする．比較的安定なマイクロバブルであるが，医薬品なので入手ルートが制限される．マイクロバブルの直径は2〜3 μm．超音波遺伝子導入法のパイロット実験に最適である．

2 Targester P（米国Targeson社）

高分子安定剤でできた薄い脂質殻の中に，パーフルオロプロパンガスが封入．マイクロバブルの平均粒子径は2.4 μm．Targeson社からVEGFR2，VCAM-1，α-v β-3 integrinなどを認識するマイクロバブルが開発され，将来的にはイメージングと治療の両面で使える可能性がある．非常に高価であるが，特定の細胞を標的した実験に使われることが多い．

3 SV-25 超音波用マイクロバブル（輸入代理店　ネッパジーン社）

ヨーロッパで使われている超音波造影剤（SonoVue，Bracco社）をベースとしたマイクロバブル（平均直径2.5 μm）．マイクロバブル粉末（SV-25-P）25 mgを全量溶解用生理食塩水に溶解して，キャップ付サンプルチューブ（1.5〜5.0 mL容量）に分注し使う．バブル内部ガスは六フッ化硫黄（SF_6）．上記のペルフルブタンは日本でしか入手できないので，世界基準に同調する意味でこのバブルが選ばれることがあるが，遺伝子導入効率はさほど違いはない．

☞ 1）細胞内へのソノポレーション

準備するもの

▶ 1）機器類

- 超音波照射装置（ソノポレーター）
- 超音波照射用の培養ウェル（各種）
  - ・通常の培養ウェル（24ウェルプレートなど）
  - ・ガス透過性特殊フィルム培養ディッシュ（lumox dish，グライナージャパン社）
  - ・完全密封両面フィルム培養容器（研究用細胞培養システム OptiCell，パナソニックヘルスケア事業部）
- 超音波透過用ゲル
  超音波画像診断で使われているもの．

▶ 2）サンプルなど

- HeLa，CHO，U937などの細胞株
  $1〜2 \times 10^6$ cells/mL（PBS）を，24ウェルプレートの場合，溶液2 mL分注する（10〜20ウェル）．
- 使用するマイクロバブルの粉末
  あらかじめ溶解する．
- 目的のプラスミドDNA（pEGFP-N1ベクターなど）
  ウェルあたり10 μg/mL．

プロトコール

❶ 目的の細胞を超音波照射用の容器に分注する
❷ 適切な混合比のマイクロバブルを添加する[a][b]
❸ フィルム型の容器を使う場合は超音波透過用ゲルを発振プローブ表面に十分に塗り，それぞれの細胞に次々と照射する．10〜20秒照射後，超音波透過用ゲルをふき取る[c]

[a] 24ウェルプレートの場合，溶液2mL中に10μgのDNAおよび100μLのマイクロバブル（濃度10％）

[b] マイクロバブルは数分で浮遊するため，必ず超音波照射の直前に添加し，軽くピペッティングする．

[c] ゲルをふき取る際は柔らかいペーパーを使用してフィルムが傷つかないよう注意する．その後の顕微鏡観察の障害になる．

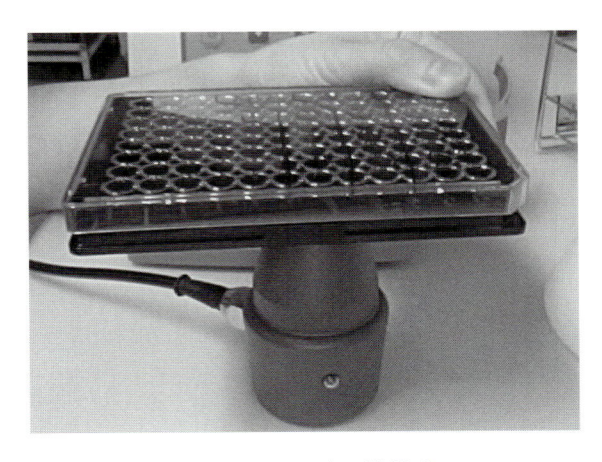

96培養ウェルのフィルム底から超音波を照射している様子（Sonidel製SP100プローブ）．上からのぞき込み，発振プローブの超音波照射面と目的のウェルの位置が正確に一致していることを必ず確認する

❹ 培養液を交換し，24〜48時間培養する
❺ 遺伝子導入を観察する（図4）[d]

[d] 超音波を浮遊細胞へ照射後，細胞の原形をとどめない死細胞（下記**画像**）がしばしば認められる．このため一般のトリパンブルー色素排除試験による細胞生存率（生細胞/生細胞＋死細胞）の計算が使えない．トリパンブルーで染色されない生細胞の絶対数がもっとも信頼できる．

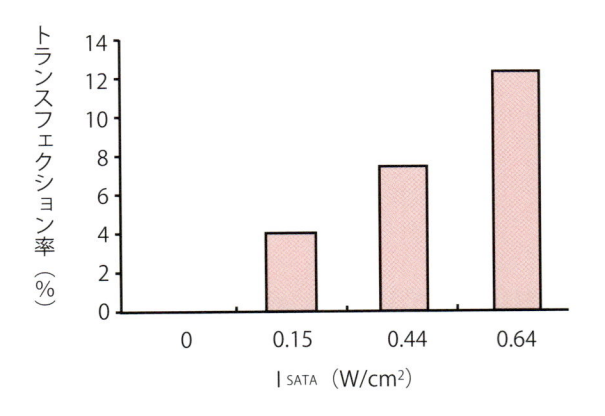

図4　超音波による遺伝子導入率の例
Neurofibroma細胞のGFP遺伝子導入率を示す．超音波照射時間は20秒．超音波強度0.64W/cm^{2}では細胞生存率は60％まで低下した

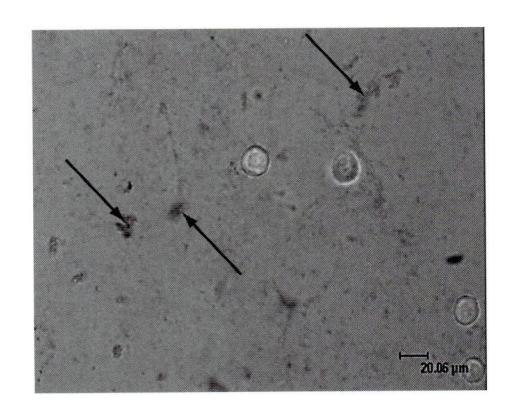

トリパンブルー染色で観察される多数の細胞の破片（矢印）

👉 2）生体へのソノポレーション

■ 準備するもの

▶ 1）機器類
- 超音波遺伝子導入用のマイクロバブル
- 超音波照射装置（ソノポレーター）
- 超音波透過用ゲル

▶ 2）サンプルなど
- 目的の遺伝子
- モデル動物
  ラット，マウスなどのに超音波を体外照射する場合は毛を十分に剃る．

■ プロトコール

❶ 組織への局所投与の代表的な条件として，溶液100 μL中にマイクロバブル10 μL（濃度10％）およびDNA量25 μgになるように調製する[a]
❷ 超音波発振プローブの表面と動物の皮膚にゲルを塗る[b]
❸ 遺伝子とマイクロバブルの混合液を静脈注射または組織に注入する[c]
❹ インジェクションした局所部位がマイクロバブルで乳白色になることを確認する
❺ プローブを軽く押し付けて，目的部位の近くから超音波を照射する[d]．超音波強度は$1 \sim 3\ W/cm^2$，30〜60秒を目安に照射[e]．Duty比は50％から始める
❻ 超音波照射後，乳白色（マイクロバブル）の部分が消失したことを確認する（図5）
❼ 24〜48時間後に遺伝子発現を観察する

[a] 静脈内投与では溶液500 μL中にマイクロバブル75 μL（濃度15％）およびDNA量100 μgになるように調整する．
[b] 少しでも空気があると超音波は目的部位から遮断されるので，十分皮膚に擦り込むようにゲルを塗る．
[c] ニワトリ胚などへの遺伝子導入の場合はマイクロバブル混合液をガラスキャピラリーを用いて目的部位へインジェクションする．
[d] 静脈注射は，尾静脈からマイクロバブルと遺伝子を投与中，または直後に超音波を照射する．
[e] 皮膚に超音波を照射する場合はプローブ表面の温度上昇に注意すること．Duty比100％で連続照射すると発振プローブの加熱をまねくので推奨しない．また，同じ部位に長時間照射すると皮膚に熱傷を起こすことがある．

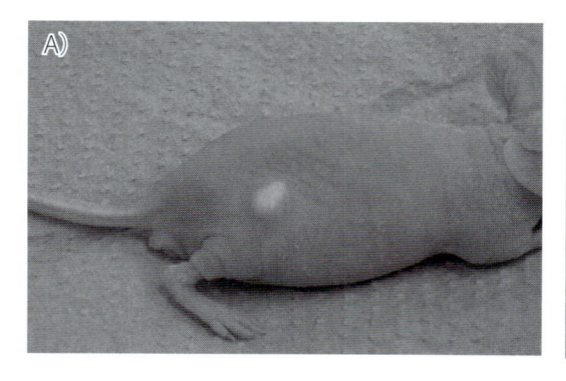

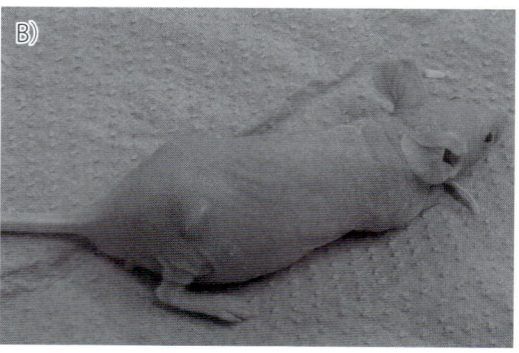

図5　マイクロバブルの注入と消失
A）マウスの皮下の腫瘍にマイクロバブルを局所注入した直後．B）超音波照射後に乳白色のバブルが消失する

❹ 条件検討のヒント

1 超音波の設定方法

　超音波遺伝子導入法の細胞実験で避けて通れないのが超音波による細胞殺傷の問題である．マイクロバブルが激しく破裂する際に周囲の細胞に液体ジェット流などの強い応力がかかる．マイクロバブルと細胞の距離（バブル濃度），超音波強度など，細胞損傷を抑制するためには多くの因子を調整する必要がある．弱い細胞は完全に消失する（一部破片が残ることもある）．また，超音波自体ではなく，超音波照射によるマイクロバブルの破裂に遺伝子導入率が依存するため，超音波強度や照射時間を増やしても導入率に限界がある．一方，マイクロバブル濃度が高すぎると超音波伝搬が阻害され，遺伝子導入率が低下することがある．細胞の種類や環境で極端に死細胞が増加することもあるので超音波条件の設定を決定するまでには数回のパイロット実験が必要である（図6）．

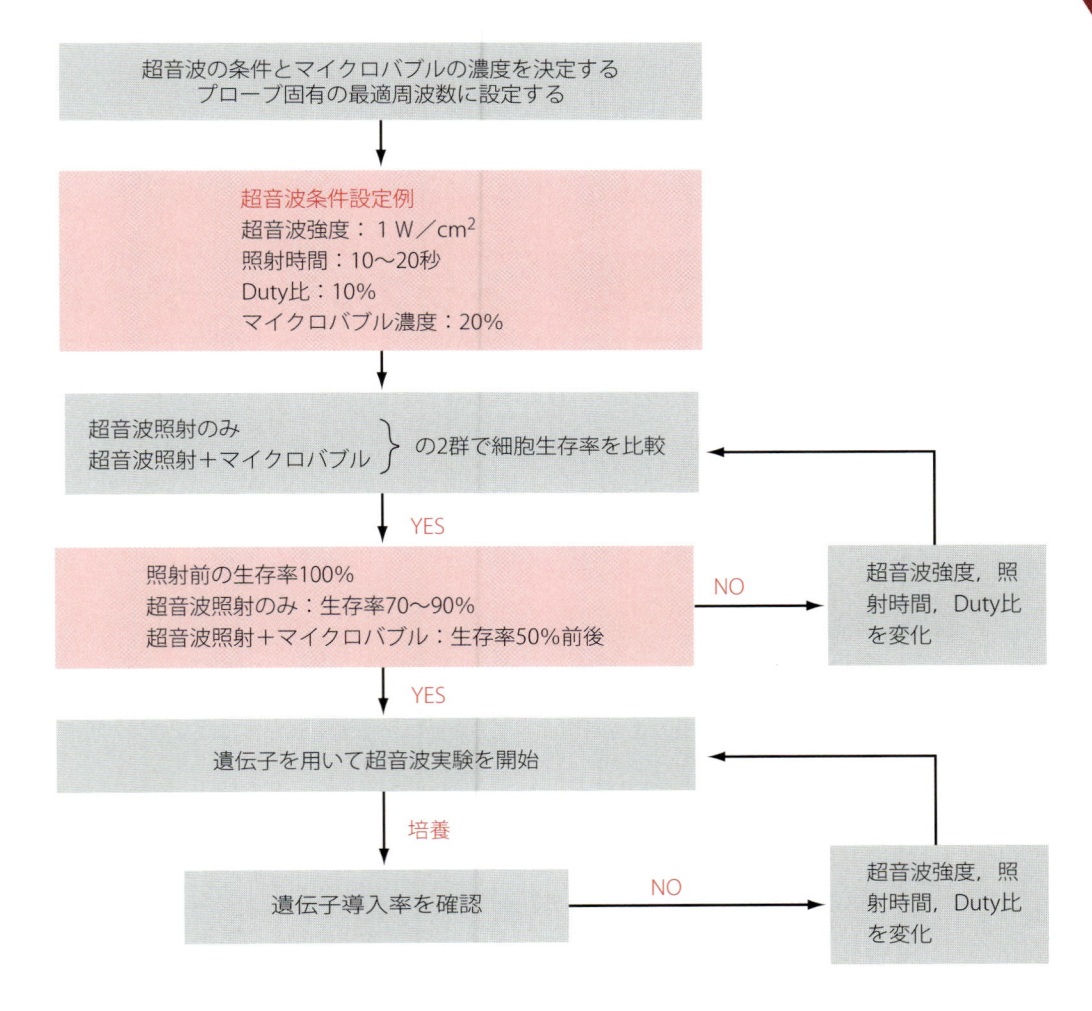

```
┌─────────────────────────────────────┐
│ 超音波の条件とマイクロバブルの濃度を決定する    │
│ プローブ固有の最適周波数に設定する          │
└─────────────────────────────────────┘
               ↓
┌─────────────────────────────────────┐
│         超音波条件設定例                │
│       超音波強度：1 W／cm²              │
│       照射時間：10〜20秒                │
│       Duty比：10%                    │
│       マイクロバブル濃度：20%            │
└─────────────────────────────────────┘
               ↓
┌─────────────────────────────────────┐
│ 超音波照射のみ      ⎫                  │
│ 超音波照射＋マイクロバブル⎬ の2群で細胞生存率を比較│
└─────────────────────────────────────┘
               ↓ YES
┌─────────────────────────────────────┐      ┌──────────┐
│ 照射前の生存率100%                     │ NO   │超音波強度，│
│ 超音波照射のみ：生存率70〜90%           │─────→│照射時間，Duty比│
│ 超音波照射＋マイクロバブル：生存率50%前後 │      │を変化     │
└─────────────────────────────────────┘      └──────────┘
               ↓ YES
┌─────────────────────────────────────┐
│       遺伝子を用いて超音波実験を開始        │
└─────────────────────────────────────┘
               ↓ 培養
┌─────────────────────────────────────┐      ┌──────────┐
│       遺伝子導入率を確認                │ NO   │超音波強度，│
│                                     │─────→│照射時間，Duty比│
│                                     │      │を変化     │
└─────────────────────────────────────┘      └──────────┘
```

図6　最適化の手順

動物実験においては，上記のような超音波による組織損傷はほとんどない．マイクロバブルの局所投与または静脈注射で比較的容易に遺伝子発現が得られ，細胞実験と異なり，パイロット実験の回数は少なくてよい．超音波照射後，組織内に注射した乳白色のマイクロバブルが消失すれば，マイクロバブルが崩壊したことを意味するので1つの目安となる．

2 ソノポレーター機種選定のポイント

市販の超音波遺伝子導入用ソノポレーターは超音波発振プローブ部分と本体電源に分かれている．生物学者でも使えるように設計されているが，それでも設定項目が多く，複雑である．また，さまざまな発振プローブが脱着可能なものは，発振プローブごとに細かい設定が必要となる．さらに超音波出力が固定表示されるものや出力の実測値がリアルタイム表示されるものなど，ソノポレーターの機種で機能が異なる．実験目的によって発振プローブと電源装置を慎重に選定する必要がある．

細胞実験が中心の場合はより細かく設定が可能なソノポレーターが機種選定のポイントとなる（SonoPore KTAC-4000，ネッパジーン社）．一方，動物実験では持ち運びができ，耐久性に優れたオールインワン型のソノポレーターが最適である（ソニトロン・シリーズ，ネッパジーン社）．両者は細胞実験にも動物実験に兼用できるが，高価になるほど超音波照射設定の自由度，プローブの拡張性が上がる．

超音波遺伝子導入法 トラブルシューティング

⚠ 突然データが得られなくなった

原因
❶ マイクロバブルの不活化
❷ マイクロバブルの取り扱い
❸ 超音波発振プローブの不良
❹ 超音波照射条件設定の間違い

原因の究明と対処法

❶ マイクロバブルのバイアルを開封後はただちに使い切ることが理想である（数時間以内）．バブル粉末を溶液で溶かしてからは時間とともに特殊ガスが空気と置換するため導入効果は半減する．開封後，粉末のまま長期保存する場合は，窒素ガスかアルゴンガスで再度充填してから栓を閉めて保管する．

❷ マイクロバブルはすべての実験の鍵となるため，取り扱いには細心の注意が必要となる．マイクロバブルは急激な加圧で崩壊するので，注射器で投与するときは，容器内に過剰な圧力がかからないように注意する．

❸ 超音波発振プローブは消耗品であるため，長年の使用によりパワーが減衰する．また，取り扱いが乱暴だと内部の配線が切断されたり，素子の表面の傷で電流のショートが起こる．超音波が出力されているかの有無を判断するには，水道水で満たしたガラスビーカーに超音波発振プローブを挿入し，超音波による水面の動きを観察する．

❹ 超音波発振プローブを作動するには特定な最適周波数で駆動させる必要がある．研究室で装置

を共同利用が多く，間違って前使用者の超音波設定のままだと，見かけ上，超音波が全く出ないことがある．実験前に超音波照射条件（周波数，電圧，Duty比，など）の確認が必要である．

参考文献
1）Tachibana, K. et al.：Lancet, 353：1409, 1999
2）Suzuki, R. et al.：J. Control Release, 117：130-136, 2007
3）Taniyama. Y, et al.：Circulation, 105：1233-1239, 2002
4）Li, T. et al.：Radiology, 229：423-428, 2003
5）Sonoda, S. et al.：Invest Ophthalmol. Vis. Sci., 47：558-564, 2006
6）Nakashima, M. et al.：Hum. Gene Ther., 14：591-597, 2003
7）Ohta, S. et al.：Genesis, 37：91-101, 2003
8）Negishi, Y. et al.：Pharm. Res., 28：712-719, 2011
9）Endo-Takahashi, Y. et al.：Int. J. Pharm., 422：504-509, 2012

4章 遺伝子導入実験プロトコール

5 レーザー熱膨張式微量インジェクターを用いた試料導入

DNA, RNA

筒井大貴，東山哲也

> **特徴**
> - 微小な細胞や細胞壁をもつ植物細胞，菌類などへのインジェクションが可能
> - 1本の針で多数の細胞にインジェクションが可能
> - 細胞へのダメージが少ない

❶ レーザー熱膨張式微量インジェクションの原理

　一般に用いられているマイクロインジェクション（以下，インジェクション）法は，針の基部から油圧もしくは空気圧で圧力をかける方法である．しかし，細胞壁や高い膨圧をもつ植物のような細胞では，針を刺したときに原形質が針内部へ逆流する「バックファイアリング」という現象が起こることが問題であった．バックファイアリングが起こると針は詰まってしまうため，1本の針で複数の細胞にインジェクションすることが難しく，実験として現実的ではない．また，針を抜いたときに原形質吐出が起こることもあり，細胞へのダメージが大きかった．針の先端外径を通常の$1\mu m$前後から$0.3\mu m$以下に細くすればこういった問題は起こりにくくなるが，その分，試料を押し出すために高い圧力が必要となる．針基部から圧力をかける従来の方法では，その圧力に耐えられずに針が吹矢のように前方へ動いてしまうことがあった．そこで，針内部に液体金属ガリンスタンを封入して，その熱膨張圧を利用するGEF法（galinstan expansion femtosyringe）が開発された[1]．GEF法では，針内部にガリンスタンを封入し，そこに熱風を当てることでガリンスタンを熱膨張させて圧力を生み出す．そのため，針がホルダーから飛び出ることはないが，ガリンスタンの比重が高いために針を斜めにするとガリンスタン粒子が針先端へと落ちてしまい針が詰まってしまうなど，扱いは簡単ではなかった．

　今回紹介するレーザー熱膨張式微量インジェクション（laser-assisted thermal-expansion microinjection：LTM法）は，針内部に封入したレーザー吸収剤にレーザーを照射することで生じる熱膨張圧を利用したものである（図1）．この方法だと，GEF法と同じく針内部から圧力をかけるため，高圧にした際に針が動くこともない．針内部を高圧に維持しているためにバックファイアリングは起こらず，針は詰まりづらいために，1本の針で複数の細胞に連続してインジェクションすることも容易である．また，先端径$0.1\mu m$程度の非常に細い針を用いることができるので，細胞へのダメージが少ないインジェクションも可能となった．レーザー吸収剤と試料の間には疎水性の液体を充填するため，試料にレーザー吸収剤が混入してしまう心配もなくなった．さらに，レーザーの出力を細かく制御できるために，針先端から出る試料の量を細かく調節することができる．このようにLTM法は，小型の細胞や，細

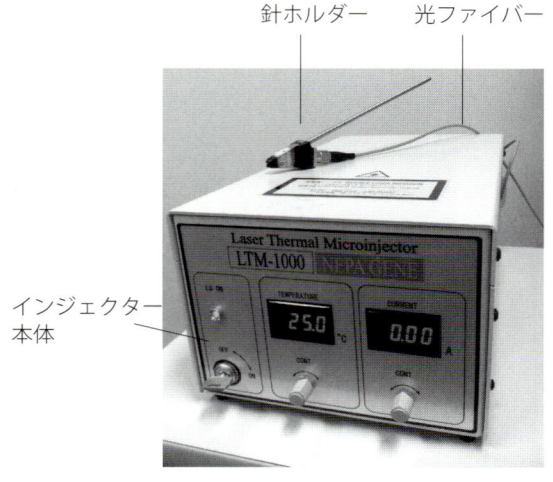

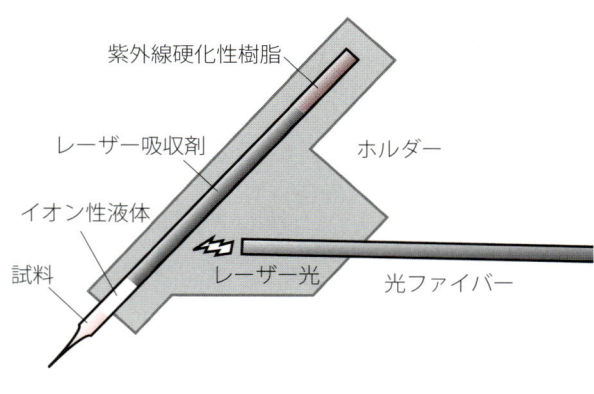

図1　LTM法のインジェクターと原理

胞壁や高い膨圧をもつために従来はインジェクションが難しかった細胞への連続的な試料導入を可能にした有用なツールであるといえる．

2　導入する試料

インジェクションで何を導入するのかは実験者の目的に応じてさまざまなケースが考えられる．例えば，一過的な遺伝子発現を誘導したい場合はプラスミドDNAやmRNAを導入することが一般的である．蛍光色素を導入してその拡散や細胞間移動を観察したり，抗体によるタンパク質の機能発現阻害，siRNAやアンチセンスオリゴによる遺伝子の発現阻害にも利用できる．筆者らはこれまでに，細胞内でも安定的に存在するモルフォリノアンチセンスオリゴを用いて，植物生殖に重要な遺伝子の解析を行ってきた[2]．

☞ 細胞へのマイクロインジェクション

準備するもの
▶ 1）機器類
● レーザー熱膨張式微量インジェクター…LTM-1000（ネッパジーン社）
● 倒立蛍光顕微鏡
● マイクロマニピュレーター

▶ 2) 消耗品類

- 芯入りガラス管…GDC-1（ナリシゲ社）
- プラー…P-97/IVF（Sutter Instrument 社，**右図**）
  現在は上位機種のP-1000が販売されている．
- マイクロローダー…5242 956.003（エッペンドルフ社）
- 10 mLシリンジ
- チップ（200 μL）
- 0.2もしくは0.5 mLのPCRチューブ
- イオン性液体…SW-25（ネッパジーン社）
- レーザー吸収剤…WF-25（ネッパジーン社）
- 紫外線硬化性樹脂…A-1428F（テスク）
- シリコンオイル…KF-96-100CS（信越化学工業）
  シリコンオイル：滅菌水＝5：1の割合で混ぜてよく撹拌し，2,000 Gで45分間遠心した上清部分（水飽和シリコンオイル）を用いる．
- 針ケース
  針は使用直前まで，乾燥による先端の詰まりを防ぐために保湿したケースに入れておく．筆者らは**右図**のようなケースに湿らせたキムワイプを入れて保湿している．

▶ 3) サンプルなど

- 標的細胞
  針を刺そうとした際に標的の細胞が動かないよう，細胞はシャーレの底に接着させるか，薄い固形培地などに固定されている必要がある（細胞が完全に固形培地に埋まってしまうと，針が固形培地の中を進むことになるので詰まりの原因となりやすい）．このような固定が難しい場合は，マニピュレーターをもう1台つけて針と反対側から吸引管で細胞を保持すればよい．

- 細胞に導入する試料
  筆者らは遺伝子発現阻害のためにモルフォリノアンチセンスオリゴ（オプションで蛍光色素FITCを付加：Gene Tools社）を用いているが，その他にもsiRNAや抗体，RNA，プラスミドDNA，タンパク質，蛍光色素など利用者の目的に応じて多様な試料を導入することができる．

- 蛍光色素
  導入する試料が無色透明の場合，試料が細胞内に導入されたことを確かめるために蛍光色素を混ぜておく必要がある．その際，試料の分子量と近い蛍光色素を選べば，試料の拡散を蛍光色素の拡散として疑似的に観察できる．Alexa Fluorシリーズ（Molecular Probes）には色素にdextranが付けられている製品があり，その分子量も数種類から選択できるので便利である．正確に試料の拡散を可視化したい場合は，試料分子自体に蛍光色素を結合させておく必要がある．筆者らが用いているモルフォリノアンチセンスオリゴにはFITCが結合してあるため，蛍光色素の拡散を試料の拡散として捉えることができる．

プロトコール

▶ 1）試料の準備

❶導入する試料と蛍光色素の混合液3〜5 μLをPCRチューブ（つくる針の本数分用意する）に入れ，最高回転数で20分間遠心してゴミを沈殿させる．このときの温度は試料によって適宜設定する

▶ 2）針の作製

❷ガラス管をプラーにセットする[a]
❸針を引く．筆者らはランプテスト値[b] 595のときに，以下の2段引きのプログラムを用いて，先端外径が0.2 μm程度の針を作製している[c]

	HEAT	PULL	VELOCITY	TIME
1段階目	595	—	20	250
2段階目	570	120	60	200

❹針の先端がどこにも触れないように注意しながら[d]，プラーから取り出す
❺針ケースに入れる

▶ 3）試料などの充填

❻針の基部をPCRチューブ内の試料に浸す[e]
❼針を浸したままチューブを台に置き，針のシャンク部分に加え1〜5 mmほど試料で満たされるまで待つ[f]

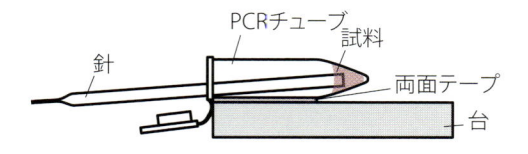

PCRチューブと針が落下するのを防ぐため，台には両面テープを貼り，チューブをそこに固定する

❽試料が十分充填されたら，針ケースに一時保管する[g]
❾先端と基部をはさみで切り落とした200 μLチップをシリンジにさす

[a] ガラス管の両端はこのあと試料に触れるので，素手で触れないように気をつける．プラーのフィラメントは変形しやすいため，ガラス管を挿入する際に触れないように気をつける．

[b] ランプテスト値は，その熱量をかけたときにガラス管が一定の柔らかさに達するということを表している．ある電流を流したときにフィラメントが発する熱量はフィラメントによって異なるため，フィラメント交換後はこの値を基準にしてプログラムを組み直す必要がある．

[c] 先端径の測定は走査型電子顕微鏡で行うとよい．無蒸着，高真空の条件で観察できる．条件が確定すれば，毎回観察する必要はなく，再現性よく同じ先端径のガラス針が作製できる．

[d] **重要** 針の先端はわずかに触れただけで破損してしまうので，以下のすべてのステップにわたって気を付ける必要がある．

[e] 沈殿させたゴミを舞い上げないように注意する．

[f] ガラス管には細いガラスフィラメントが入っているため，ガラス管内壁とフィラメントの間の毛細管現象で試料が先端に充填されていく．慣れないうちは多めに充填した方がよい．

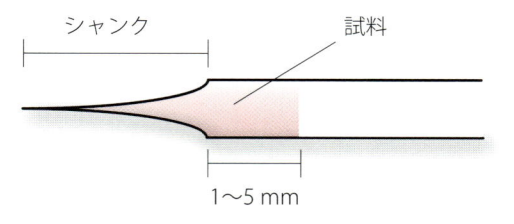

[g] **重要** 以後，作業中以外は常に針をケースにしまうようにして，先端が乾燥して詰まるのを防ぐ．

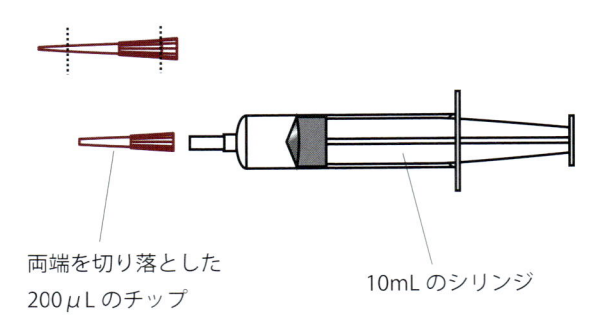

両端を切り落とした
200 μL のチップ

10mL のシリンジ

❿ マイクロローダーの先端を切り落とし，シリンジのチップ先端に付け，イオン性液体を吸い取る ⓗ

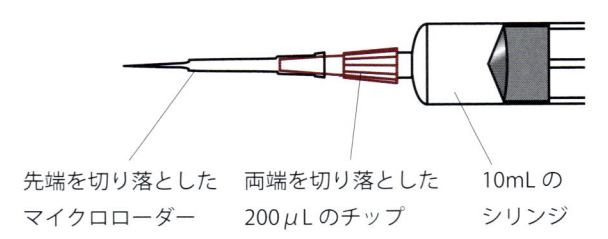

先端を切り落とした
マイクロローダー

両端を切り落とした
200 μL のチップ

10mL の
シリンジ

⓫ 吸い取ったイオン性液体を別のマイクロローダーに充填する

⓬ 最初のマイクロローダー（先端を切った方）をシリンジから外し，イオン性液体を充填したものに挿しかえる

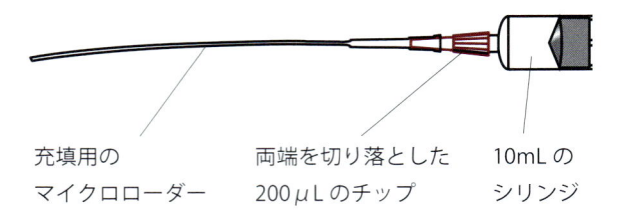

充填用の
マイクロローダー

両端を切り落とした
200 μL のチップ

10mL の
シリンジ

⓭ 針ケースから針を取り出し，基部からマイクロローダーを挿入する．マイクロローダー先端が試料に接すると同時にシリンジを押して ⓘ，イオン性液体を針先端から 15 mm のところまで充填する ⓙ

⓮ イオン性液体と同じ要領でマイクロローダーにレーザー吸収剤を充填し ⓚ，気泡が生じないように注意しながら針基部から約 10 mm のところまで充填する

⓯ イオン性液体と同じ要領でマイクロローダーに紫外線硬化性樹脂を充填し，気泡が生じないように注意しながら針基部から約 5 mm のところまで充填する

ⓗ 吸い取り終わった直後にマイクロローダーを液面から出すと，シリンジ内部が陰圧になっているために空気を吸ってしまって失敗する．液を吸い終わったら，シリンジをわずかに押して陽圧にしておくとよい．

ⓘ マイクロローダー先端が試料に接すると，マイクロローダーと針内壁との毛細管現象で試料が吸われてしまうことがあるので，接する時間は極力短くする．慣れてくると，マイクロローダー先端と試料の間に少しの隙間があっても気泡を残さず充填することができるようになる（シリンジを強く押して勢いよくイオン性液体を出すのがコツである）．

ⓙ 充填しながらマイクロローダーを少しずつ引き抜いていく．マイクロローダーの位置を変えずに充填すると，最後に一気に引き抜くことになるので気泡が入ってしまいやすい．

ⓚ レーザー吸収剤はチューブの底に溜まりやすいので，使用前によく混ぜる．

⓰ 蛍光顕微鏡もしくはUVランプで樹脂を紫外線にさらして固める．顕微鏡を用いてUVフィルターで観察すると，硬化した樹脂は青白い蛍光を発するのがわかる ⓛ．確実に樹脂を固めるため，顕微鏡で観察しながら紫外線を照射することをおすすめする
⓱ 残りの約5 mmのスペースを紫外線硬化性樹脂で埋め，紫外線で固める ⓜ

完成した針の図

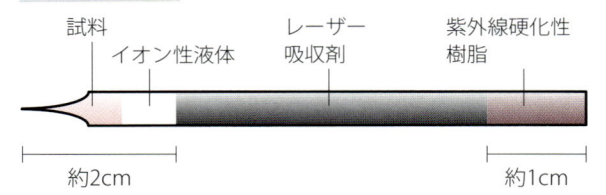

試料　イオン性液体　レーザー吸収剤　紫外線硬化性樹脂

約2cm　　　　　　　　　　　　約1cm

⓲ インジェクションに使用するまで針ケースに保管しておく ⓝ

▶ 4) インジェクション

⓳ 標的細胞を固形培地で培養している場合，必要に応じて，乾燥防止のために培地を水飽和シリコンオイルで覆う
⓴ インジェクター背面の主電源をONにし，前面のキーを回してONにする
㉑ 出力を0.50 Aまで上げる ⓞ
㉒ ホルダーをマニピュレーターにセットする ⓟ
㉓ ホルダーに針を装着する ⓠ
㉔ ステージにディッシュをセットし，ゆっくりと針を液体培地あるいは固形培地に重層した水飽和シリコンオイルに下ろす．針先端が液体培地やオイルに接したら，対物レンズを低倍率のものにし，針先端を常にとらえながら針を標的細胞近くまで下ろす ⓡ
㉕ 針先端から試料が出始めるまで出力を上げる．0.6〜1.0 Aの間で出始めることが多い ⓢ
㉖ 2，3秒で直径約20〜30 μmの水滴が形成されるように調節する ⓣ
㉗ インジェクションする細胞を探す ⓤ
㉘ 針先端を細胞にゆっくりと刺してインジェクションする．必要量がインジェクションされたら，ゆっくりと針を抜く（導入例は図2，詳細は❹参照）

ⓛ 樹脂は硬化する際に収縮するので，樹脂の針基部側から紫外線を当てると収縮によって針先端から空気が入る可能性がある．そのため，レーザー吸収剤との境界面から少しずつ固めていくのがよい．

ⓜ このように二段階で樹脂を充填するのには意味がある．顕微鏡で観てもらえばわかるが，一段階目の樹脂にはどうしてもレーザー吸収剤が混ざってしまうため，一段だけでは栓として十分に機能しないことが多いのである．

ⓝ 針先端の試料の性質（粘度，乾燥しやすさ）にもよるが，針が保管可能な時間はせいぜい数時間である．

ⓞ 0.50 Aを超えるとレーザーが出力され始める．これをアイドリング状態とよぶ．

ⓟ 重要 ホルダーと本体をつなぐ光ファイバーは折れやすいため，強く曲げないように注意する．

ⓠ ホルダーの針を差し込む部分には溝がついてあるので，それに沿って入れる．奥まで入れるときちんと固定されるようになっている．

ⓡ 針先端が欠けたり詰まったりすることを防ぐために，細胞や固形培地に触れないように気を付ける．

ⓢ 針先端がシリコンオイル中にある場合，水を溶媒とする試料は針先端の水滴として観察される．出始めた試料が水滴をつくらず，細かい粒子になって針先端から飛び出していくことがある．おそらく静電気のせいだと思われるが，針先端を一度固形培地に軽く触れさせると水滴をつくり始める．

ⓣ これはあくまで目安であるが，あまりに出方が遅すぎると圧力が足りずにバックファイアリングが起こりやすくなる．逆に早すぎると，針を刺した途端に大量の試料がインジェクションされてしまうため，細胞にダメージを与えてしまう危険があるのに加え，インジェクション量の調節が難しくなる．なお，細胞によって適切な出方は異なるので，条件検討の必要がある．

ⓤ 重要 このとき，細胞や固形培地にぶつかって先端が欠けたり詰まったりしないよう，注意する．

ⓥ インジェクション量は蛍光色素の蛍光を観察しながら調節する．

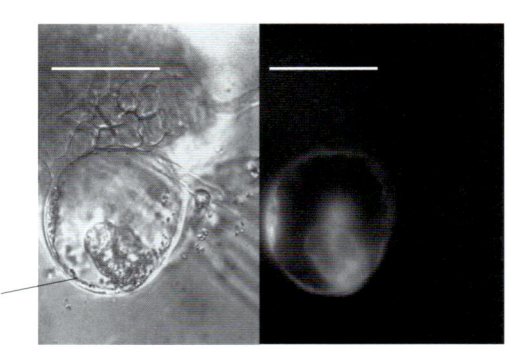

図2 トレニア胚嚢へのモルフォリノアンチセンスオリゴ導入
トレニア（*Torenia fournieri*）の胚嚢（雌性配偶体）にモルフォリノアンチセンスオリゴをインジェクションした．オリゴにはFITCを付加しているために，蛍光で確認が可能である（左：明視野像，スケールバーは50μm）

㉙ 次の細胞へのインジェクションを行う．次第に試料の出方が悪くなってくるので，出力を上げて対応する ⓦ

▶ 5) インジェクションの終わり方

㉚ 出力を0.00 Aまで下げる
㉛ 針の先端をオイルから出し，針をホルダーから抜く
㉜ インジェクター前面のキーを回してOFFにする
㉝ レーザー発振部が熱をもちやすいので，本体が冷めているのを確認してから背面の電源をOFFにする

ⓦ **重要** 針の交換
いくら出力を上げても試料が出てこなくなった場合，先端が詰まってしまっている．この場合は針を交換して対応する．
① 出力を0.50 Aまで下げてアイドリング状態にする
② 針をオイルから出し，ホルダーから抜く
③ 新しい針をホルダーに入れる
あとは▶4)のインジェクションの手順と同じように進める．

❸ インジェクションのコツ

インジェクションは非常に繊細な作業であり，標的とする細胞によって微妙に異なったテクニックが必要になる．特に，いかに標的の細胞を動かないように保持できるかが，実験の成否を大きく左右する．共通のノウハウをここに記したので，参考にしていただければ幸いである．

1 針は空打ちで条件検討する

針がうまくつくれているかどうかは，インジェクション実験を効率的に進めるための重要なポイントである．しかし，針作成の条件検討のために毎回試料などを充填するのは非常に骨が折れる．そこで，まずはプラーで引いただけの空針を使って，細胞への刺さり具合や，針を抜いた際のダメージなどを確認することをおすすめする．

2 細胞を深追いしない

　　細胞が培地やディッシュ底面にきちんと固定されてない場合は，針が刺さりにくい．この状況で針を無理矢理押し当てているときに刺さると，深く刺さってしまうために細胞が死ぬことが多い．また，細胞内に深く刺さるせいか針も詰まりやすい．実験を成功させるには1つの細胞を深追いすることなく，適切な向きできちんと固定された細胞を探してインジェクションすることをおすすめする．

3 標的細胞のインジェクションに適したポイントを見つける

　　細胞種によって針の刺さりやすい場所が異なるので，標的細胞のインジェクションに最適な部分を見つける必要がある．針を押し当てても細胞が動きづらい場所は針を刺しやすいので狙い目である．特に棒型や楕円型などある方向に長い細胞の場合，同じ場所でもどの方向から針を当てるかによって細胞の動きやすさは違うので，試行錯誤して動きづらい場所を探す必要がある．

4 勢いよくインジェクションしない

　　勢いよく試料が出ている状態で針を刺すと，短時間で十分量がインジェクションされるが，その分細胞を荒く扱うことになってしまう．また，過剰量の試料がインジェクションされてしまって細胞が死ぬといったことにもなりかねない．細胞へのダメージを最小限に抑えるため，針先からゆっくりと試料が出ている状態でインジェクションすることをおすすめする．

マイクロインジェクション　トラブルシューティング

⚠ 時間が経っても試料が十分に針に充填されない

原因 針基部と試料が接していない

原因の究明と対処法

試料が毛細管現象である程度先端に運ばれると，運ばれた体積分だけの空気が針基部から出てきて，針と試料の接触を邪魔することがある．針を落とさないように注意しながら，針を小刻みに動かしたり回転させたりすることで基部の泡を除くことができる．

⚠ レーザー出力を上げても試料が出てこない

原因 針の詰まり

原因の究明と対処法

試料の粘性が高かったり針作成に時間をかけすぎたりすると詰まってしまい，出力を上げても

試料が出てこないことが多い．一番手っ取り早い対処法は針を交換することであるが，針の先端を組織や細胞に軽く触れさせると，その衝撃で試料が出始めることがよくある．これでうまくいくこともよくあるので，針を交換する前にぜひ試していただきたい．

参考文献
1）Knoblauch, M. et al.：Nat. Biotechnol., 17：906-909, 1999
2）Okuda, S. et al.：Nature, 458：357-361, 2009

4章　遺伝子導入実験プロトコール

6 アテロコラーゲンを用いた生体siRNAデリバリー法

竹下文隆，落谷孝広

特徴
- 合成siRNA，miRNAとの混合，複合体調製が容易
- 動物個体への毒性が少ない
- 臓器，細胞株により導入効率が異なる

　siRNAは培養細胞だけではなく実験動物に投与し，生体における遺伝子機能の解析や疾患関連遺伝子を標的とした治療効果の検討を行うことが可能である．しかし，siRNAの未修飾体を実験動物に投与する際には担体が必要となる．

1 アテロコラーゲンによるデリバリーの原理

1 アテロコラーゲンとは

　アテロコラーゲンは，仔ウシの真皮のⅠ型コラーゲンより精製されるが，コラーゲン分子の両端に存在する，テロペプタイドというアミノ酸配列をペプシン処理により除去して製したバイオマテリアルである．テロペプタイドにはコラーゲン分子の主な抗原部位が存在するため，アテロコラーゲンは抗原性がきわめて低く，免疫を惹起する可能性が低い．アテロコラーゲンはすでに医療材料，コンタクトレンズの基材，化粧品などに使用されており，生体への安全性が確認されている．

2 アテロコラーゲンの性状と核酸との複合体の形成

　アテロコラーゲンは，分子量約300 kDa，長さ約300 nm，直径約1.5 nmの棒状の構造を示す．アテロコラーゲンは，4℃以下の低温では液体（ゲル状）であるので，核酸溶液と容易に混合することが可能で，核酸分子と静電気的に結合し，粒子状の複合体を形成する．複合体の形成により，実験動物へ投与された核酸は，生体由来の酵素などによる分解から保護され，複合体のまま細胞へエンドサイトーシスによって取り込まれる．そして，細胞内でアテロコラーゲンは分解されて核酸を徐々に放出（徐放性放出）し，機能を発揮すると考えられる（図1）．核酸とアテロコラーゲンとの複合体の粒子径については，両者の混合比を変化させることにより調節が可能である．アテロコラーゲンの濃度が高いと繊維化傾向が強く，生体に投与した際に局在性にすぐれ，また低濃度では数十nmと粒子径が小さいことから，細胞へ取り込まれやすく，全身投与も応用可能と考えられる[1]．核酸がsiRNAである場合，構造解析から1つのsiRNA分子に4〜5個のアテロコラーゲン分子が結合し複合体を形成す

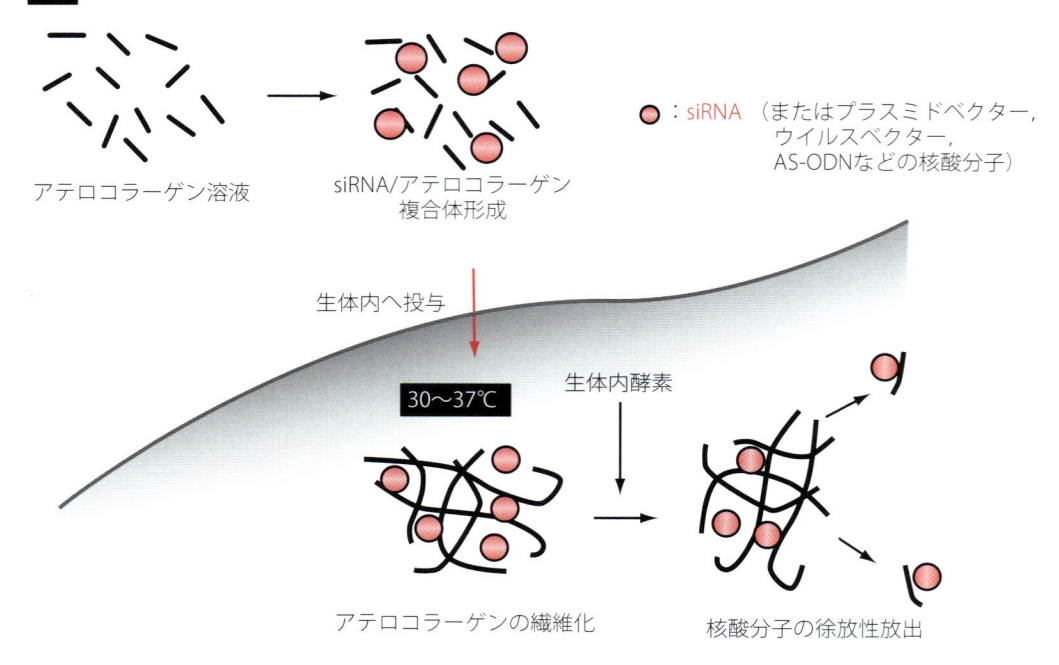

図1　siRNA/アテロコラーゲン複合体の形成と生体内での徐放性放出の模式図

ると推測されている[2]．

2 目的・導入部位による使い分け

siRNAやmiRNAを実験動物に投与する場合，大きく分けて局所投与と全身投与に分けられ，どちらかを選択する必要がある．ただし全身投与の1つ，経口投与ではアテロコラーゲンでの実績がなく，適さないと考えられる．局所，全身投与ともに，標的臓器，移植する細胞株，腫瘍の大きさ，標的遺伝子によって至適条件は異なるため，条件検討が必要である．腹腔内投与に使用した報告もある[3]．

1）皮下移植腫瘍へのsiRNAの局所投与

準備するもの

- 3.5％アテロコラーゲン（高研）
- 回転機（回転混和に必要）
- RNase free 2 mLチューブ
- 1 mLまたは2.5 mLシリンジ

- PBS（−）
- がん細胞株を皮下または同所に移植したマウス
  腫瘍のサイズが直径（長径）5 mm以下．
- 25 Gまたは26 G注射針

プロトコール　※すべて氷冷しながらおこなう

❶ 3.5％アテロコラーゲンを15 mLチューブへ分取し重量を測り，低温室（4℃）で回転機を用いて約1 rpmで混和しながら，3回程度にわけてPBS（−）を加えて1％の濃度にする

❷ 4℃で回転させたまま1日以上混和する

❸ 1％アテロコラーゲンを腫瘍あたり100 μL，腫瘍の個数＋2量，2 mLチューブへ計り取る[a]

❹ siRNAをPBS（−）で0.1〜0.3 mg/mLの濃度に希釈し，アテロコラーゲンと等量のsiRNA溶液を，チューブ壁面を沿わしてアテロコラーゲンに重層しながら加える

❺ 低温室（4℃）で回転機を用いて約1 rpmで，20分回転混和する（図2）

❻ 氷冷したままsiRNA/アテロコラーゲン複合体を実験動物室へもって行く

❼ 投与直前に，2分間，手で加温する

❽ 注射針を付けずに1 mLまたは2.5 mLシリンジでsiRNA/アテロコラーゲン複合体を吸引する

❾ 25 Gまたは26 G注射針を装着し，気泡を除き，腫瘍1個あたり200 μLを投与する

[a] アテロコラーゲンは粘性が高いため，マイクロピペットで計り取るのは難しい．よって，2 mLチューブにあらかじめ目的の容量の目盛りの印をつけておくか，1 mLシリンジなどを用いて計量する．

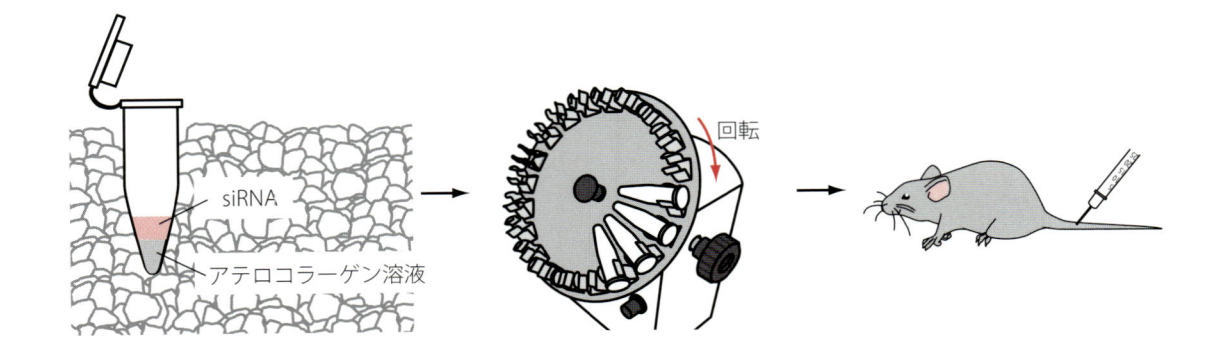

図2　調製から投与までの流れ

氷冷しながらアテロコラーゲン溶液とsiRNAを1:1で混合する → 4℃で20分間低速で回転混和させる → マウスの局所または尾静脈へ投与する

☞ 2) 転移モデルマウスへの siRNA の全身投与

準備するもの

- 3.5％アテロコラーゲン（高研）
- 回転機（回転混和に必要）
- RNase free 2 mL チューブ
- 1 mL または 2.5 mL シリンジ
- PBS（−）
- 腫瘍が肺や肝臓，または全身に転移したマウス
- 27 G 注射針

プロトコール ※氷冷しながらおこなう

1. 3.5％アテロコラーゲンを 50 mL チューブへ分取し重量を測り，低温室（4℃）で回転機を用いて約 1 rpm で混和しながら，3 回程度にわけて PBS（−）を加えて 0.1％の濃度にする
2. 4℃で回転させたまま 2 日以上混和する[a]
3. 0.1％アテロコラーゲンをマウス 1 匹あたり 100 μL，匹数＋2 量，2 mL チューブへ計り取る
4. siRNA を PBS（−）で 0.25〜1.0 mg/mL の濃度に希釈し，アテロコラーゲンと等量の siRNA 溶液を，チューブ壁面を沿わしてアテロコラーゲンに重層しながら加える
5. 低温室（4℃）で回転機を用いて約 1 rpm で，20 分回転混和する
6. 氷冷したまま siRNA/アテロコラーゲン複合体を実験動物室へもって行く
7. 投与直前に，2 分間，手で加温する
8. 注射針を付けずに 1 mL または 2.5 mL シリンジで siRNA/アテロコラーゲン複合体を吸引する
9. 27 G 注射針を用いてマウス尾静脈から，1 匹あたり 200 μL を 1 分間以上かけて注入する

[a] 均一にするのに時間がかかる．

❸ 条件検討のヒント

皮下移植腫瘍を対象とした投与の場合，可能ならマウスに麻酔をかけて投与を行う．腫瘍より 1 cm くらい手前の皮膚をピンセットでつまみ上げて針を刺し入れ，腫瘍が小さい段階

ではsiRNA/アテロコラーゲン複合体を腫瘍を覆うように注入する．腫瘍の大きさが針を刺せる程度に大きい場合は，腫瘍内へ針を直接挿入し，複合体液を注入するスペースをつくり，針を引き抜きながらプランジャーを押し，残り複合体液で腫瘍を覆うようにする．針を皮膚から引き抜く際に針の刺した部分をピンセットでつまみ10秒間くらい保持し，複合体液が漏れ出るのを防ぐ．

全身投与の場合，理由はまだ不明だが，注入速度がより遅いほうが，組織にsiRNAがより多く残存する傾向がみられる．

アテロコラーゲンを用いたデリバリー法 トラブルシューティング

⚠ 導入効率が低い

原因 アテロコラーゲンデリバリー法が細胞・モデルに適していない

原因の究明と対処法

アテロコラーゲンの最大の利点は生体に対する毒性が低いことがあげられる．よって，導入効率のみを考慮すれば，他のデリバリー方法を選択した場合のほうが優れている場合もありうる．アテロコラーゲンをsiRNAのデリバリーに用いる場合は，実験系に応じて至適のsiRNAの濃度，投与容量，投与回数，期間などを決定する必要がある．ただし，siRNAの濃度を上げるよりも，投与回数を増やしたり，期間を長く設定したほうが，効果の向上がみられる場合が多い．

4 in vivoデリバリーの応用例

1 アテロコラーゲンによるsiRNA以外のin vivoデリバリー

アテロコラーゲンの*in vivo*デリバリーへの最初の応用は，プラスミドDNAであった[4]．プラスミドDNAは発現効率が低く，持続も短いが，アテロコラーゲンとの複合体を製剤化したペレットをマウスの大腿部筋肉に包埋した結果，40日間導入遺伝子の発現が持続した．また，アデノウイルスベクターは遺伝子導入効率が高いものの，一過性の発現であり，中和抗体の存在によって反復投与が行えない．しかし，アテロコラーゲンとアデノウイルスベクターの複合体をマウス腹腔内に投与した結果，遺伝子の発現期間が1.5倍以上延長し，中和抗体が産生された後の2回目の投与によっても効果が得られることが確認された[5]．さらにsiRNA登場以前に，遺伝子抑制効果が注目されていたアンチセンスオリゴヌクレオチドにおいても，アテロコラーゲンによるデリバリーが可能であった．例えば精巣腫瘍モデルマウスへのHST-1/FGF-4に対するアンチセンスオリゴの腫瘍を移植したマウス精巣への投与や[6]，直腸がん細胞を移植したマウスへのミッドカインアンチセンスオリゴの腫瘍内投与などで使用し，腫瘍増殖抑制効果が報告されている．また，がんモデル実験以外でも，マウスに惹起させた末梢の炎症を，ICAM-1アンチセンスオリゴ/アテロコラーゲン複合体の尾静脈投与

によって抑えられることも示されている．

2 アテロコラーゲンによるsiRNAの*in vivo*デリバリー

●局所へのデリバリー

ヌードマウスに移植したがん細胞へのsiRNAの導入効果を検討する場合，ルシフェラーゼ（Luc）を安定に発現する細胞株を用意し，Luc-siRNAを用いることで，*in vivo*イメージングにより，マウスを生かしたままsiRNAの効果を検討できる．例えばルシフェラーゼを安定に発現するマウスメラノーマ細胞をマウス皮下に移植し，Luc-siRNA/アテロコラーゲン複合体を，移植腫瘍を覆うように投与すれば，発光を計測することにより，経時的なsiRNAの効果の観察が可能となる（図3）[7]．また，精巣がん細胞をマウス精巣に移植し，さらにsiRNAも投与すれば，皮下腫瘍と同様に局所投与ながらも，同所移植モデルでの検討となる．HST-1/FGF-4-siRNA/アテロコラーゲン複合体をこのモデルマウスの精巣に直接した結果，増殖抑制効果が示された（図4）[7]．また，細胞増殖関連因子だけではなく，VEGF-siRNAとアテロコラーゲン複合体を，皮下移植したヒト前立腺がん細胞に投与することで，血管新生の阻害効果による増殖抑制効果が示され，また頭頸部がんの皮下移植モデルマウスに対するEGFR-siRNA/アテロコラーゲン複合体の腫瘍内投与により，がん細胞の抗がん剤への感受性を増強する効果が示されている．

●全身へのデリバリー

一方，がん細胞を移植し生着した原発巣に対し，他の複数の臓器で転移巣が形成される場合，siRNAを全身性に作用させる必要がある．がんが全身に転移した状態を再現するモデルとしては，前立腺がん，乳がんなどの骨転移モデルマウスがあげられる．このモデルはがん細胞を左心室より注入し，動脈血を介して全身にがん細胞を送達し，がん細胞が骨組織に親和性を有する場合，歯髄，大腿骨，脛骨などに効率に生着し，骨転移したがんと類似の様相を呈する．この骨転移モデルマウスにLuc-siRNA/アテロコラーゲン複合体を尾静脈より投

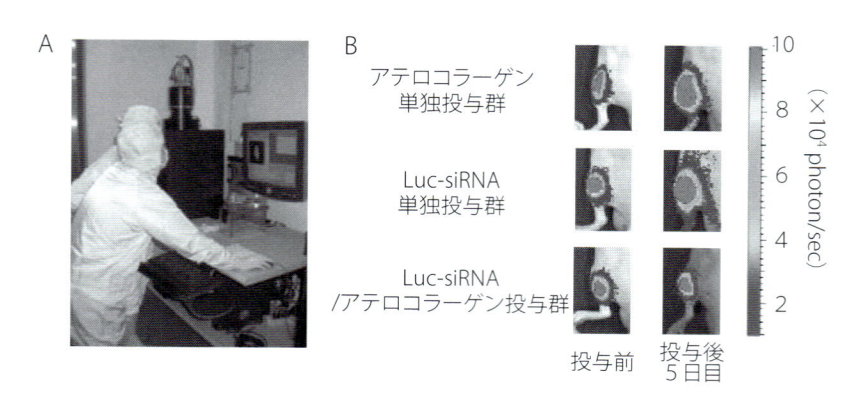

図3 *in vivo*イメージングシステムを用いたルシフェラーゼ発光抑制実験
A）*in vivo*イメージングシステムによる実験風景．B）ルシフェラーゼsiRNA/アテロコラーゲン複合体投与によるルシフェラーゼ発光抑制効果．ルシフェラーゼを安定して発現するメラノーマ細胞をヌードマウスの皮下に移植し，*in vivo*イメージングにより測定した．Luc-siRNA/アテロコラーゲン投与群で発光の抑制がみられる

与し，骨組織を含めた全身の転移がん細胞の発光抑制を確認することにより，デリバリー効果の検討が可能となる（図5）．また，骨転移に対する治療実験として，p110α-siRNA/アテロコラーゲン複合体またはEZH2-siRNA/アテロコラーゲン複合体の尾静脈投与により，顕著に骨部位における腫瘍増殖が抑制されることが報告されている[8]．全身性投与の場合，がん細胞へのデリバリー効果と，非がん組織への移行性と抑制効果も重要な問題となる．ヌードマウスの皮下にヒト前立腺がん由来PC-3M-luc細胞を移植し，Luc-siRNA/アテロコラーゲン複合体を尾静脈投与して皮下腫瘍中のsiRNA分子の残存量を検討した場合，siRNA単独投与群に対してアテロコラーゲンとの複合体投与群で約4倍多く検出された．また，非がん組織においても数倍多くsiRNA分子が残存した．よって，アテロコラーゲンによりsiRNAの安定性が向上し，腫瘍組織への移行性も高まったが，組織特異性は低いと考えられる．さらに，siRNAの生体への投与で懸念されることは，二本鎖RNAの導入によるインターフェロン活性の誘導であるが，アテロコラーゲンとの複合体を形成させても，免疫系を賦活する

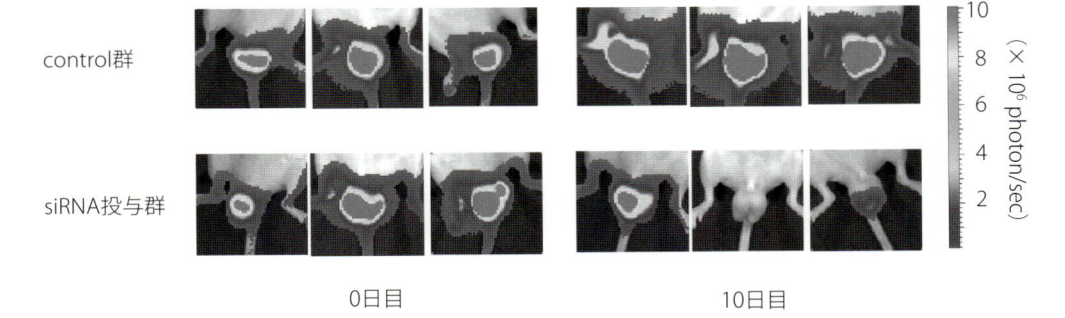

図4　精巣腫瘍抑制実験の in vivo イメージング
ヌードマウスの精巣にルシフェラーゼ発現精巣腫瘍細胞を移植した．その後HST-1/FGF-4 siRNA（2.5μg）とアテロコラーゲン（0.5％）の複合体を直接精巣に投与し，投与日を0日目として腫瘍の増殖をルシフェラーゼ発光により観察した．siRNA投与群は10日目で腫瘍増殖抑制効果が確認された

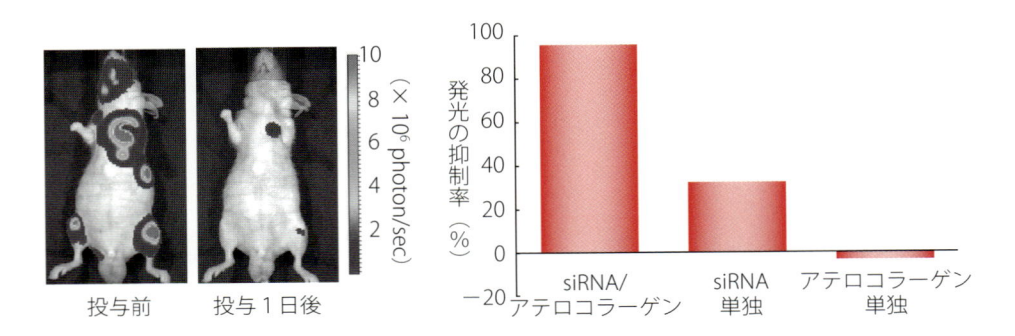

図5　全身投与による siRNA/アテロコラーゲン複合体のルシフェラーゼ発現抑制効果
ルシフェラーゼ発現転移性前立腺がん細胞を移植したマウスに，Luc-siRNA（25μg）とアテロコラーゲン（0.05％）の複合体を尾静脈より投与し，ルシフェラーゼの発光を in vivo イメージングにより測定した．右側のグラフは，定量した数値から発光の抑制率を算出した．投与1日後で，投与前の発光量が90％以上抑制されたことがわかる

可能性は低く，また肝臓への障害もきわめて少ない．

　ヒトがん細胞をマウスに移植してsiRNAを投与する場合，多くはヒトの遺伝子に対して特異的なデザインのため，マウスの組織，細胞には影響を与えない可能性が高い．よって，RNAi医薬開発における動物実験では，マウスの遺伝子に特異的なsiRNAをデザインして投与するなど，慎重な検討が必要である．

3 microRNAの *in vivo* デリバリー

　近年microRNA（miRNA）の発現異常と，がんの発生や悪性化との関連について数多く報告されている．そこで，がんで発現が低下しているmiRNAについては合成miRNAを外から投与して補う方法が新たながん治療として注目を集めつつある．合成miRNAはsiRNAと同様の物性を有することから，アテロコラーゲンと複合体を形成させることが可能で，前述の骨転移モデルマウスや，骨肉腫肺転移モデルマウスなどに投与し，抑制効果が報告されている[9)][10)]．

参考文献
1）Sano, A. et al.：Adv. Drug Deliv. Rev., 55：1651-1677, 2003
2）Svintradze, D. V. & Mrevlishvili, G. M.：Int. J. Biol. Macromol., 37：283-286, 2005
3）Tasaki, M. et al.：Br. J. Cancer, 104：700-706, 2011
4）Ochiya, T. et al.：Nat. Med., 5：707-710, 1999
5）Ochiya, T. et al.：Curr. Gene Ther., 1：31-52, 2001
6）Hirai, K. et al.：J. Gene Med., 5：951-957, 2003
7）Minakuchi, Y. et al.：Nucleic. Acids Res., 32：e109, 2004
8）Takeshita, F. et al.：Proc. Natl. Acad. Sci. USA., 34：12177-12182, 2005
9）Takeshita, F. et al.：Mol. Ther., 18：181-187, 2010
10）Osaki, M. et al.：Mol. Ther., 19：1123-1130, 2011

4章 遺伝子導入実験プロトコール

7 コレステロールを用いた生体内でのsiRNAデリバリー法

桑原宏哉, 仁科一隆, 横田隆徳

> **特徴**
> - コレステロールを結合したsiRNAを用いる方法
> - リポタンパク質に取り込ませて循環血中を輸送させることができる
> - 静脈内投与により肝臓に効率的にデリバリーされる

❶ コレステロールを用いたデリバリーの原理

コレステロールは循環血中において，高密度リポタンパク質（high-density lipoprotein：HDL）や低密度リポタンパク質（low-density lipoprotein：LDL）といったリポタンパク質に取り込まれて全身の臓器や組織に輸送されている（図1）．siRNAにコレステロールを結合し，リポタンパク質に取り込ませて静脈内に投与することにより，リポタンパク質の輸送経路に沿った生体内でのsiRNAのデリバリーが可能となる．生体内でのコレステロールの輸送は肝臓を中心に行われていることから，このデリバリー法を用いることでsiRNAを主に肝臓

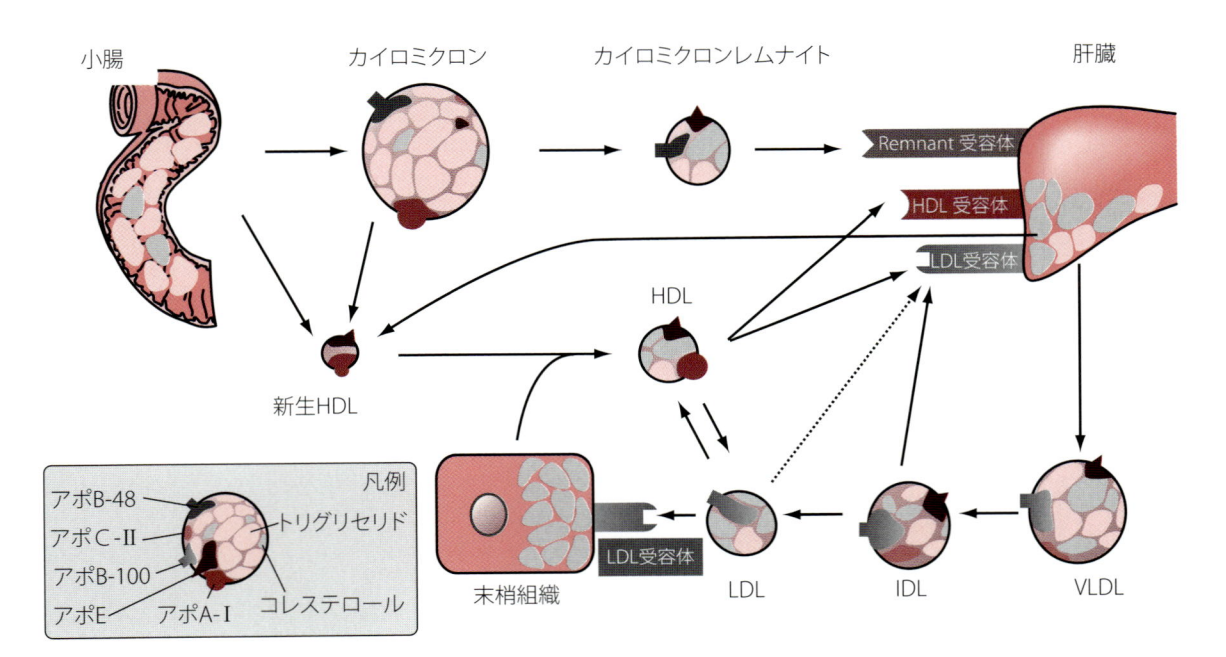

図1 リポタンパク質による生体内でのコレステロール輸送
コレステロールは，肝臓から末梢組織には主にLDLにより，末梢組織から肝臓には主にHDLにより輸送されている．HDL：high-density lipoprotein, LDL：low-density lipoprotein, IDL：intermediate lipoprotein, VLDL：very low-density lipoprotein

ONE POINT　コレステロール結合siRNAの細胞内でのプロセシング

コレステロール結合siRNAは，センス鎖の3′末端にコレステロールを共有結合することで合成する．細胞内に輸送された後，Dicerによるプロセシングを受けて，matureなsiRNAとして機能することが想定されている（図：21-23 merのsiRNAの場合）．著者らの研究室の分析では，siRNAにコレステロールを結合することでRNAi活性は約10％低下する．

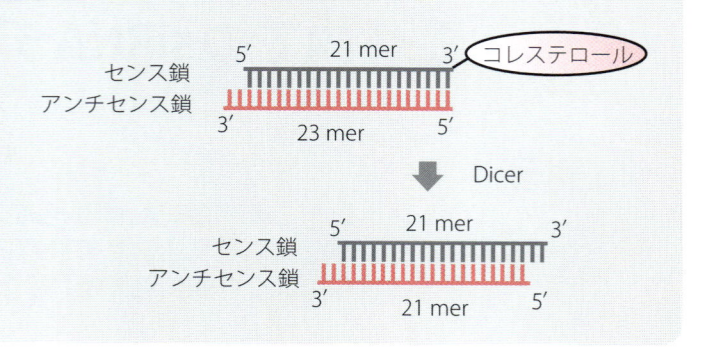

にデリバリーすることができる．実験で用いることの多いマウスやラットといった齧歯類では，リポタンパク質の大部分がHDLであることから，コレステロールを結合したsiRNAをHDLに取り込ませて静脈内に投与すると，肝臓に効率的にデリバリーされて標的遺伝子のノックダウンを誘導することができる．本プロトコールでは，マウスを用いる場合の実験プロトコールについて紹介する．

準備するもの

▶ 1）機器・試薬類

- 比重液（リポタンパク質抽出用）
  ① カイロミクロン・VLDL用比重液（1.006 g/mL）：
  　NaCl　　　　　　　　　　　　　11.4 g
  　EDTA・2Na　　　　　　　　　　0.1 g
  　1N NaOH　　　　　　　　　　　1 mL
  　DW　　　　　　　　　　　　　 up to 1,000 mL
  ② IDL・LDL用比重液（1.182 g/mL）：
  　NaBr　　　　　　　　　　　　　24.98 g
  　カイロミクロン・VLDL用比重液　100 mL
  ③ HDL用比重液（1.478 g/mL）：
  　NaBr　　　　　　　　　　　　　78.32 g
  　カイロミクロン・VLDL用比重液　100 mL
- 超遠心機…Optima TLX（ベックマン・コールター社）

▶ 2）消耗品類

- キャピジェクト微量採血管（500 μL，テルモ社）
- マイジェクター（テルモ社）
  27〜29 G，0.5 mL

▶ 3）サンプルなど

- マウス
- コレステロール結合siRNA
  ダーマコン社，シグマ・アルドリッチ社，北海道システムサイエンス社，日本バイオサービス社などで合成可能である．ポリアクリルアミドゲル電気泳動やMALDI-TOF/MSによる品質分析が行われ，粉の状態で納品される．溶解後は−80℃保存．

プロトコール

▶ 1）リポタンパク質（HDL）の抽出

❶ マウスから採取した血液をキャピジェクト微量採血管に入れ，室温で30分置く ⓐ

ⓐ 細胞成分（赤血球，白血球，血小板）と線維素をしっかり除去するため．

❷ 1,300 G，30分，16℃で遠心して，上層に分離される血清を採取する

❸ 超遠心用の1.5 mLチューブに血清800 μLを入れて，カイロミクロン・VLDL用比重液400 μL（血清の半分量）をそっと上乗せし（混ぜない），337,000 G，2.4時間，16℃で超遠心する ⓑ

ⓑ 超遠心した後の液には，明瞭に分離される境界はみられない．

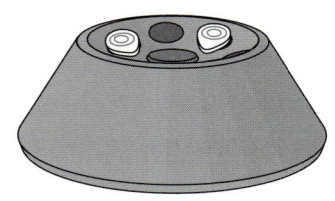

超遠心用ローター

❹ 超遠心後の下層の800 μLを注射シリンジ（1 mL用，18G針を使用）で採取し，新たな超遠心用の1.5 mLチューブに移す ⓒ

ⓒ 超遠心後の上層の400 μLには，カイロミクロンとVLDLが含まれる．

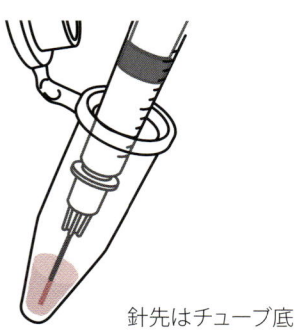

針先はチューブ底

❺ ❹で採取した液800 μLにIDL・LDL用比重液400 μL（血清の半分量）を加え，十分にピペッティングしたうえで337,000 G，3.6時間，16℃で超遠心する

❻ 超遠心後の下層の800 μLを注射シリンジ（1 mL用，18G針を使用）で採取し，新たな超遠心用の1.5 mLチューブに移す ⓓ

ⓓ 超遠心後の上層の400 μLには，IDLとLDLが含まれる．

❼ ❻で採取した液800 μLにHDL用比重液400 μL（血清の半分量）を加え，十分にピペッティングしたうえで266,000 G，7.5時間，16℃で超遠心する

❽ 超遠心後の上層の400 μLをマイクロピペッターで採取し，1.5 mLチューブに入れて4℃で保存する ⓔ

ⓔ 超遠心後の上層の400 μLにはHDLが含まれ，下層の800 μLにはアルブミンをはじめとしたより比重の高いタンパク質が含まれる．

チップ先は水面

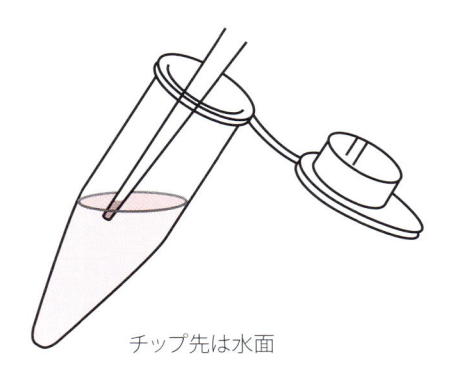

▶ 2) コレステロール結合 siRNA と HDL の混合液の調製

❾ コレステロール結合 siRNA を PBS で 200 μM に溶解して別のチューブに移す

❿ コレステロール結合 siRNA 溶液の倍量の HDL 溶液を加えてピペッティングする⒡

⓫ ❿の混合溶液をマイジェクターで吸入する

⒡ 著者らの研究室での分析では，この混合比率ですべてのコレステロール結合 siRNA が HDL に取り込まれた状態となる．

▶ 3) マウスへの静脈内投与

⓬ マウスの尾を酒精綿で消毒し，マイジェクターに吸入したコレステロール結合 siRNA と HDL の混合溶液を尾静脈にゆっくり注入する⒢

⒢ 投与量は体重 1 g 当たり 10 μL 以下にする（体重 20〜30 g のマウスでは 200〜300 μL 以下）．

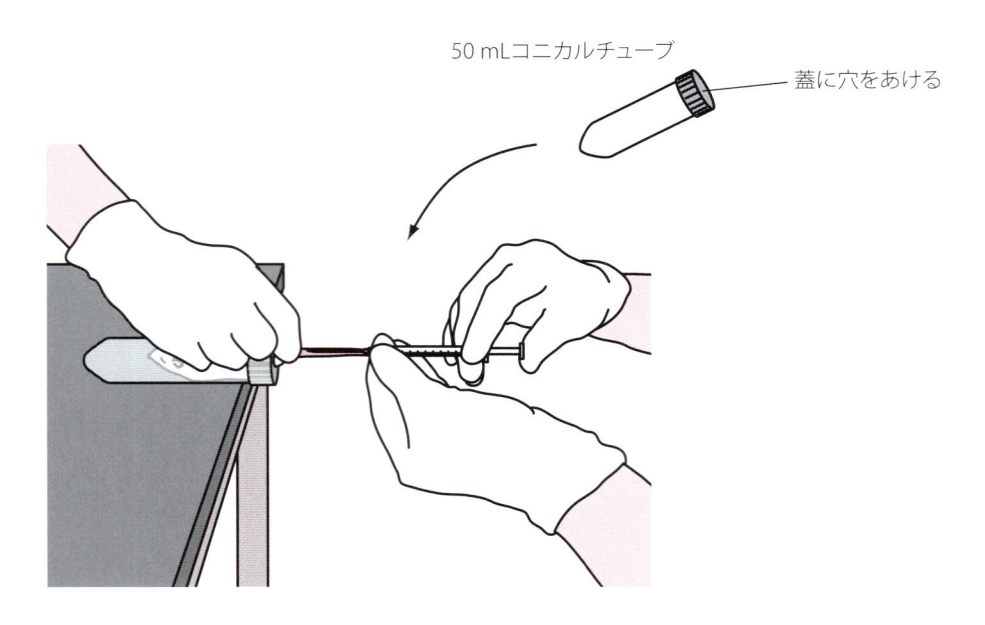

50 mL コニカルチューブ
蓋に穴をあける

⓭ 注入後，刺入部を圧迫止血するか瞬間接着剤でふさぐ

❹ 投与の24〜48時間後にマウスを安楽死させ，右心耳を切開して左心室からPBSを灌流させて脱血し（右図），肝臓を取り出す

❺ 採取した肝臓からRNAやタンパク質を抽出し，RT-PCR法やウェスタンブロッティング法などにより標的遺伝子のノックダウンを確認する

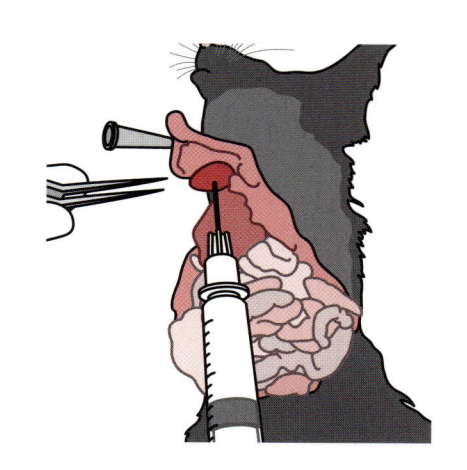

コレステロールによるデリバリー法 トラブルシューティング

⚠ 肝臓での標的遺伝子のノックダウンが得られない

原因
❶ デザインしたsiRNAのRNAi活性が低い
❷ リポタンパク質（HDL）が正しく抽出できていない
❸ コレステロール結合siRNAがHDLに取り込まれていない

原因の究明と対処法

❶ 標的遺伝子に対する複数のsiRNAをデザインして，まずは培養細胞を用いた *in vitro* の系でRNAi活性を評価しておく．つまり，各siRNAを培養細胞にトランスフェクションしてRT-PCR法などによりRNAi活性の高いsiRNAを選び，その後で *in vivo* の系で試すとよい．

❷ 超遠心を行った後のサンプルの扱いはできる限り慎重に行う．チューブを落としたり強く動かすと，分離したリポタンパク質が混合してしまう．HDLが正しく抽出できたかどうかは，**One-Point**に記載した2通りの方法で確認できる．

❸ コレステロール結合siRNAとHDLを混合させたときにしっかりピペッティングする（リポタンパク質が壊れてしまう可能性があるので，vortexはしない）．

参考文献
1）Wolfrum, C. et al.：Nat. Biotechnol., 25：1149-1157, 2007
2）Kuwahara, H. et al.：Mol. Ther., 19：2213-2221, 2011

ONE POINT 👍 抽出したHDLの特性の確認

超遠心法によりHDLを正しく抽出できたかどうか，2通りの方法で確認することができる．

① **HDLの脂質プロファイル**：抽出したリポタンパク質の脂質（コレステロールと中性脂肪）につき，スカイライト・バイオテック社のLipoSEARCHサービスなどで解析することにより，他のリポタンパク質の脂質が含まれていないかどうかを確認できる．

② **アポリポタンパク質のウェスタンブロッティング**：それぞれのリポタンパク質には，含まれるアポリポタンパク質の種類に違いがある．HDLには，アポA-Iが含まれるもののアポB-48やアポB-100は含まれない．このことによりHDLが抽出されているか確認できる．

4章 遺伝子導入実験プロトコール

ウイルスベクター

8 ウイルスベクターの特徴と原理，製品など

北村義浩

❶ ウイルスベクターの基本

1 ウイルスベクターとは

　タンパク質をコードするオープン・リーディング・フレーム（遺伝子）のcDNAを細胞に入れて，しかもそのタンパク質を多量に発現させることは，その遺伝子の機能を調べるためには必須の方法である．しかし，細胞培養液に精製DNAを加えるだけというような単純な手法では事実上不可能である．細胞に入れることも難しいし，その断片が無事に宿主ゲノムに組み込まれて発現するという幸運に恵まれることもまれである．そこで遺伝子（DNAまたはRNA）に必要な遺伝子発現制御配列（プロモーターなど）を付加して細胞内で発現しやすくするしくみが考えられた．このしくみが遺伝子を細胞に入れる乗り物，「ベクター」である．なかでもウイルスの高い感染性を利用するものを**ウイルスベクター**という．ウイルスが細胞にとりついて自分自身のゲノムを細胞に送り込む働きは利用し，その一方，病原性を欠失させたり減弱させたりして安全性を向上させる．ウイルスゲノム（DNAまたはcDNA）から複製や病原性に関与する部分を除き，代わりに導入したい遺伝子を入れる．この組換えDNA（cDNA）だけではもはやウイルスをつくることはできない．そこで，欠失させた部分

表1　主なウイルスベクターの比較

	作製の容易度	使用の容易度	導入（発現）効率	発現の長期安定性	再現性	低細胞毒性	非分裂細胞への導入
レトロウイルス	★★★	★★	★★	★★	★★★	★★★	×
レンチウイルス	★★★	★★	★★	★★★	★★★	★★★	○
アデノウイルス	★★	★★★	★★★	★	★★★	★	○
アデノ随伴ウイルス	★	★★	★★	★★	★★★	★★★	○
センダイウイルス	★	★★★	★★★	★	★★	★★	○

の機能をヘルパーウイルスやヘルパープラスミドの共存によって補完してやること（trans相補）でウイルスの産生を一時的に回復させることでウイルス粒子を作製する．このウイルス粒子こそがウイルスベクターである．粒子の中に存在するゲノムRNAやゲノムDNAをウイルスベクターとよぶこともあるが，誤用である．あるいは，複製に必要な部分を欠失させたDNA（cDNA）を含むプラスミドDNAをウイルスベクターとよぶことがあるが，厳密には誤用で，ウイルスベクター作製用プラスミドとでもいうべきである．

2 ウイルスベクターの使用の原則と注意点

ウイルスベクターを作製して使用する際の大原則は，経験者の直接指導を受けることである．百歩ゆずって，コマーシャルキットを使用するべきである．旧来は開発した研究者からプラスミドや細胞を直接もらって，論文を参照しながらベクターを作製することが多かった．しかし，たいていの場合，うまくいかない．しかもそのトラブルシューティングは，研究者とメールのやりとりをしながらでは解決しきれない．

ウイルスベクターを使用する点で注意する点が2つある．1つはウイルスベクターにはごくまれに自立的に増殖するウイルスが混入する可能性のある点である．この自立増殖ウイルスはベクターを使用した際には細胞を死滅させるおそれが高い．病原性が出現する場合も可能性として否定はできない．もう1つは，ウイルスベクターは元のウイルスが細胞に接着するしくみをそのまま利用している点である．ウイルスは細胞表面にある特異的なウイルス受容体に結合するところから感染が始まるので，ウイルスが感染可能な細胞は必ず受容体を有している．したがってそのウイルス受容体を有する細胞（狭義のpermissive細胞）にのみウイルスベクターを用いて遺伝子導入できる．受容体を発現していない細胞（狭義のnon-permissive細胞）には遺伝子導入できない．

以下に主なウイルスベクターについて長所と短所を概説する（表1）．レトロウイルスベク

染色体への組み込み	挿入サイズ[kb]	高力価	siRNA導入	*in vivo* 投与	Tet誘導システム搭載可能性	おすすめの用途
★★★	8	★★	○	★		遺伝子の機能解析 トランスジェニック動物の作製
★★★	8	★★	○	★★	○	遺伝子の機能解析 トランスジェニック動物の作製
なし	8〜30	★★★	△	★★	△	タンパク質の大量発現 タンパク質の大量調製
★★	4	★★	○	★★★	○	遺伝子の機能解析
なし	4.5	★★★	×	★★	×	タンパク質の大量発現 タンパク質の大量調製 膜タンパク質に対する単クローン抗体のスクリーニング 鶏卵へ遺伝子導入

ター（4章-9）とレンチウイルスベクター（4章-10）とアデノウイルスベクター（4章-11）の詳細は後述する．アデノ随伴ウイルスベクター（AAV）とセンダイウイルスベクターはここに述べるのみにとどめる．目的に応じてベクターの長所を活かし，短所をよく理解して使用することが重要である．例えば，大量発現を期待する場合にはアデノウイルスベクターが，長期に安定した発現を期待する場合にはAAV，レトロウイルス，レンチウイルスのベクターが優れている．またアデノウイルスベクターは毒性が高く，レトロウイルスベクターは非分裂細胞に不向きであり，AAVベクターには大きな遺伝子を入れることができないなどの欠点も考慮する必要がある．

❸ レトロウイルスベクター

　マウス白血病ウイルス（murine leukemia virus：MLV）に由来するウイルスベクターを，一般的に，レトロウイルスベクターとよぶ．MLVはガンマレトロウイルスでエンベロープを有し，ゲノムは（＋）鎖RNAである．ウイルスエンベロープ上にはenv遺伝子産物のEnvタンパク質（ENV）が存在し，感染時に標的細胞膜上のウイルス受容体に結合する．換言するとenv遺伝子の産物（ENV）が宿主域を決めている．感染後，ゲノムRNAは逆転写酵素によって二本鎖DNAに変換され，最終的には細胞の染色体にランダムに組み込まれてプロウイルス（provirus）になる．プロウイルスの両端に0.6kbの順向き繰り返し配列（long terminal repeats：LTR）が存在し，その間に必須遺伝子（gag, pol, env）が存在する．LTRに転写プロモーター活性がある．レトロウイルスベクターは以上のような生活環を利用して作製されている．すなわち，プロウイルスDNAをプラスミドにのせて，LTRに挟まれたgag（構造タンパク質），pol（プロテアーゼ，逆転写酵素，インテグラーゼ），env（エンベロープ）を発現させたい目的遺伝子cDNAで置換してレトロウイルスベクター作製用DNAがつくられる．このベクター作製用プラスミドDNAをgag, pol, env遺伝子を発現する細胞（パッケイジング細胞，もしくはヘルパー細胞という）に導入するとベクター粒子が産生される．ENVとして，ecotropic MLVのENV（E-Env），amphotropic MLVのENV（A-Env），ギボンサル白血病ウイルスのENV（G-Env），水疱性口内炎ウイルスのENV（VSV-G）が利用できる（表1）．また，レトロウイルスベクターは，細胞の染色体に目的遺伝子断片を挿入し発現させることができる．したがって，①8kb程度までの遺伝子を導入できる，②ベクターの調製が容易，③宿主ゲノムに組み込まれるので導入遺伝子が子孫細胞に安定に伝わる，④エンベロープタンパク質を変換することで宿主域を限定したり広げたりすることもできる，という利点があり，遺伝子治療分野でも広く汎用されている．しかし，①非分裂細胞への遺伝子導入ができない，②宿主ゲノムに組み込まれたレトロウイルスベクタープロウイルスはメチル化などの影響を受けて遺伝子発現が抑制されやすい，③ランダムに染色体に挿入されてごく稀にその細胞にがん化をもたらすことがある，などの欠点もある．比較的歴史の長いベクターで，キットのバリエーションも情報も豊富なので，受託サービスでなく自分で作製することが比較的容易ではなかろうか．

レトロウイルスの特徴

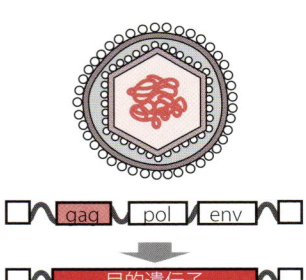

①8kbまで導入できる
②ベクター調製が容易
③子孫細胞に安定に伝わる
④宿主域を調節できる

①非分裂細胞に導入できない
②発現が抑制されやすい
③稀にがん化をもたらす

④ レンチウイルスベクター

　代表的なものとしてヒト免疫不全ウイルス（human immunodeficiency virus：HIV）に基づくベクターが知られている．レンチウイルスベクターはレトロウイルスベクターの一種であるので上述のレトロウイルスベクターと同じ長所を有する．さらに，①非分裂細胞にも効率よく遺伝子導入可能，②導入遺伝子はメチル化などの発現抑制を受けにくく長期に安定した発現が期待できる，という2点が特長としてあげられる．レトロウイルスと同様にレンチウイルスもエンベロープを置換したシュードタイプのウイルスベクターをつくることで宿主域を変更できる．上述のレトロウイルスベクターと同じく，初心者でも比較的容易に作製できると思う．

⑤ アデノウイルスベクター

　ヒトに感染するアデノウイルスは50種類あまりが知られている．ウイルスベクターとして利用されているのは主にヒトアデノウイルス5型である．ヒトアデノウイルス5型は小児の感冒を引き起こすウイルスで約36kbの二本鎖直鎖状DNAをゲノムとして有する．カプシドは直径約80nmの正二十面体構造で，エンベロープをもたないウイルスである．ウイルス粒子から突出するファイバータンパク質の先端が細胞表面の受容体（CAR：coxackie-adeno receptor）に結合して吸着・感染する．

　基本のアデノウイルスベクターの構造は，ウイルス増殖に必須なE1A，E1B領域を目的の遺伝子に置換し，さらに増殖に不必要なE3領域も欠失させたものである．約7～8kbの遺伝子を挿入可能である．このような組換えウイルスベクターをHEK293細胞（E1A，E1Bを持続発現しているヒト胎児腎細胞）に導入すると，野生型ウイルスと同様にウイルス粒子を増殖させることができ，細胞あたり数千～数万の粒子を得ることができる．このようにつくられたアデノウイルスベクターは，HEK293細胞以外の細胞に感染した場合には細胞内では

E1A遺伝子機能がないので複製できず，非増殖型アデノウイルスベクターとよばれる．

アデノウイルスベクターは細胞毒性や免疫の傷害性が高い欠点をもつ．一方，①浮遊細胞を除く，さまざまな細胞に感染して遺伝子導入できる，②非分裂細胞にも効率よく遺伝子導入できる，③発現効率が非常に高い（タンパク質合成量が多い），④遠心による濃縮が可能，などの利点を有している．基本のアデノウイルスベクターの場合には挿入できる遺伝子の長さの上限はおよそ8kbである．しかし，最近では，アデノウイルスゲノムのほぼ全長を目的遺伝子と置換できるタイプのgutlessもしくはguttedとよばれるアデノウイルスベクターも開発されており，その場合には最長約30kbものサイズを挿入することができる．さらにgutlessベクターでは，ウイルス由来のタンパク質がほとんど産生されないので免疫的傷害性についても抑制することができる利点がある．ただし高力価のベクターを高純度で調製することがまだ難しいので頻用されてはいない．

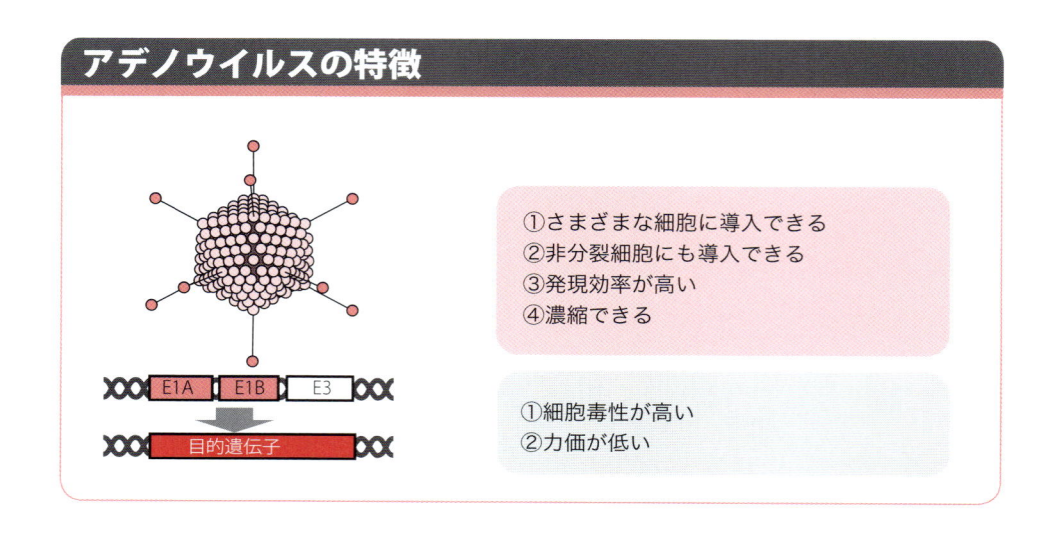

アデノウイルスの特徴

①さまざまな細胞に導入できる
②非分裂細胞にも導入できる
③発現効率が高い
④濃縮できる

①細胞毒性が高い
②力価が低い

⑥ アデノ随伴ウイルスベクター（表2）

アデノ随伴ウイルス（AAV）はパルボウイルス科に属する約4.7kbの一本鎖DNAウイルスで，ヒトに感染しても病気といえるほどの症状を引き起こさない．エンベロープを有さないウイルスで正二十面体のカプシドから形成されている．100種類以上もの血清型が存在するとされるが，ベクターとして利用されているのは主に2型AAVである．AAV-2の受容体は細胞膜の普遍的成分であるヘパラン硫酸プロテオグリカン（heparan sulfate proteoglycan）で宿主域は広い．ヒトに感染すると19番染色体の特定の領域に組み込まれることが知られている．

アデノ随伴ウイルスベクターは，両端の逆向き繰り返し配列（inverted terminal repeat：ITR）にはさまれたRep領域（複製や組み込みに関与）とCap領域（カプシド）を目的遺伝子で置換し作製する．このベクターDNAをRep, Capを発現するプラスミドDNAとともにHEK293細胞に導入し，さらにアデノウイルスをヘルパーウイルスとして感染させることに

表2　商用アデノ随伴ウイルスベクター

会社名	内容	ウイルス型
GeneDetect.com社（コスモバイオ社）	受託	AAV2
Applied Viromics（フナコシ社）	受託	AAV1～6
Cell Biolabs社（コスモバイオ社）	AAVヘルパーフリーシステム	AAV1～6 AAV-DJとAAV-DJ/8
アジレントテクノロジー社（Stratagene社）	AAVヘルパーフリーシステム	AAV2
Vector Biolabs社	受託 AAV2-Cre AAV2-GFPなど	AAV1, AAV2, AAV5

よってベクター粒子が産生される．最近ではE1A, E1Bを発現するHEK 293細胞にE2A, E4, VAを発現するプラスミドを導入することでヘルパーウイルスを必要としない方法が開発されている（Cell Biolabs社，アジレント・テクノロジー社のAAVヘルパーフリーシステム）．

　アデノ随伴ウイルスベクターは，導入できる遺伝子のサイズが約4kbと短く，ベクターの調製が初心者には難しいという欠点をもつ．しかしその一方で，①安全性が高い（もともと非病原性ウイルスのため），②非分裂細胞にも遺伝子導入できる，③長期の安定な遺伝子発現が期待できる（おそらく染色体に組み込まれずにエピソームとして核内に存在するか，または，宿主染色体に組み込まれるのだろう），④ *in vivo* 遺伝子導入もできる，などの利点を有している．個人的には受託サービスの利用をすすめる．

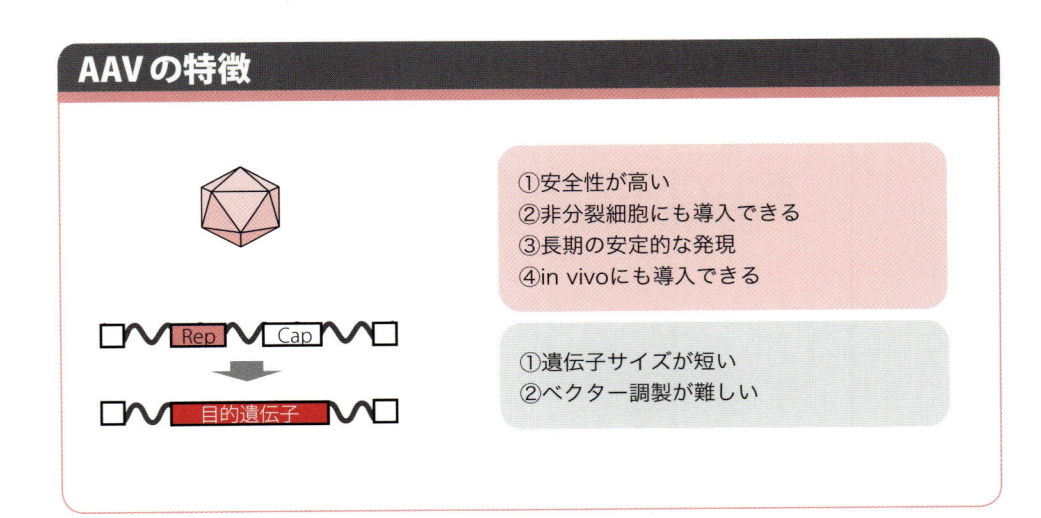

AAVの特徴

①安全性が高い
②非分裂細胞にも導入できる
③長期の安定的な発現
④in vivoにも導入できる

①遺伝子サイズが短い
②ベクター調製が難しい

⑦ センダイウイルスベクター（表3）

　センダイウイルス（Sendai virus：SeV）は，パラミクソウイルス科レスピロウイルス属ウイルスで一本鎖（−）RNAをゲノムとして有し，齧歯類に感染し肺炎を引き起こす．SeV

表3　センダイウイルス（SeV）ベクター

会社	商品名	特長
MBL社	組換えSeVミニベクター調製キット	ミニベクター作製用のキット
	CytoTune iPS	iPS細胞作製用
	蛍光マーカー搭載SeVベクター（PlasmExシリーズ）	細胞の追跡
	受託	研究用，非臨床用
DNAVEC社	SeV作製受託	GMPグレードも作製可能

感染性cDNAから，増殖に必須なF遺伝子を除去して自立増殖不可能にし，さらに最適な位置に発現させたい遺伝子cDNAを挿入してウイルスベクター作製用cDNAをつくる．このプラスミドDNAと（−）RNAの合成と複製に必要な遺伝子群を，同時に最適な条件で細胞に導入することによって一時的にウイルス様粒子が産生される．その少量のウイルス様粒子をF遺伝子発現細胞（ヘルパー細胞）に導入させて大量のウイルスベクターを得る戦略である．最近ではSeV感染性cDNAからほとんどの遺伝子を除き，外来の遺伝子cDNAだけを挿入したmini SeVベクターも実用化されている（MBL社）．F欠損SeVとの共存でベクターが産生され遺伝子発現が可能である．すなわちミニベクターは実は2種類のウイルスの混合物であるので一般的なベクターとは異なる．①分裂細胞，非分裂細胞にかかわらずヒトを含む多くの哺乳動物細胞や鶏卵を含む鳥類細胞に遺伝子導入可能，②ベクターゲノムはRNAの状態で細胞質にとどまるので宿主染色体に組み込まれない，③細胞に短時間曝露するだけで遺伝子導入可能，④合計でおよそ4.5kbまでの遺伝子が複数挿入可能，⑤高発現なので遺伝子の機能分析や組換えタンパク質発現にも有用，などの特長がある．しかし，①作製が難しい，②大量調製と濃縮が難しい，などの欠点があって，専門家が近くにいないとトラブルシューティングに苦労するだろう．受託作製を引き受けている会社があるので，この欠点は資金で克服できるだろう．個人的には，絶対に受託サービスを利用すべきだ，と断言する．

センダイウイルスの特徴

①さまざまな細胞に感染できる
②染色体に組み込まれない
③短時間の曝露でよい
④4.5kbまで複数挿入できる
⑤高発現

①作製が難しい
②大量調製が難しい
③濃縮が難しい

4章 遺伝子導入実験プロトコール

ウイルスベクター

9 レトロウイルスベクターによる高効率遺伝子導入法

北村俊雄, 高橋まり子

> **特徴** ※ウイルス全般については4-8も参照
> - 以前に比べてずっと簡単かつ短時間で実験可能
> - 初代培養を含む幅広い細胞に効率よく遺伝子を導入できる
> - 導入したベクターはゲノムに挿入され, 遺伝子の発現は安定

① レトロウイルスベクターによる遺伝子導入法の概要

　レトロウイルスは一本鎖RNAゲノムを有するウイルスであるが, 自身が有する逆転写酵素によって二本鎖DNAに変換され巧妙な方法でゲノムに組み込まれる. レトロウイルスを遺伝子の運び屋（ベクター）として利用する遺伝子導入の特徴は, 感染後はゲノムに組み込まれることによって安定な遺伝子発現が期待できることである（図1B）. レトロウイルスベクターは, レトロウイルスのゲノムからレトロウイルスの構造タンパク質Gag-PolとEnvをコードする遺伝子を除き, その代わりに導入したい遺伝子を挿入するようにデザインされているため（図2）, それ自身ではウイルス粒子を産生することはできない（replication-defectiveという）. そのため, 一度レトロウイルスベクターが感染した細胞から再度レトロウイルスが産生されることはない.

　レトロウイルスベクターからウイルス粒子を得るためにパッケイジング細胞とよばれる細胞が使用される（図1A）. パッケイジング細胞はウイルスの構造タンパク質を発現することによってウイルスゲノムを含まないウイルスの殻を産生している. この細胞にreplication-defectiveなレトロウイルスベクター作製用プラスミド（DNA）を導入すると, そこから読まれたウイルスのRNAゲノムがウイルスの殻に取り込まれて組換え型ウイルスとなる. ここではパッケイジング細胞とウイルスベクターの概要について解説し, ウイルスベクターの作製法と感染法[1]について紹介する.

1 パッケイジング細胞

● 2段階でウイルス産生細胞を樹立する方法

　以前は主にNIH3T3細胞にレトロウイルスの構造タンパク質遺伝子gag-pol, envを組み込んだパッケイジング細胞に, ウイルスベクター作製用プラスミドをトランスフェクションしてウイルスを作製し, そのウイルスをさらに別のパッケイジング細胞に感染させて安定してウイルスを産生する株を樹立していた. 2段階でウイルス産生細胞を樹立する理由は, NIH3T3細胞由来のパッケイジング細胞へのDNAのトランスフェクションでは概して高力価のウイルスが得られないからである（10～100 IU/mL）. そのため, 最初にDNAトラン

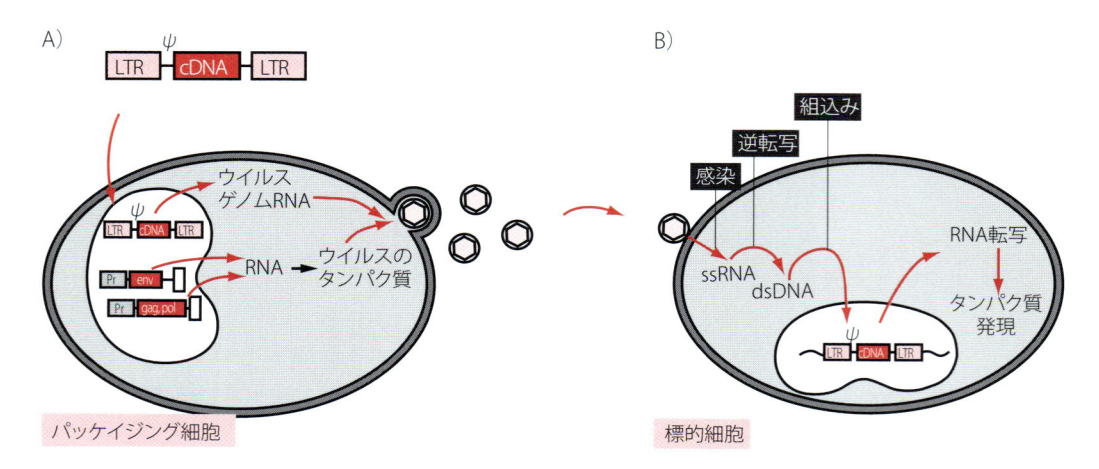

図1 パッケイジング細胞によるレトロウイルスベクターの産生と標的細胞への感染

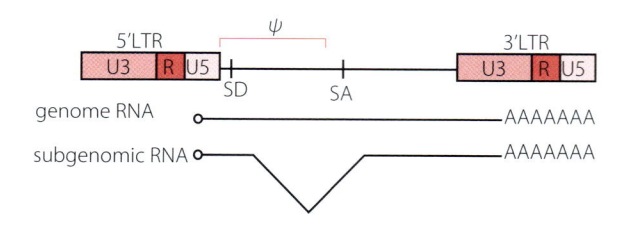

図2 レトロウイルスベクターの基本構造とその転写産物
o：5'キャップ，ψ：パッケイジングシグナル，AAAAAAA：polyA，SD：スプライシングドナー（ベクターによっては変異を導入して潰してある）．SA：スプライシングアクセプター

スフェクションで作製したウイルスを別のパッケイジング細胞に感染させてウイルス安定産生株を樹立するのが一般的であった[1]．その結果，ウイルス産生株樹立までに1～2カ月を要することが多く，さらに一度樹立したウイルス産生株のウイルス力価（通常は10^5～10^6 IU/mL）が培養するうちに下がってしまうこともあった．

● Bosc23，Bingを用いる方法

そこで考案されたのがNIH3T3細胞よりDNAトランスフェクションの効率がはるかに高い細胞にパッケイジングコンストラクト（gag-polとenvを発現する）とウイルスベクター作製用プラスミドを一過性にトランスフェクションする方法である．細胞としてはCOS細胞が利用され，10^5 IU/mLの力価のウイルスが得られた[2]．さらにPearらはトランスフェクションの効率が高い293T細胞にパッケイジングコンストラクトを安定的に発現させたパッケイジング細胞Bosc23とBingを樹立した[3]．Bosc23はエコトロピックウイルス（齧歯類細胞にのみ感染する）のEnvを，一方のBingはアンフォトロピックウイルス（齧歯類以外にも幅広い細胞に感染する）のEnvを発現し，それぞれマウスやラットなどの齧歯類，齧歯類以外にヒトなど幅広い細胞に感染するウイルスを産生する．Bosc23あるいはBingを利用すると，一過性にレトロウイルスベクター作製用プラスミドをトランスフェクションするだ

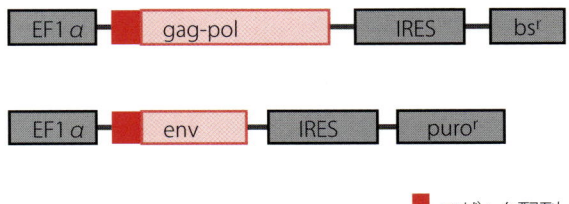

```
[EF1α] [コザック] [gag-pol] — [IRES] — [bsʳ]

[EF1α] [コザック] [env]    — [IRES] — [puroʳ]
```

■ コザック配列

図3　効率のよいパッケイジングコンストラクト
以下の3つの工夫をして効率を高めている．①293T細胞で強力なEF1αプロモーターを採用．②IRESの後部に薬剤耐性遺伝子を配し，薬剤存在下ではgag-polおよびenvの発現を保証する．③gag-polおよびenvのATG（スタートコドン）の5′側にコザック配列を配することによって翻訳効率を高める

けで，2日後には10^6 IU/mLという高力価ウイルスが得られる．しかしながらこれらの細胞にも，培養していると徐々に高い力価のウイルスが得られなくなる欠点があった．

● **PLAT-E，PLAT-A を用いる方法**

そこで筆者らはパッケイジングコンストラクトにいくつかの工夫をすることによって（図3），さらに高力価なウイルスが安定して得られるエコトロピックウイルスパッケイジング細胞PLAT-Eとアンフォトロピックウイルスパッケイジング細胞PLAT-Aを樹立した[4]．まず，パッケイジングコンストラクトのプロモーターとして，さまざまなプロモーターを比較し，293T細胞中でLTRの約100倍の活性を発揮するEF1αプロモーターを採用した．またピューロマイシンあるいはブラストサイジン耐性遺伝子（puroʳあるいはbsʳ）はIRES（internal ribosomal entry site）配列の後方に配することによってピューロマイシンとブラストサイジン存在下では必ずgag-polとenvが発現するようにした（IRES配列を含むRNAからはIRESの前後の2つの遺伝子が同時に翻訳される）．さらにgag-polとenv遺伝子の直前には翻訳効率を高めるためコザック配列を付加した．このようにして樹立したPLAT-Eは，一過性のトランスフェクションによって10^7 IU/mLの力価のウイルスを産生する（PLAT-Aは10^6 IU/mL程度）．

2 レトロウイルスベクター

レトロウイルスベクターは多種類存在するが，図4に示したように初期のものから，第2世代，第3世代にいたるまでウイルスゲノムのLTR（long terminal repeat）とパッケイジングシグナルψを残している（LTRの後部からgag遺伝子の一部を含む部分は，ウイルスゲノムがウイルスの殻にパッケイジされるために必要でありパッケイジングシグナルとよばれる）．すなわち，ウイルスの構造遺伝子であるgag-polの大部分とenvを除いたものにクローニングサイトを挿入したものが基本骨格となっている．パッケイジングシグナルが長いと，パッケイジング効率がよいと考えられている．現在，国内外で研究に多く利用されているベクターはpBabeベクター[5]，MSCVベクター[6]とpMXsベクター[7]であろう．pMXsベクターはpBabeベクターにMFGベクター[8]の長いパッケイジングシグナルとスプライシングのアクセプターを付加し，余分な配列を除去したベクターであり，pBabeベクターより感染

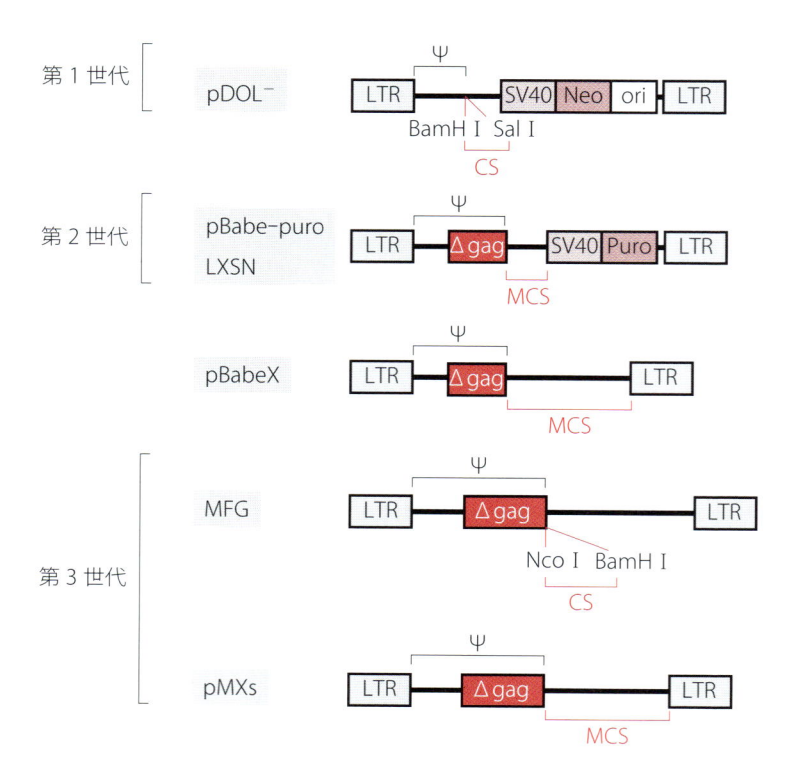

図4 種々のレトロウイルスベクターの構造

pBabe-puroベクター，LXSNベクターは第2世代のベクターである．第1世代のpDOL⁻などと比べてパッケイジングシグナルが長い．pBabeXベクターはpBabe-puroから薬剤耐性遺伝子を除き，マルチクローニングサイト（multi-cloning site：MCS）を挿入したcDNAライブラリー作成用のベクターである．MFGやpMXsはさらに長いパッケイジングシグナルを有し，スプライシングドナー/アクセプターを有する第3世代のベクターといえる．

効率や発現効率がよい（ベクターの特徴や構築に関する詳細は文献7を参照のこと）．また異なるレトロウイルスのLTRを利用しているMSCVベクターはES細胞やEC細胞など未熟な細胞において効率のよい遺伝子発現が得られる．pMYsやpMCsベクターも同様のコンセプトのベクターである[7]．MSCV，pMYs，pMCsはいずれもドイツのOstertagのグループ

ONE POINT　レトロウイルスゲノムのスプライシング

レトロウイルスゲノムにはLTRのあとにスプライシングのドナー，env遺伝子の直前にアクセプターがある．ウイルスゲノムにはgenome RNAとsubgenome RNAが存在し，前者は主にgag-pol，後者はenvを発現するゲノムである（図2）．一般的にsubgenome RNAの方が多く発現していることが知られている．ベクターとして利用する場合には，通常スプライシングドナーを欠失させるが，MFGやpMXsシリーズなどはスプライシングドナーを残し，遺伝子挿入部位の上流にスプライシングアクセプターが挿入されている．その結果これらのベクターからはgenome RNAとsubgenome RNAが両方産生され，両方のウイルスゲノムから遺伝子が読まれるため遺伝子発現がよいと考えられる．MFGベクターはenv遺伝子のスタートコドンATGに発現させたい遺伝子のATGをマッチさせて発現効率を高めている．pMXsベクターではそこにマルチクローニングサイトを挿入して使い勝手をよくしている．一方，genome RNAについても，pMXsやMFGの改良バージョンSFGベクターではgagタンパク質が読まれないようATGを欠失してあるので，挿入遺伝子のみが発現される．

が開発したベクター[9) 10)]を基本骨格としているが，MSCVベクターがLTRのエンハンサーの75 bpダイレクトリピートの1つを欠くことにより一過性のトランスフェクションで得られるウイルス力価が低いのに対して，pMYs，pMCsではこのダイレクトリピートを再構築してあるので，PLAT-Eなどで一過性のウイルスを作製する実験にはより向いている．またMSCVベクターにはスプライシングのドナー/アクセプターが存在しないため遺伝子発現効率もpMYs，pMCsの方が高い（**OnePoint**参照）．pMYsベクターは造血系細胞で発現効率がよいため，造血系の実験では頻用されている．レトロウイルスベクターの指向性はLTRとその直後の配列によって決まる．詳しくは文献10を参照されたい．

　ここではPLAT-EとpMXsを利用したウイルス作製法と感染法，およびトランスフェクションにポリエチレンイミン（PEI）を利用したプロトコールを紹介するが，BoscやPhenixなど293T細胞ベースのパッケイジング細胞にレトロウイルスベクターを一過性にトランスフェクションしてウイルスを得る場合もほぼ同様のプロトコールで行える．細胞によってトランスフェクションの至適条件が少し異なるので検討は必要である．またパッケイジング細胞へのトランスフェクションは，リン酸カルシウム法に加えて，リポフェクタミン，FuGene，PEIなどの試薬を利用した方法によって行われる．コストはリン酸カルシウム法で行えばほとんどかからず，また，試薬を利用した方法ではPEIが圧倒的に安い（他の2つの試薬に比べて1/4,000～1/6,000のコスト）．効率はリポフェクタミンとFuGeneは同等，PEIはそれらと同等あるいは同等以上である．リン酸カルシウム法でも条件を検討すれば同等の効果が得られるが，気温とpHによって結果が左右されるので，安定した結果を得るためにはそれなりの経験が必要になる．

準備するもの

- Opti-MEM…ライフテクノロジーズ社
- PEI…Polysiences 社
  和光純薬のポリエチレンイミン MAX（MW40,000）が一番よい
- ポリブレン（ヘキサジメスリンブロマイド）…シグマ・アルドリッチ社
- 60 mm ディッシュ
- FSC

プロトコール

▶ 1）ウイルス作製（図5）

❶ PLAT-E細胞は通常はピューロマイシン1 μg/mLとブラストサイジン10 μg/mL添加して培養する

❷ 60 mmディッシュにPLAT-E細胞を 2×10^6 cells播く．培養液はMEM/10％FSC（ピューロマイシン，ブラストサイジンは添加しない）を4 mL使用する

❸ 翌日，細胞がほぼコンフルエントになったら，以下

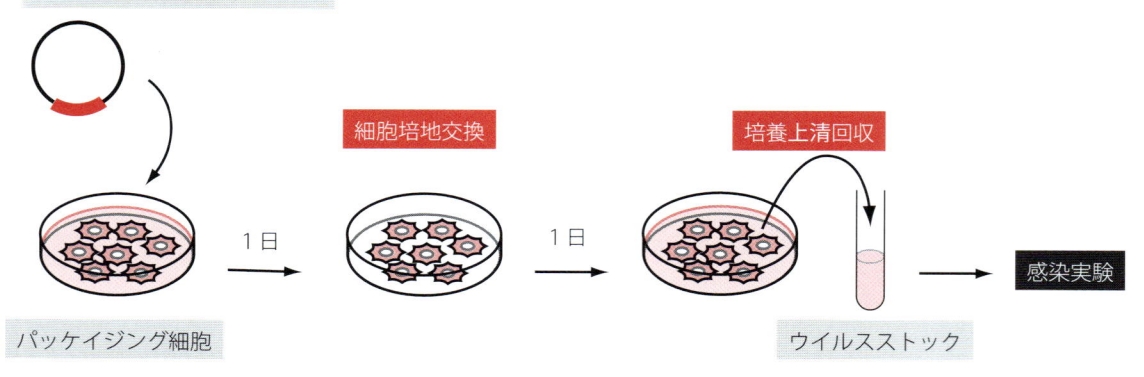

図5　一過性トランスフェクションによる高力価ウイルスベクターの作製

の手順❹, ❺でトランスフェクションを行う

❹60 mmの培養皿に対してOpti-MEM 200 μL/PEI 10 μg/DNA 3 μgをまぜて15分静置する[a]

❺上記の混合液を培養液の上からPLAT-E細胞に滴下する

❻トランスフェクション6〜8時間後に培地交換する[b]

❼トランスフェクション24時間後に培地交換する

❽トランスフェクション48時間後にPLAT-Eの培養上清を集める．ここからの操作は4℃で行う[c]

❾上清を1,500 rpmで5分間遠心する

❿上清を集めてさらに3,000 rpmで5分間遠心する

⓫上清を集めてウイルスストックとする．凍結・融解すると力価は約半分となる

▶**2）ウイルス感染**[d]

⓬ウイルス溶液にポリブレン（10 mg/mLのストック）を6〜10 μg/mLの最終濃度になるよう混和する（on ice）

[a] 100 mmの培養皿の場合はスケールを3倍にする．60 mmの方がやや効率がよい．

[b] このステップは省略してもよい．

[c] レトロウイルスは熱に弱いため．

[d] ここでは24ウェルの培養プレートを利用して浮遊細胞に感染する方法を示すが，実験のサイズは目的に応じて変える．

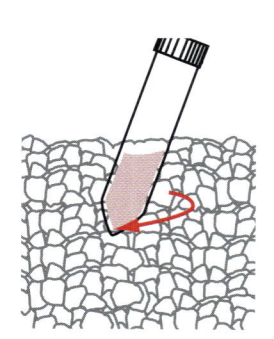

10 mLあるいは15 mLのチューブでウイルス溶液とポリブレンをよく混和する

❸ 感染の標的細胞をカウントして，2×10^5 cells を 15 mL のチューブに入れて遠心する

❹ 細胞上清を捨て，ポリブレンを混ぜたウイルス溶液 0.5 mL でサスペンドして，24 ウェルプレートの1ウェルに播く

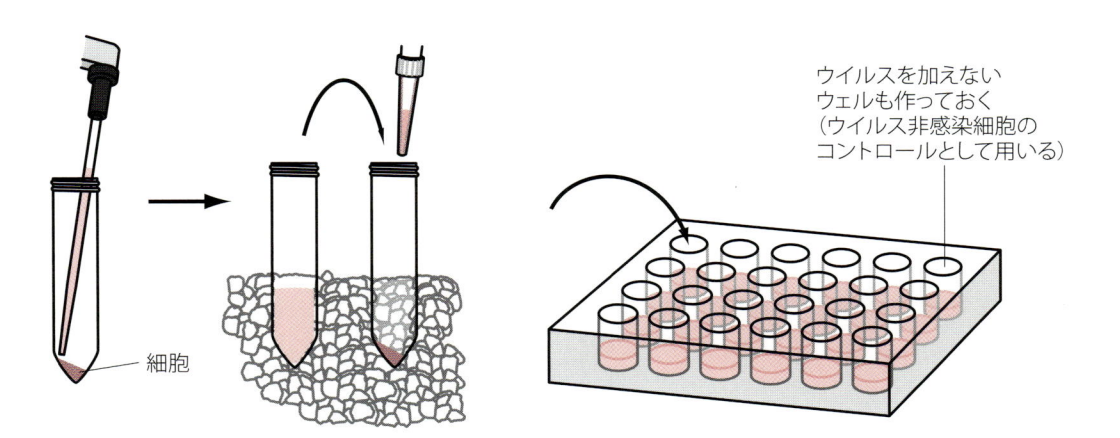

ウイルスを加えないウェルも作っておく（ウイルス非感染細胞のコントロールとして用いる）

細胞

❺ 4時間後に 0.5 mL の RPMI1640/10％FSC を加える ⓔ

❻（細胞増殖速度にもよるが）翌日，倍に希釈して 2 ウェルに分ける

❼ さらに翌日，感染効率を調べる

ⓔ 標的細胞が増殖しやすい培養液を使用する

❸ 条件検討のヒント

1 細胞数の調整

PLAT-E の細胞数はウイルスを回収するときに細胞がコンフルエントになるように調整する．リン酸カルシウム法，リポフェクタミン，FuGene を使用するときは初日に 6〜7 割の細胞数で播くが，それに比べて PEI は PLAT-E の増殖を抑制するので少し多めに細胞を播くようにする．

2 ポリブレンの至適濃度

ポリブレンの至適濃度は細胞によってかなり異なる．前もって細胞の生存率と感染効率が高くなるポリブレンの至適濃度を確かめる．6〜10 μg/mL が一般的．

3 感染効率

標的細胞の増殖ができるだけよい条件で感染を行うと感染効率が高い．

レトロウイルイベクターによる導入法　トラブルシューティング

⚠ 高いウイルス力価が得られなくなった

原因 パッケイジング細胞の状態が悪くなっている

原因の究明と対処法

PLAT細胞はピューロマイシンとブラストサイジン存在下で，オーバーグロースを避けるように維持培養すればよい状態が保たれる．よい状態のパッケイジング細胞をたくさんストックしておく．トランスフェクションの効率は高くてもウイルス力価が低いことがあることに注意する．

⚠ 細胞に感染させるとき細胞の状態が悪くなりやすい

原因 ポリブレンの毒性

原因の究明と対処法

ポリブレンの濃度を振って至適条件を調べる．それでも毒性が無視できない場合はレトロネクチンを利用して感染を行う．一般的にT細胞はポリブレンに弱い傾向があり，$1\,\mu g/mL$以下の濃度で感染実験が行われることもある．

⚠ 感染効率が上がらない

原因 細胞種によっては感染効率が低い場合がある

原因の究明と対処法

ウイルスを濃縮して感染する．濃縮法は4℃，8,000 Gで16時間遠心すると沈殿してペレットになるので，培養液にサスペンドして感染に使用する．超遠心に比べてこの方法で濃縮する方がレトロウイルス粒子の破壊が少なく，ウイルス回収率がよい（ほぼ100%）．他に感染効率を上げる方法として複数回感染させる，遠心しながら感染させる，レトロネクチンを使用するなどがある．レトロネクチンは高コストであるが効果も高い．

⚠ 細胞に全く感染しない

原因 細胞によってはレトロウイルスの受容体が発現していない

原因の究明と対処法

VSV（vesicular stomatitis virus）のenvを利用すれば多くの細胞において感染が成立する．この場合はレトロウイルスのgag-polおよびVSVのenv（VSV-G）とレトロウイルスベクターを293T細胞にトランスフェクションして内側がレトロウイルス，外側がVSVというウイルスを作製する（このように中と外が異なるウイルスをpseudo-type virusとよぶ）．VSVの殻を有するウイルスはきわめて安定であり，超遠心による濃縮も可能である．またVSVの受容体は

すべての細胞が発現しているPS（フォスファチジルセリン）である

参考文献
1) 北村俊雄：『新遺伝子工学ハンドブック』（村松正實ほか／編），羊土社，pp174-178, 2003
2) Landau, N. R. & Littman, D. R.：J. Virol., 66：5110-5113, 1992
3) Pear, W. S. et al.：Proc. Natl. Acad. Sci. USA, 90：8392-8396, 1993
4) Morita, S. et al.：Gene Therapy, 7：1063-1066, 2000
5) Morgenstern, J. P. & Littman, D. R.：Nucl. Acids Res., 18：3587-3596, 1990
6) Hawley, R. G. et al.：Gene Therapy, 1：136-138, 1994
7) Kitamura, T. et al.：Exp. Hematol., 31：1007-1014, 2003
8) Rivera, I. et al.：Proc. Natl. Acad. Sci. USA, 92：6733-6737, 1995
9) Baum, C. et al.：J. Virol., 69：7541-7547, 1995
10) Stocking, C. et al.：『Virus Strategies：Molecular Biology and Pathogenesis』（Doerfler, W. & Bohm, P. eds.），Weinheim：VCH Verlagsgesellschaft; pp433-455, 1993

4章 遺伝子導入実験プロトコール

ウイルスベクター

10 レンチウイルスベクター

北村義浩

> **特徴** ※ウイルス全般については4-8も参照
> ・分裂細胞にも非分裂細胞にも，染色体に目的遺伝子断片を挿入できる
> ・長期的な遺伝子発現を望める

これまでに，レンチウイルスのうちHIV-1（Human immunodeficiency virus type 1），Simian immunodeficiency virus，Feline immunodeficiency virusなどをもとにしたベクターが報告され，コマーシャルキットなどが入手可能になった（表1）．本項ではHIVベクターについて記述する．

❶ レンチウイルスベクター原理

HIV-1のゲノム構成を模式に示した（図1A）．ゲノムの中にはHIVの複製にとってcisに必要なもの（cis配列）とtransに必要なもの（trans配列）がある．cis配列はLTR，ψ配列，

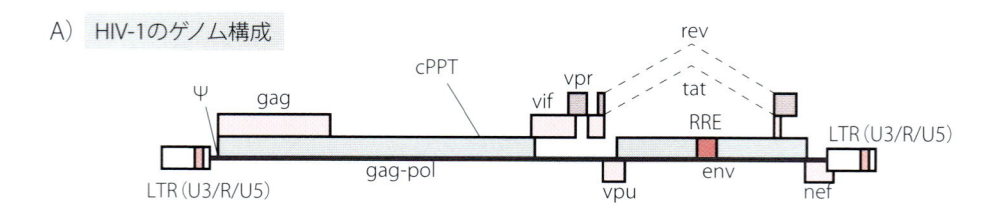

A) HIV-1のゲノム構成

（LTR(U3/R/U5) — Ψ — gag — gag-pol — cPPT — vif — vpr — vpu — tat/rev — RRE — env — nef — LTR(U3/R/U5)）

B) レンチウイルスベクター（SIN型ベクター）

（LTR(CMV/R/U5) — Ψ — RRE — cPPT — 目的遺伝子発現カセット（図2参照） — WPRE — LTR(ΔU3/R/U5) SIN型ΔU3LTR）

図1 HIVのゲノム構成とベクター
A) HIV-1のゲノム構成模式図．端末繰り返し配列（LTR）とパッケージ配列（Ψ）はベクター作製上cisに必須である．RRE（Rev-responsible element）とcPPT（central polypurine tract）はウイルスの増殖に必須ではあるが，ベクターには必須ではない．B) SIN型ベクターの模式図．上流のLTRのU3が除かれている．かわりに強力なプロモーター（CMVプロモーターやRSV LTR）を使用する．下流のLTRのU3は大部分が欠けている．目的の遺伝子を含む遺伝子発現カセットが中央にある

cPPT配列およびRRE配列（あるいはWPRE配列）である（表2）．一方，transに不可欠なのはウイルス粒子の構造タンパク質と酵素タンパク質である（表3）．すなわち，Gagタンパク質，Gag-Polタンパク質，エンベロープタンパク質，Revタンパク質の4種類である．ベクターのエンベロープタンパク質としてはHIV-1本来のエンベロープタンパク質以外に，水疱性口内炎ウイルスのエンベロープ糖タンパク質（VSV-G），MLVのエンベロープタンパク質などが利用できる（この技術をシュードタイピングという）．宿主域が広くなり，濃縮が容易になるという理由で，VSV-Gによるシュードタイピングが頻用される．VSV-Gでシュードタイプされたベクターは，ほとんどすべての脊椎動物細胞に遺伝子導入可能である．

第1世代[1]のシステムではエンベロープ遺伝子（env）の一部を欠失させただけで，ベクター内にほとんどのHIV-1由来配列が残っていた．第2世代[2]では，envに加えてgag, pol,

表1　主な商用レンチウイルスベクター

会社名（日本代理店）	商品	特長
タカラバイオ社	Lenti-X レンチウイルス遺伝子発現システム Lenti-X レンチウイルス shRNA 発現システム	HIV-1 由来
ライフテクノロジーズ社	ViraPower	HIV-1 由来
Cell Biolabs 社（コスモバイオ社）	ViraSafe Lentiviral Expression Systems	―
SBI 社（フナコシ社）	cDNA Cloning Lentivector pPACK Lentivector Packaging Kit	HIV-1 由来とFIV 由来ウイルスベクターシステム 受託サービスあり パッケイジングミックスの単体発売
GeneCopoeia 社	Lentiviral vector-based ORF cDNA, shRNA and microRNA clones	HIV-1 由来 ほとんどの遺伝子cDNA（miRNA, shRNA）の発現用プラスミド 受託サービスあり
InvivoGen 社（ナカライテスク社）	LENTI-Smart パッケージングミックス 例：LENTI-Smart INT キット	第2世代
GenScript 社（フナコシ社）	GenScript Lentiviral siRNA Expression Vector siRNA 発現ベクター構築サービス	受託サービスあり
理化学研究所バイオリソースセンター	商用ではない	HIV-1 由来のベクター 三好浩之博士のラボで開発された400あまりのプラスミド
DNAVEC 社	組換えレンチウイルスベクター	HIV 由来，GMP グレードも可能
Open Biosystems 社（フナコシ社）	Precision LentiORFs など	HIV-1 由来のSIN 型 ほとんどの遺伝子cDNA の発現用プラスミドまたはウイルス粒子
Biogenova 社（フナコシ社）	Universal Lentivirus Packaging Mix など	パッケイジングミックスの単体発売
Cellomics Technology 社	Premade Lentiviral Vectors 例：LV-CMV-GFP	受託サービスあり
GenTarget 社（フィルジェン社）	Expression lentiviral particles 例：GFP（Neo）lentiviral particles	受託サービスあり パッケイジングミックスの単体発売
シグマ・アルドリッチ社	MISSION shRNA Custom Lentiviral Particles	HIV-1 由来
BioWit Technologies 社	Virus Packaging Services	受託サービスあり non-integrative lentiviral vector 受託サービスあり
Santa Cruz 社	shRNA lentivirus Particles	HIV-1 由来

表2 HIV-1ベクター作製に必須なcis配列

配列名	由来	働き
LTR	HIV-1	プロモーター※, 逆転写のジャンプ, 組み込み
Ψ	HIV-1	パッケイジングシグナル
RRE	HIV-1	Revタンパク質の働きによって全長RNA（unspliced RNA）の核から細胞質への移行に必要
cPPT	HIV-1	逆転写後の細胞質cDNAの核への移行に必要
WPRE	ウッドチャック肝炎ウイルス	全長RNAの核から細胞質への移行を高める．なくてもよい
IRES	EMCV	1つのmRNAから2つのORFからタンパク質合成を行うつもりなら必須
内部プロモーター	ヒトEF1CMV　など Tet-ON（OFF）プロモーター U6プロモーター	SIN型ベクターの場合には必須

※：下流のLTPのU3領域が細胞への導入後にプロモーターとして働く

表3 HIV-1ベクター作製に必須なtrans配列（遺伝子）

遺伝子名	由来	働き
gag	HIV-1	カプシド構造タンパク質をコードする
pol	HIV-1	LTR, PR, INの3酵素をコードしている
rev	HIV-1	Revタンパク質をコードする
糖タンパク質	VSV	感染に必須．エンベロープタンパク質をコードする
tat	HIV-1	ベクタープラスミドDNAの上流が完全LTRならば必須 RSV LTRやCMVプロモーターにU5が連結された形に変形されているならば不要

rev, vpu, vpr, vifを欠失させたけれども，tatを使用していた．現在主流の第3世代[3]のベクター（図1B）では，ベクターにはcis配列であるLTR, Ψ, cPPT, RREだけが残っており，HIV-1のほとんどの配列は欠失している．多くの場合，さらにRNAの安定性を高める目的でウッドチャック肝炎ウイルス由来配列（woodchuck hepatitis virus posttranscriptional regulatory element：WPRE）が挿入されている[4]．安全性を高める目的で下流のLTRのU3の大部分が欠失させてあるベクター（Self-inactivating vector：SIN型ベクター）[5]もある．LTR配列に挟まれた目的遺伝子発現カセットは，プロモーターと目的遺伝子の組み合わせだけという単純なユニット（図2A）のほかに，遺伝子導入済み細胞を簡便に選択できるように薬剤耐性遺伝子や蛍光タンパク質の遺伝子もあわせて組み込んだカセットの場合（図2BC）もある．プロモーターを適切に選べばshRNAを発現させたり，遺伝子発現をテトラサイクリンでON/OFFさせたりすることができる．このベクターDNAとtransで必須なコンポーネント発現プラスミド群を，適切な細胞（293T細胞が頻用される）にいっしょにトランスフェクションすると，ウイルス粒子が培養液に放出される．コンポーネント発現プラスミド群とはすなわち，Gag-Pol発現プラスミド（図3A），VSV-G発現プラスミド（図3B），Rev発現プラスミド（図3C）の三者である．この三者の混合物をヘルパープラスミドミックス，またはパッケイジングミックスDNAとよぶ場合もある．

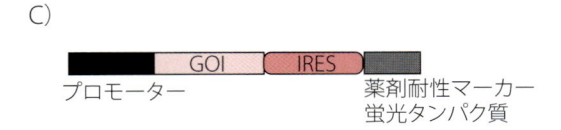

図2 目的遺伝子発現カセットの例

A) 適切なプロモーターの下流に目的遺伝子（gene of interest：GOI）を連結したシンプルな構造のカセット．B) 遺伝子導入が行われた細胞を選択しやすくするために，薬剤耐性マーカーや蛍光タンパク質をコードする遺伝子を別プロモーターから発現する構造．C) Bと目的は同じであるけれども，別プロモーターの代わりにIRES（internal ribosome entry site）配列（表2）が挿入されている構造

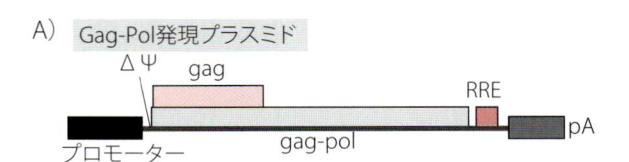

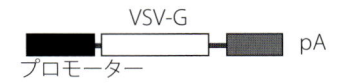

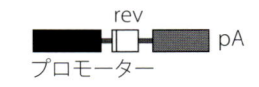

図3 パッケイジングミックスの模式図

プロモーターには強力なCMV，RSV，SV40などのウイルス由来のプロモーターが使用される．Tet反応性プロモーターが使用されることもある（Clontech社キット）．polyadenylation配列（pA）はSV40やtk遺伝子由来のものなどが使用される．A) Gag-Pol発現プラスミド．gag遺伝子のすぐ上流のΨ配列は除かれている．RREを入れる方が発現効率が高い．B) VSV-G発現プラスミド．VSV-Gは細胞傷害性が高いので高いレベルで発現させるのは思いのほか難しい．C) Rev発現プラスミド．Rev cDNAを用いることが多い

② ベクター作製のワーク・フロー

実験の流れは以下の通りである．①ベクターDNAに目的の遺伝子（cDNA）を挿入する[6)7)]．②この新たなベクターDNAとパッケイジングミックスDNAを293T細胞にトランスフェクションする．③培養上清を回収してその中のウイルス粒子を定量する．④目的細胞に遺伝子を導入する（トランスダクション）．ここでは①については述べない．

準備するもの

▶ 1) サンプルなど

- ● ベクターDNA
  発現させたい遺伝子断片を組み込んだプラスミドDNA
- ● パッケイジングミックスDNA
  Gag-Pol発現プラスミド＋Rev発現プラスミド＋VSV-G発現プラスミド．
- ● ウイルス産生用細胞
  293T細胞．
- ● 力価測定用細胞
  HeLa細胞やHT1080細胞．
- ● DMEM10培地

Dulbecco's Modified Eagle's Medium（シグマ・アルドリッチ社，2 mMのグルタミンを添加）に最終濃度が10％（v/v）fetal bovine serum，1×Non-essential Amino acids mix（GIBCO社の100×濃厚液を希釈），50～100 mg/mL kanamycin（シグマ・アルドリッチ社）となるように加える．

▶2）機器類

- ● スクリューキャップチューブ
  ウイルスベクター粒子を保存したり遠心したりするチューブはスクリューキャップチューブのみを用いる．スナップキャップの1.5 mLサンプルチューブの中には液体が漏れやすいものがあり，ウイルス実験には向かない．スクリューキャップチューブは，漏れがめったにない．いちいちキャップを閉めるのが面倒であるが，安全な実験のためと思って諦めるしかない．
- ● 0.45 μmフィルター…Millex-HV SLHV025LS（ミリポア社）
- ● Poly-L-Lysine コートディッシュ
- ● CO_2 インキュベーター
- ● 遠心機
- ● 超遠心機（スイングローター）

▶3）試薬類

- ● Phosphate-Buffered Saline（PBS（-））…シグマ・アルドリッチ社
- ● HIVカプシドタンパク質（p24）に対するELISAキット（ダイナボット社）
- ● Hexadimethrine bromide…Polybrene（シグマ・アルドリッチ社　#H9268）
  6 mg/mLになるように超純水に溶かして0.45 μmフィルターで濾過滅菌する．1 mL程度のアリコットにして-20℃保存．いったん融解したなら再凍結しない．4℃で保存して2週間程度で使い切る．残ったなら捨てる．
- ● Crystal violet（シグマ・アルドリッチ社　#C3886）
  5 gのcrystal violetを5 mLのメタノールで溶かし，超純水を加えて500 mLとする．
- ● PEG8000（シグマ・アルドリッチ社　#83271）
  50％（w/v）．
- ● 50％ホルマリン（和光純薬　#061-00416）
  超純水で2倍希釈．

プロトコール

▶1）レンチウイルスベクターの調製[a]

（1日目）

❶ ベクターDNA：Gag-Pol発現プラスミド：Rev発現プラスミド：VSV-G発現プラスミド＝4：2：1：1程度の割合で混合してエレクトロポレーションまたはリポフェクションで293T細胞に導入する[b]

[a] 1回のトランスフェクションで3日間連続して培養上清を回収するので都合3ロットができる．力価を測定して高いロットを使用する．

[b] それぞれの方法は各種キットの説明に従う．100 mmペトリディシュの細胞におよそ総量10～20 μgのDNAを導入する．多めの方がよい結果が出やすい．

ONE POINT　HIVベクターの実験分類

組換えDNAの二種使用の規則では，HIVの野生株はクラス3に，増殖欠損株はクラス2に分類される．使用するHIVベクターがどちらであるのか確認して欲しい[8]．前者の場合，封じ込めレベルに関係なく大臣確認実験である．後者は，多くの場合機関実験である．日本ウイルス学会のホームページに大臣確認実験申請のひな形がある[9]．

(2日目)

❷ 12〜18時間後に培養上清を吸引除去し，新しいDMEM10培地7.5 mLと置換し，培養を続行する

(3日目)

❸ 24時間後に培地を回収して，0.45 μmフィルターで濾過する[c]．1 mLずつ分注して-80℃で保存する．一方，細胞にはまた新たにDMEM10（7.5 mL）を加えて培養を続行する

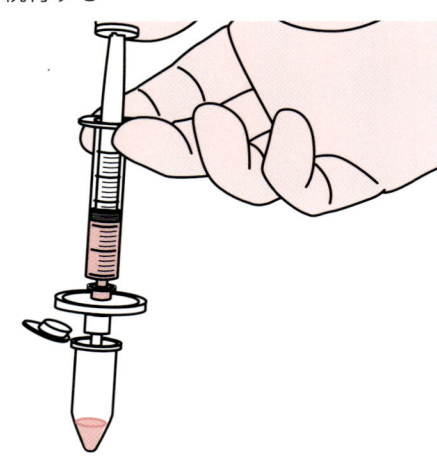

[c] 低タンパク質吸着タイプのもの．

(4日目)

❹ 培地を回収して，3日目と同じ操作をする．細胞にはまた新たにDMEM10（7.5 mL）を加えて培養を続行する

(5日目)

❺ 培地を回収して，3日目と同じ操作をする

▶ 2）力価測定

力価測定には物理的力価と生物的力価があり両方を測定しなければならない．

【2）-1 物理的力価（粒子量）】

❻ トランスフェクションした細胞の培養上清中のHIVカプシドタンパク質（p24）量をELISAで調べる[d]

[d] 通常100 ng/mL以上になるだろう．1ng p24は10^3〜10^5 titer unitsになる．物理的力価（RNA量）という方法もある．その場合，qRT-PCR法（リアルタイムRT-PCR）でウイルス粒子のRNAを定量する．目的遺伝子を標的としたqRT-PCRがおすすめだ．

【2）-2 生物学的力価】

(1日目)

❼ HeLa細胞，HT1080細胞のような接着型細胞を35mmディッシュに10〜20％コンフルエントで播く[e]

❽ 37℃で1晩培養する

[e] 目安はディッシュあたり，$1 \times 10^5/2$ mL．最低8枚播く．

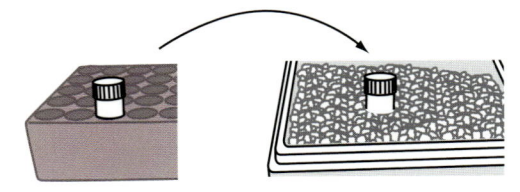

(2日目)

❾ ウイルスストックを室温水で急速に融解し，完全に融解しきる前に氷上に置く

❿ 10倍希釈系列を作製する．10^{-2}〜10^{-8} までの各希釈を少なくとも1mL以上作製する(f)

⓫ 細胞の培地をウイルス液（1 mL）と交換する

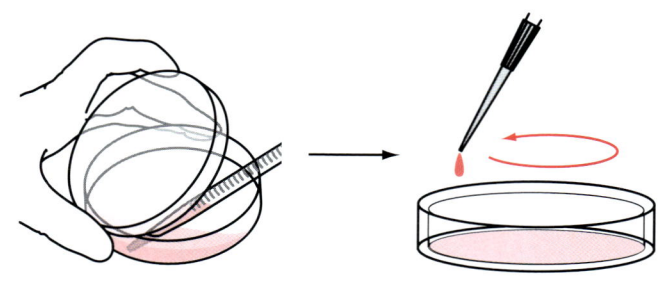

(f) 希釈には感染させる細胞を培養するのに適当な培地に，ポリブレンを $4\mu g/mL$ になるように加えたものを使用する．希釈時にボルテックスしない．

⓬ 1晩培養する

(3日目)

⓭ 2 mLの新鮮なDMEM10培地と交換する

(4日目)

⓮ 導入遺伝子に応じたアッセイを開始する(g)．以下はG418によるポジティブ選択について述べる

⓯ 各ディッシュの細胞を 100 mm ディッシュ1枚にまき直す（培地は 10 mL）

⓰ G418を適当な濃度に加えて，選択を開始する(h)

⓱ 4日程度ごとに培地を交換する

⓲ 選択開始から7〜14日あたりでコロニーが肉眼でも観察できるようになる(i)

⓳ 培地に1/10量程度の50％ホルマリンを加えて混合する

⓴ 3時間以上室温で放置する(j)

㉑ 洗面器にためた水道水でディッシュを洗浄した後にCrystal violet 液を1〜2 mL程度入れて10分間ほど放置する

㉒ 洗面器にためた水道水でディッシュをよく洗浄した後乾燥させる

㉓ コロニー数を調べる(k)

(g) ルシフェラーゼアッセイ，LacZ染色，免疫組織染色法，G418によるポジティブ選択，Flow Cytometryなど．

(h) HT1080細胞なら $400\mu g/mL$ 程度が目安．HeLa細胞なら1 mg/mL.

(i) そのころにはmock感染（**OnePoint**参照）のディッシュには生細胞はないはず．

(j) 2晩くらいまでなら放置しておいてもよい．

(k) 力価は $1\times 10^5/mL$ 以上あるはず．それ以下の場合，トランスフェクションに問題があるのでやりなおしたほうがよい．あきらめきれないなら**OnePoint**のように濃縮する．

ONE POINT　mock infection

模擬感染とも訳すが，英語のまま使用する場合が多い．単にモック（mock）ともいう．ウイルス（ウイルスベクターも含む）を感染させる実験の陰性対照実験の一種である．この実験では実験ウイルスの代わりに非感染性ウイルスを使用する．その他の条件や手順はウイルス感染実験と同じである．非感染性ウイルスとして熱処理したウイルス試料を用いたり，感染性弱毒ウイルスを使用したりする．非感染性ウイルスの代わりにPBSを用いる場合や，全く何も処理しない細胞をmockとよぶ誤用もある．mock感染実験結果が併記されていないウイルス実験結果は信用しない方がよい．

❸ 遺伝子導入法

👉 1) 培養細胞への導入

プロトコール

❶ 力価測定時と同じ方法で目的の細胞に感染させる[a]
❷ 通常は37℃で1晩（16〜24時間）感染させる
❸ 翌日に新鮮な培地と交換する[b]
❹ 感染開始48時間後に，①そのまま細胞を解析する[c]，または②薬物選択などをして安定した導入体（stable transductant）を得る[d]

[a] MOI＝1〜10が目安．非増殖細胞への遺伝子導入はMOI＝3を標準とする．
[b] 2〜6時間後に培養液を交換してもよい．
[c] 例えば，i）タンパク質を回収し遺伝子発現の程度を解析する，ii）細胞を懸濁してFlow cytometry解析する，iii）蛍光顕微鏡で観察．
[d] ②の場合，少なくとも5個のコロニーを分離し，必要な解析をする．分離したコロニー以外のコロニーはまとめて1つのカルチャーにして必要な解析をする．

👉 2) 動物への導入

定法はない．一応の目安を述べる．濃縮ウイルス液（$>1 \times 10^9$/mL）を目的の組織・臓器に注射する．1回（1ヵ所）の注射は，マウスのような小動物では0.5〜1μL，イヌやサルのような中型動物で5〜10μL程度．10μLのHamilton Syringeとポンプを用いて0.1〜0.5μL/min程度のスピードで時間をかける方が，拡散の効果で遺伝子導入効率がよい．同じく，注射終了後すぐに針を抜かずに1〜5分間そのままにしておくと針先からベクター

ONE POINT 👍 濃縮法

1) 遠心法

最も簡単なのは，「超遠心法」によって粒子を沈殿し，1/100程度のPBS（−）に懸濁する方法である．多量サンプル（1L）を濃縮するには「低速遠心法」の方が使いやすい．どちらもスイング型のローターを用いるのがよい．ない場合には，アングル型でもできないことはない．超遠心濃縮法の場合には20℃，50,000〜68,000 Gで2時間，超遠心する．最初は50,000 Gでトライしてみよう．低速遠心濃縮法の場合は，4℃で6,000 Gで16時間，遠心する．どちらも白っぽい半透明な沈殿ペレットが見えるはずである．見えないようだと濃縮はうまくいかない．どちらも遠心後，上清を捨て，沈殿を元の容量の1/100のPBS（−）に懸濁する．泡を立てない．気長に100回以上ピペッティングで溶解する．ときどき氷の上に戻し，常に低温で行う．−80℃保存．

2) PEG8000沈殿法

1/5量の50％（w/v）PET 8000をウイルス液に加え，やさしく混ぜて氷上に置く．さらに1/25量の5M NaClを加えてやさしく混合する．4℃で12〜16時間置いておく．4℃で2,000 Gで10分間遠心する．上澄みを捨て，沈殿を元の容量の1/100のPBS（−）に懸濁する．−80℃保存．

3) キットやフィルター

例えばタカラバイオ社クロンテック製品のLenti-X Concentrator（#631231，#631232）を使用する．C-4 Microcon Ultracel（ミリポア社）などのフィルターを使用しても濃縮できるが，目詰まりしてうまくいかないことも多いのですすめない．

液がにじみ出て拡散するので，いくらか効率はよくなる．大きな組織・臓器への遺伝子導入の場合，同じ場所に5 μLではなく，少しずつ針を抜きながら注射することで，針先の通過場所に沿って遺伝子導入が可能である．

❹ プロトコールの注意点

ベクター作製実験の可否の鍵はトランスフェクションである．

1 プラスミドDNA

キアゲン社のプラスミド精製キットで精製したレベル以上の品位が求められる．$OD_{260/280}$は1.8〜1.9，濃度は1 μg/μL以上が望ましい．ゲルに流して低分子領域にRNAが認められる場合，予想外のバンドが多く認められる場合，最初から精製し直す．LTR間の相同組換えが起こらないように大腸菌の培養を28〜30℃で行ったり，Stbl3細胞（ライフテクノロジーズ社インビトロジェン製品）を用いたりするとよい．

2 293T細胞

継代時に細胞をいったん過増殖（**One Point**参照）させてしまうと，そのあとはいくら丁寧に継代しても実験には不向きであることが多い．過増殖させないように早めに継代した方がよい．

3 遺伝子導入条件

ポリブレンは細胞に毒性が出ることもあるので2〜16 μg/mLの範囲で振ってみてもよい．感染時間は2〜16時間の範囲で振ってみてもよい．8 μg/mLのポリブレンで2〜16時間対象細胞を処理してさらに，24時間培養に細胞の具合をみてみる．死細胞が多いなら，その濃度のポリブレンは不適切である．

ONE POINT コンフルエンシーと過増殖

コンフルエンシー（confluency）

接着細胞が増殖してディッシュの底面全体のどのくらいの面積を細胞が占めているかを示す指標．一種の細胞密度である．接着細胞が増殖してディッシュの底面全体に広がって隙間のない状態が「100 % confluency」な状態である．「100 %コンフルエントな」あるいは，単に「コンフルエントな」状態ともいう．多くのプライマリカルチャーではコンフルエント状態で，細胞は増殖を停止する（接触阻止：contact inhibition）．樹立株化培養細胞では接触阻止は働かない場合が多い．細胞数でいうと293T細胞の場合，1×10^7/100 mmディッシュ，5×10^6/60 mmディッシュ，1.5×10^6/35 mmディッシュがコンフルエントな状態である．コンフルエントな状態になる手前，すなわちコンフルエンシーが70 %程度の細胞をサブコンフルエント（subconfluent）な状態という．

過増殖（オーバーグロース：overgrowth）

サブコンフルエントな状態の細胞をさらに24時間以上培養すると，細胞はディッシュの底面全体を覆うだけではなく，細胞が底面からはがれて浮遊してしまう．この状態が過増殖の状態である．

レンチウイルスベクターによる導入法　トラブルシューティング

⚠ 力価が低い（p24量が低い場合）

原因 Gag発現ベクターの発現効率か導入効率が低い

原因の究明と対処法

トランスフェクションが悪いので，やり直す．DNAのグレードが悪いと疑われるならプラスミドDNAを取り直すところからやり直す．293T細胞の状態がhealthyであることを確認．

⚠ 力価が低い（p24量が低くない場合）

原因
❶ 激しい撹拌
❷ 凍結融解の繰り返し
❸ ベクターDNAの不具合

原因の究明と対処法

途中で，ウイルス液を激しく撹拌したり泡立てたりしない．凍結融解したウイルス液は力価が低い．ベクターの全長が9kbを超えると力価は低下する．力価測定方法（用いる抗体の選択など）が合っているか，選択したプロモーターが目的の細胞ではたらくかどうか確認．インサートの向きが合っているか？

⚠ 力価が低い場合，濃縮してもよい？

原因の究明と対処法

力価が低いものを濃縮してもやっぱり力価が低いままのことが多い．力価が低い場合は上記に従って綺麗さっぱりやり直そう．コマーシャルキットを利用している場合，カスタマーサービスに連絡してトラブルシューティングするのがよい．さまざまなトラブル事例を有していることが多く，頼りがいがある．

参考文献＆ウェブサイト
文献11は比較的によく書かれたプロトコールなので一読しておいて損はない．
1）Reiser, J. et al.：Proc. Natl. Acad. Sci. USA, 93：15266-15271, 1996
2）Zufferey, R. et al.：Nat. Biotechnol., 15：871-875, 1997
3）Dull, T. et al.：J. Virol., 72：8463-8471, 1998
4）Zufferey, R. et al.：J. Virol., 73：2886-2892, 1999
5）Zennou, V. et al.：Nat. Biotechnol., 19：446-450, 2001
6）Zufferey, R. et al.：J. Virol., 72：9873-9880, 1998
7）『Molecular Cloning, A laboratory marual』．(Sambrook, J. & Russel, D. W. eds), Cold Spring Harbor Laboratry, 2001
8）「Human immunodeficiency virus 1型(HIV-I)の増殖力等欠損株等の解釈について」
http://www.lifescience.mext.go.jp/bioethics/data/anzen/position_07.pdf
9）日本ウイルス学会ホームページ
http://jsv.umin.jp/translation/idenshi.html
10）Lentiviral Vectorの特集
Curr. Top. Microbiol. Immunol., 261：2002
11）Kutner, H. et al.：Nat. Protocols, 4：495-505, 2009

4章 遺伝子導入実験プロトコール

ウイルスベクター

11 E1欠損型アデノウイルスベクター

三谷幸之介

> **特徴** ※ウイルス全般については4-8も参照
> - 幅広い動物種の細胞で，高い効率で遺伝子導入が可能
> - 一過性の強い発現が得られる
> - 分裂細胞では次第に発現が失われる
> - 特に in vivo での使用の際に，強い免疫原性がみられる
> - 作製に若干の熟練した手技を要するが，キット化されている

❶ AdEasy 法の概要

アデノウイルスベクターは，各種細胞に in vitro と in vivo の両方で高効率に遺伝子を導入できるベクター系である．アデノウイルスはゲノムサイズが大きい（30数 kbp）ために，外来遺伝子を直接サブクローニングすることは容易ではない．そこで，外来遺伝子をアデノウイルスのE1遺伝子を置換する形でサブクローニングした左端領域をコードするプラスミドDNAと，アデノウイルスの全長ゲノムに近いDNAとを293細胞に導入して，これらの間の相同組換えによって組換えアデノウイルスを作製する方法がとられていた（E1欠損型アデノウイルスベクター）．しかしこの方法は効率が悪く，熟練した手技が必要であり，作製された組換えウイルスのDNA構造を詳細に確認するのも容易ではなかった．本項では，世界で最も広く使われており，また汎用性の高いAdEasy法について述べる．AdEasy法は，上記の2つのDNAを293細胞ではなく大腸菌内で組換える方法である（図1）．その長所は，①大腸菌での相同組換えは哺乳動物細胞よりも効率がよい，②大腸菌中で全長のベクターを含むクローンを得るのでウイルス産生前に構造を詳細に解析できる，③トランスファープラスミド（カナマイシン耐性）とアデノウイルスのほぼ全長を含むプラスミド（アンピシリン耐性）とで薬剤耐性が違うため，望みのクローンの選択が簡単である，④この原理を使い，相同組換えを狙う部位を変えることにより，ゲノム上の他の遺伝子に変異を導入することも可能である，⑤他のキットと異なり，必要な材料を一度入手すれば自分でプラスミドを増やして何度でも使うことができる，などである．

凡例:
- アデノウイルス配列
- 左端相同配列（アデノウイルス）
- 右端相同配列（アデノウイルス）
- 遺伝子カセット
- プラスミドDNA配列

pShuttle

cDNA発現カセットの挿入
PmeI による直線化

大腸菌内の相同組換え

pAdEasy-1

アデノウイルス
ベクタープラスミド

PacI切断
293細胞のトランスフェクション

アデノウイルスベクター

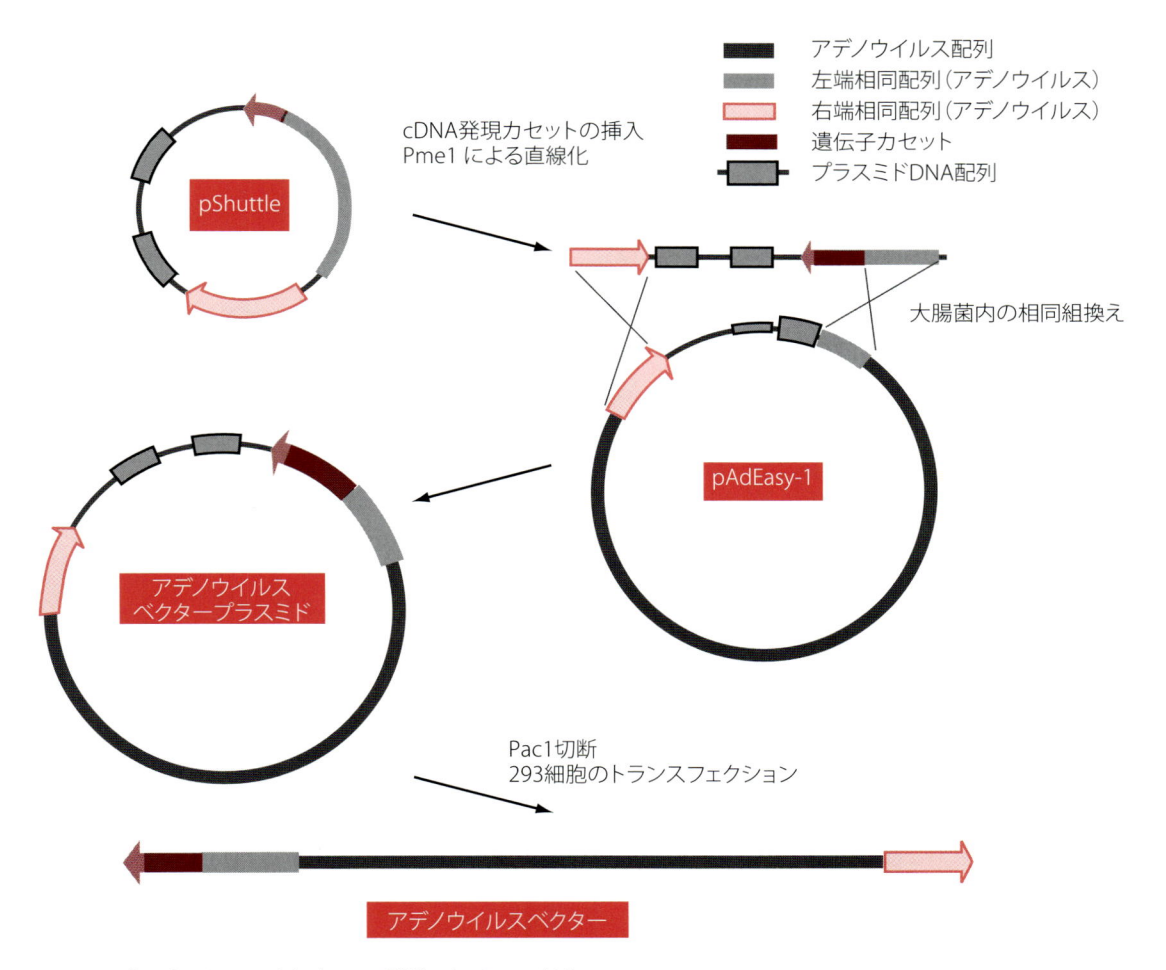

図1　アデノウイルスベクターの構造（AdEasy法）

ONE POINT　アデノウイルス使用実験の一般的な注意点

- アデノウイルスベクターをこぼした場合は，脂質二重膜をもたないウイルスのため，エタノール滅菌をしても完全に不活化できない．エアロゾル発生防止のため，キムワイプなどをかけた上から 10 % SDS や次亜塩素酸を染み込ませて不活化する．
- 精製ウイルスは非常に濃縮されている（$1 \mu L$ 中に > 10^7 粒子！）ため，エアロゾルを介したコンタミネーションが特に危険である．アデノウイルスベクターのコンタミネーションは検出が困難．見た目上は増えていても別のベクターのコンタミネーションだった場合，一から増やし直す必要がある．使用する培地などは，分注をしておき，ベクターごとに変える．
- 精製ウイルスのストックは -80 ℃で保存し，使用時は必ず氷上で溶かす．
- pH を下げない．アデノウイルスベクターは pH7 くらいに下がると，粒子が不安定になる．ドライアイスで運ぶときは，必ず梱包用具（heat sealable bag など）を二重以上にする．
- ウイルスを入れるマイクロチューブはシリコナイズされた物を使用する（Quantum Scientific 社 #C509-GRD-SC など）．
- ウイルスの漏れを防ぐために，チューブは密閉性の高いものを使う〔15 mL（コーニング社 #430766），50 mL（コーニング社 #430291）〕．

☞ AdEasy法

準備するもの

※この方法に用いられるプラスミドは，addgene社やアジレント・テクノロジー社から購入可能である．

▶ 1) 試薬類

- 導入試薬…PolyFect Transfection Reagent（キアゲン社）
- 5% sodium deoxycholate（シグマ・アルドリッチ社　#D6750-10 G）
  超純水で溶解．
- 1 M $MgCl_2$
- 10 mg/mL DNase I …デオキシリボヌクレアーゼ I，ウシ膵臓由来（シグマ・アルドリッチ社　#DN25-100MG）
- 30 mg/mL RNaseA （シグマ・アルドリッチ社　#R4642-50 MG）
- CsCl/10 mM Tris（pH8.1）
  1.25 g/mL CsCl/Tris
  1.35 g/mL CsCl/Tris
  1.5　g/mL CsCl/Tris
  1.33 g/mL CsCl/Tris　→　オートクレーブ後，室温保存
  使用前にCsCl/Trisシリーズの重量を確認．各シリーズ1 mLと1 mL H_2O（1 g）との重量を比較．軽ければCsClを加えて重量を補正しておく．通常，長期保存後は吸湿して比重が軽くなる．
- PBS^{++}
  1 × PBS（−）　　　　　90.0 mL
  1% $MgCl_2・6H_2O$　　　0.9 mL（最終0.01%）
  1% $CaCl_2・2H_2O$　　　0.9 mL（最終0.01%）
  滅菌した個々の溶液を混ぜて作製する（混ぜた後にオートクレーブ滅菌すると，沈殿物が生じる）．4℃〜室温保存．
- ウイルス希釈液（K-PBS-スクロース-β cyclodextrin）
  1) 10 × K-PBSの作製
     NaCl　　　　　80 g
     KCl　　　　　　2 g
     KH_2PO_4　　　2 g
     K_2HPO_4　　　14.1 g
     H_2O　　　　　を加え1 Lにする．NaOHでpHを7.4に調整．
  2) 1 × KPBS-スクロースの作製
     10 × KPBS　　100 mL
     スクロース　　342.3 g
     H_2O　　　　　を加え1リットルにし，オートクレーブ滅菌．
  3) 1 × KPBS-スクロースに5 gのβ cyclodextrin〔最終0.5%（w/v）〕を加え，フィルター滅菌．

▶ 2) 機器類

- 超遠心機…Beckman Optima XL-100 K Ultracentrifuge（ベックマン・コールター社）
- ローター
  SW41もしくはSW28を使用．

▶ 3) 消耗品など

- 5 mLチューブ
- 細胞懸濁液
  0.1 M Tris-HCl（pH8.0）/4% スクロース
- セルリフター （コーニング社　#3008）

- ミネラルオイル（ナカライテスク社, #23334-85）
- 遠心管…Beckman centrifuge tube SW41, SW28（ベックマンコールター社 #344059, #344058）
- 注射針（21 G）…5/8in, 1*1/2in（テルモ社 #NN-2116R, #NN2138R）
- シリンジ…1 mL, 2.5 mL（テルモ社 #SS-01T, #SS-02SZ）
- シリコナイズドマイクロチューブ（Quantum Scientific社 #C509-GRD-SC）
- 透析膜…PIERCE Grasp the Proteome Slide-A-lyzer Dialysis cassette
    3〜12 mL（PIERCE社 #66453）
    0.5〜3 mL（PIERCE社 #66380）
    0.1〜0.5 mL（PIERCE社 #66383）
- 透析バッファー〔2.5％グリセロール/20 mM Tris-HCl（pH8.0）/25 mM NaCl〕
    グリセロール　　　　50 mL
    2 M Tris-HCl　　　　20 mL
    5 M NaCl　　　　　　10 mL
    H_2O を加え2 Lにする．スターラーを入れオートクレーブ後，4℃へ（2セット作製）．

プロトコール

▶ 1）大腸菌内での相同組換えを利用した遺伝子のアデノウイルスベクターへのクローニング

❶ トランスファープラスミドであるpShuttleのE1欠損部位のマルチクローニングサイト[a]に，通常のライゲーション法で目的の遺伝子の発現カセットをサブクローニングする

❷ そのプラスミドをPme Iで直線化し，pAdEasy-1[b]をPac Iで直線化したものと同時に，大腸菌BJ5183株にエレクトロポレーション法で導入する[c]．ベクターとインサートを合わせて6 μL以内にする．塩を含まないこと

❸ カナマイシンプレートに播く

❹ 12〜18時間後に小さめのコロニーが出るまで37℃でインキュベートする[d]

❺ コロニーをピックアップしmini prepで目的のコロニーを同定する[e]

❻ 候補のクローンをいくつか選び，DH5α株などのrecA（−）の大腸菌を形質転換させ，mini prepにより，より詳しく構造を解析する

❼ 正しいクローンをmidi prepもしくはmaxi prepで増やす

❽ 回収したプラスミドDNA〜10 μgをPac Iで切断し，フェノール/クロロホルム抽出，エタノール沈殿で精製し，〜1 μg/μLの濃度で0.1×TEに懸濁しておく．アガロースゲルで切り出す必要はない

[a] Kpn I, Not I, Xho I, Xba I, Eco RV, Hind III, Sal I, Bgl II

[b] アデノウイルスのほぼ全長を含むプラスミドDNA．

[c] 100 ngのベクターと10倍のモル量のインサートDNA，もしくはコントロールとしてTEを使用．また，相同組換えを起こすためにまずBJ5183株を用いる．DH5株などrecA（−）は相同組換え欠損の遺伝型である．

[d] これ以上長くインキュベートしてコロニーが大きくなると，BJ5183株はrecA（＋）の遺伝子型のためリアレンジメントを起こしたクローンの割合が多くなるので注意．

[e] BJ5183株からmini prepで得られるDNAは汚いので，制限酵素による切断よりもPCRを用いたスクリーニングがよい．

▶ 2）PolyFectによる293細胞へのトランスフェクション[f]

❾ トランスフェクション前日に，ウェルあたり6×10^5の293細胞を6ウェルプレートに播く[g]

❿ 5 mLチューブの中で，2 μgの導入するプラスミドDNA（あらかじめPacⅠで直鎖状にしておく）をOpti-MEM 100 μLに混入する[h]

⓫ PolyFect Transfection Reagent 20 μL（on ice）をDNA溶液に添加し，10秒間ボルテックスする．複合体形成を促すため，室温で5〜10分インキュベートする

⓬ インキュベートしている間に培養中のプレートより培地を除き，新しい培地（血清，抗生物質あり）を1.5 mL加える

⓭ 培地（血清，抗生物質あり）0.6 mLをDNA/PolyFect溶液に加え2回ピペッティングし，ただちに培養中の細胞へ添加する[i]

[f] FuGene6でもおそらく問題ない．Lipofectamine 2000はやや細胞毒性が高い．

[g] **重要** 継代数が少なく高付着性の293細胞を使うこと．Microbix社 PD-02-01をすすめる．ディッシュのコーティングは本来不要である．当日，細胞が〜80％コンフルエントになっていることを確認．

[h] このステップでは必ず血清や抗生物質を含まない培地を用いる．

[i] ディッシュをゆすりながら，少しずつ加える．

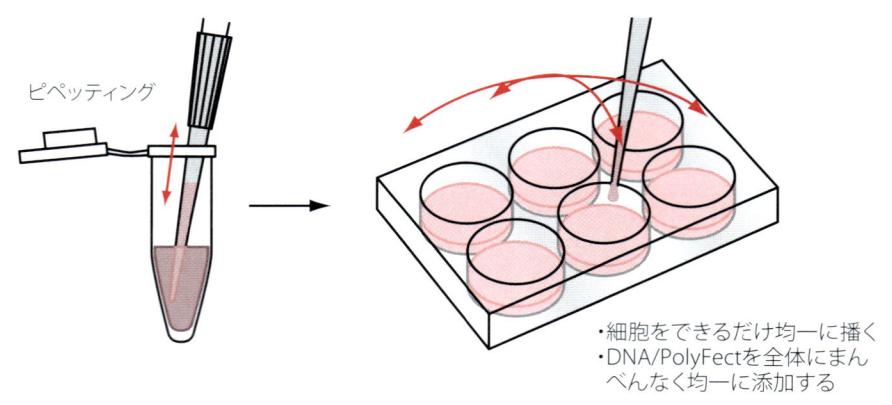

ピペッティング

・細胞をできるだけ均一に播く
・DNA/PolyFectを全体にまんべんなく均一に添加する

⓮ トランスフェクション24時間後に培地を除き，2.0 mLの培地を加えてCO_2インキュベーターに戻す

⓯ トランスフェクション7〜12日後に80〜95％の細胞で細胞変性効果[j]がみられたら，セルリフターを用いて培地ごと細胞を15 mLチューブに回収する

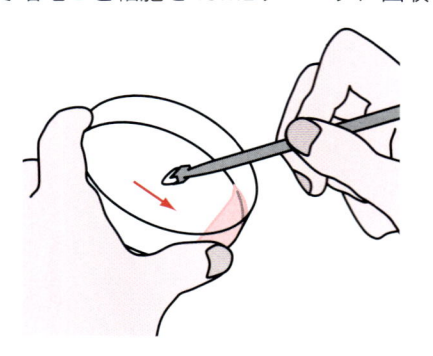

[j] CPE（cytopathic effect）といい，ウイルスの増殖により細胞が丸くなりディッシュから剥がれる現象．

❶❻ 1/9容量の40％スクロース（最終濃度4％）を加え，ボルテックスで混ぜ，1.5mLスクリューキャップチューブへ分注する

❶❼ 凍結（－80℃以下）・融解（37℃）を3回繰り返す

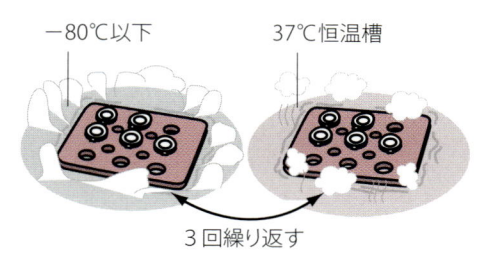

❶❽ 12,000 rpm（13,000 G），5分，4℃で遠心し，ウイルスを含む上清を－80℃に保存する（半永久的に保存可能）．これを **P-0（passage 0）ウイルス溶液**とする

▶ 3）293細胞を用いたアデノウイルスベクターの増幅

❶❾ 6ウェルプレートの6ウェルすべてに293細胞を播く

❷⓿ 翌日，70〜90％のコンフルエンシーの状態で，0.2 mLのPBS^{++}と10, 20, 50, 100, 200 μLのP-0ウイルスを加え，よく撹拌し，室温で60分放置する ⓚ

ⓚ 15分に1回程度撹拌してウイルスを細胞全体に行き渡らせる．

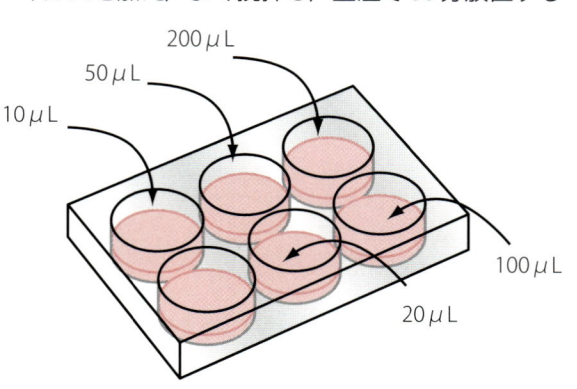

❷❶ 1.8 mLのDMEM/10％FBS/抗生物質を加え，培養する

❷❷ ほとんどの細胞がCPEを示したウェルからセルリフターで細胞を剥がし，培地ごと15mLチューブにまとめる

❷❸ 800 rpm（130 G），10分間，4℃で遠心した後，細胞のペレットを0.5 mLのPBS^{++}/4％スクロースに懸濁する．3回以上の凍結融解の後再び遠心し，1.5-mLスクリューキャップチューブへ分注する．こ

れを **P-1 ウイルス溶液**とする

㉔ 回収したウイルスの一部（1, 2, 5, 10, 20 μL）を6ウェルプレートの293細胞に，上記と同様の方法で感染させる

㉕ 48（〜72）時間後に〜90％の細胞でCPEが起きるウイルスの量を基準とし，ディッシュとフラスコの底面積の割合から，次の感染に使用するウイルス量を決める ⓛ

㉖ P-1ウイルスの約半量を用いて感染可能な数（ディッシュ）の293細胞に関して，上記と同様の方法でP-2感染を行う ⓜ

㉗ 感染細胞を観察し，全体の80〜100％でCPEが起きていることを確認する ⓝⓞ

㉘ 培地ごと細胞を回収し，800 rpm（300 G），4℃，10分間遠心する

㉙ 同様に，スケールアップしながら，P-2，P-3ウイルスの約半量を用いて，それぞれP-3，P-4感染を繰り返す ⓟ

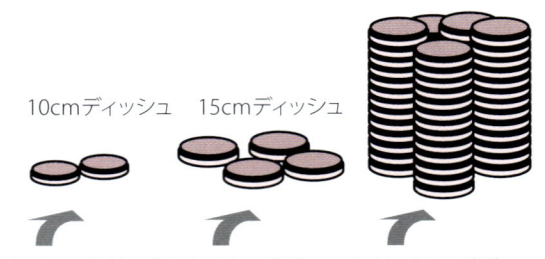

ⓛ 重要 例えば，6ウェルプレート（9.5 cm^2）で完全なCPEを得るのに5 μLのウイルスが必要であるとすると，10 cmディッシュ（56 cm^2）では5×56/9.5 = 30 μLが必要ということになる．

ⓜ 感染時のPBS^{++}の量は，0.5 mL（6-cmディッシュ），1 mL（10-cmディッシュ），2 mL（15-cmディッシュ）とする．

ⓝ CPEが十分に起こっている場合はピペッティングで十分に剥がれるが，剥がれない場合はセルリフターを用いて細胞を剥がす．

ⓞ 感染細胞を懸濁するのに使用するPBS^{++}/4％スクロースの量は，（感染させたディッシュ数）×mL（つまり，2枚に感染させたら2 mL）である．

ⓟ ウイルスによって増殖の効率が違うのであくまでも目安だが，P-2で10cmディッシュ2枚以上，P-3で15cm4枚以上，P-4で15cmディッシュ数十枚が感染可能である．

10cmディッシュ　15cmディッシュ

P-2ウイルス溶液　P-3ウイルス溶液　P-4ウイルス溶液

㉚ P-4では15 cmディッシュ数十枚の293細胞に感染させ，48〜72時間後に〜90％の細胞でCPEが得られてからウイルスを回収し，0.1 M Tris-HCl（pH 8.0）+ 4％スクロースに懸濁する ⓠ

㉛ 6ウェルプレートに播いた293細胞に希釈した（0.2, 0.5, 1, 2, 5 μL）P-4ウイルスを感染させて，48時間後の細胞数とCPEの出方から，大まかな感染価を計算する ⓡ

㉜ 10^{10}以上の感染力価のウイルスが調製できた時点で，次の▶4）ベクターの精製へ進む ⓢ

ⓠ もしP-3のウイルス量が十分でない場合は，感染可能な数の細胞を用いてP-4感染を行い，P-5でlarge-scaleの感染を行う．

ⓡ つまり，1ウェルあたり1×10^{6}個の細胞があるとして，50 mLのP-4ウイルス液中0.5 μLを用いた場合に80％の細胞でCPEが出ていたら，1×10^6×80％÷0.5 μL×50 mL = 8×10^{10}感染粒子と考える．この値はかなり大雑把であるが，あくまで，超遠心を行えるかを判断するための目安である．

ⓢ ウイルス粒子数がそれ以下だと，超遠心後にバンドとして見えにくいので，十分な量のウイルスで精製へ進むことが重要である．

▶4）ベクターの精製

step gradientとlinear gradientの2種類の塩化セシウム密度勾配超遠心で，ウイルスを精製する．以下の方法は，Beckman SW41ローターを用いたときの方法である．〈 〉はSW28使用時の量である．

㉝ 凍結/融解処理を行ったウイルス溶液10 mLあたり，1 mLの5% sodium deoxycholateを加え，ときどきゆっくりと転倒混和し，室温で30分静置する ⓣ

㉞ 細胞のDNA，RNAを分解し粘性を低くするため，DNaseⅠ，RNaseA処理を行う ⓤ

㉟ 5,000 G，4℃，10分間遠心後に上清を回収し，これを**ウイルス粗抽出液**とする

㊱ 超遠心用ニトロセルロースチューブに，0.5 mL〈1.5 mL〉の1.5 g/mL CsCl，3 mL〈10 mL〉の1.35 g/mL CsCl，3 mL〈10 mL〉の1.25 g/mL CsClの順番で重層する ⓥ

㊲ その上に，5 mL〈16.5 mL〉のウイルス液を重層し，最後に0.5 mL〈1 mL〉のミネラルオイルをコンタミネーション防止のため（エアロゾルの発生防止，落下菌の混入防止）重層する

㊳ ペアとなるチューブとの重量差が0.1 g未満になるようにバランスを取り，10 mM Trisをチューブの上まで満たす

㊴ 37,000 rpm（170,000 G）〈28,000 rpm（100,000 G）〉，4℃で1.5時間〈2.5時間〉遠心する．下図のような結果が得られるはずである

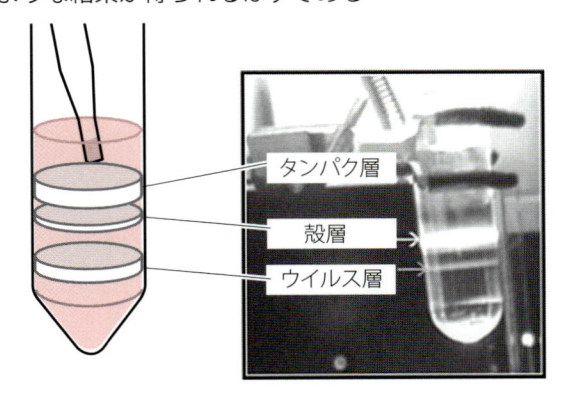

㊵ 遠心後のサンプルを取り出し，上部の殻層までをあらかじめ除く ⓦ

㊶ ピペットを上から垂直にウイルス層にあて，1.35 g/mL CsClと1.25 g/mL CsClの間に現れる白いバンドを1～1.5 mL取り1本のSW41ローター用ニトロセルロースチューブに集め，チューブの上部まで1.33 g/mL CsClで満たし，最後に0.5 mLのミネラルオイルを重層する

㊷ チューブのバランスを合わせ，37,000 rpm（17000 G），4℃，1～2晩（最低16時間）超遠心する

㊸ 固定台にチューブを固定し，上からライトを照らしてバンドを確認する．チューブの外側をアルコール

ⓣ 細胞が破壊され，細胞DNAのために粘性が高くなる．

ⓤ ウイルス溶液15 mLあたり1 M MgCl$_2$ 300 μL，10 mg/mL DNaseⅠ 112.5 μL，30 mg/mL RNaseA 37.5 μL（最終濃度 MgCl$_2$ 20 mM，DNaseⅠ 200 μg/mL，RNaseⅠ 200 μg/mL）を加え，ときどきゆっくりと転倒混和し37℃で1時間静置する．

ⓥ 遠心管を斜めにして，境界を壊さぬようピペットでゆっくりと重層する．ウイルス層の比重がおよそ1.33 g/mLであるため，目的の層は1.35 g/mLと1.25 g/mLの間にできる．この境界にはあらかじめ印を付けておき，重層の際も特に注意する．重層が終わったら斜めにしているチューブをゆっくりと垂直に戻す．

ⓦ 界面を乱さないように，パスツールを水面に充てるような感じで吸う．タンパク質層は見えないこともある．吸いすぎるとウイルス層が浮き上がってくるので注意．完全に除かなくてよい．

で拭き，このバンドのやや下に，1mLシリンジに装着した21G注射針（5/8 in）を，切り口を上にして差し込み，注意深くウイルス層をできるだけ少ない量で回収する ⓧ

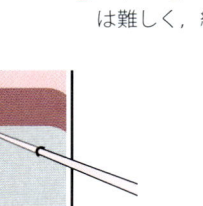

ベクター層

㊹ 1.5mLシリコナイズドチューブにいったん移し，軽く混ぜて遠心し，氷上に置く
㊺ 回収したウイルス液のボリュームにあう透析膜（Slide-A-Lyzer透析カセット）を準備．ブイに挟んで4℃に冷やした透析バッファーに30秒ほど浸す
㊻ 21G注射針（1*1/2 in）を付けたシリンジでウイルス液を透析膜中に注入する ⓨ
㊼ スターラーでゆっくりと混ぜながら，4℃（低温室）で〜4時間透析する

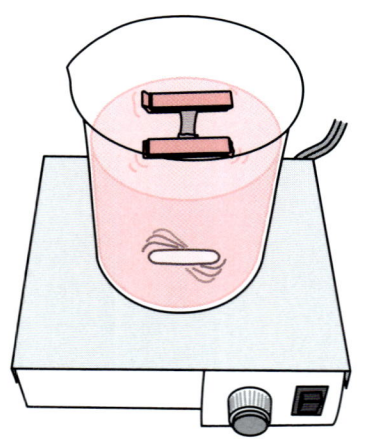

針の先で透析膜をキズつけないように気をつける

㊽ 4時間後，透析バッファーを変えてさらに3時間〜オーバーナイトで透析する
㊾ 透析膜を取り出し，注入したウイルス液のボリュームと等量の空気を21G注射針（1*1/2 in）で注入後，針の差し込み口を下に傾けながらウイルス液を回収する
㊿ オートクレーブした1.5mLシリコナイズドチューブにウイルス液を回収し，軽くタッピングで混ぜてから，適量（5〜50μL）を分注して−80℃で保存する ⓩ

ⓧ ニトロセルロースチューブに注射針を刺す力具合は難しく，練習を要する．

ⓨ ウイルス液の少量は力価測定（回収効率の確認）用として保存しておく．

ⓩ **重要** 分注操作は氷上で行う．アデノウイルスベクターは凍結融解しての使用に適さないので，必ず小ボリュームで分注する．

(51) ウイルスの力価を測定する（後述）

(52) HeLaもしくはA549細胞を感染し，1週間以上経ってもCPEが生じない，すなわちE1遺伝子を獲得した増殖型変異ウイルスが混入していないことを確認する

2 ベクターの力価とMOI

1 力価

力価（titer）とは，単純に言い換えると単位ウイルス液量（mL）当たりに存在するウイルスベクターの数，すなわち濃度である．感染効率を測るための指標として，これを確認しておくことは重要である．その測定方法には複数あり，各測定法によって得られる値にも差がある．力価が示されている場合，どの方法で算出された値なのかを確認することが重要である．また，同じ測定法でも，感染時間や用いるバッファー量によって値は大きく異なるので，研究室間の再現性を得ることは難しい．そのため，Adenovirus Reference Materialが作製されて，ATCC社より販売されている．

2 MOI

MOI（multiplicity of infection）とは，ウイルスの感染効率を表すための1つの指標である．その値はウイルス数/細胞数で表され，感染効率が低い場合，より多くのウイルスが必要となるため，MOIの値が大きくなる．

ONE POINT ベクターの力価の確認方法

一般的な確認法

- 精製後のウイルス溶液について，吸光度（OD_{260}）を測定して計算
- サザン，Real-time PCRによるゲノムコピー数より換算
- レポーター（GFP，β-gal）の発現細胞をカウントして算出

吸光度やサザン，PCRに対し，レポーターの発現量から得られる力価は値が小さくなる傾向がある．これは前者がウイルスDNAの絶対量で表されるのに対し，後者はウイルスが感染し，遺伝子を発現している細胞の数で表されるためである．そのため，感染能をもつウイルスの数という意味では，後者の方法で算出される値の方が正確であると考えることができる．

E1欠損型アデノウイルスでの確認法

ウイルス由来の遺伝子を多く含むE1欠損型アデノウイルスでは，293細胞中で感染増殖を繰り返すベクターの特性を利用し，特殊な力価測定法が用いられる．

- plaque forming assay
- $TCID_{50}$（tissue culture infectious dose 50）
- cytopathic effect

これらの方法で算出される力価はレポーターの発現量から算出される値よりもさらに低くなる傾向がある．これはレポーターの発現がプロモーターの活性化のみに依存するのに対し，ウイルス感染による細胞死が起こるまでには，さらに複雑なステップを必要とするからである．

MOIは使用するウイルス，感染させる細胞の種類などによって，それぞれ異なる．パイロット実験として，ウイルス量を振って感染させ，その条件での至適MOIを算出してから実験を行うのが適切である．

ウイルス数は上記の力価測定で算出される値なので，MOIの値は力価がどの方法で算出されているかによって，大きく違ってくる．どの方法で力価が測定されたかというのは重要であり，再現実験を行う際はこの点を把握しておく必要がある．異なった測定法で力価を算出し，論文通りの至適MOIで感染させても，再現性を得られない可能性がある．

❸ 力価測定

1) $TCID_{50}$

$TCID_{50}$ (tissue culture infectious dose 50) とは，ベクターのもつ細胞毒性により，感染細胞が死滅する現象（CPE）を利用し，ウイルス力価を換算する方法．

プロトコール

❶ 感染前日に，80％コンフルエントな10 cmディッシュ1枚から293細胞を剥がし，20 mLの培地で再懸濁し，100 μL/wellずつ96ウェルディッシュに播く

❷ ウイルスの段階希釈を作製する．これ以降，細胞に感染させるまでは氷上で行う[a]．ウイルス原液5 μLをとり，45 μLのウイルス希釈液とフィンガータッピングで混ぜる（10^{-1}希釈）

温めない

[a] 精製したウイルス粒子はそれほど安定ではないためボルテックス不可！

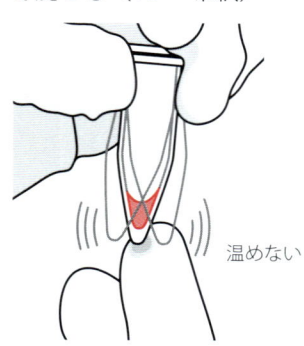

❸ このチューブをスピンダウンして5 μLとり，次のチューブ（45 μL希釈液）と混ぜる（10^{-2}希釈）．これを繰り返し，10^{-10}まで段階希釈シリーズを作製する

❹ 5 mL ポリスチレンチューブに分注済みの培地（1.5 mL）に作製済のウイルス希釈液（10^{-3}〜10^{-10}）をそれぞれ15 μLずつ加え，タッピングで撹拌する ⓑ

❺ Multichannel pipetterを用いて，作製したウイルス液の各希釈シリーズを100 μL/well×10ウェルずつ，96ウェルで培養中の293細胞10ウェルに加える

❻ CO_2インキュベーターで2週間ほど培養する．2日おきにCPEの生じるウェルがないか確認し，マーカーでしるしをつけておく ⓒ

❼ 新たにCPEを呈するウェルが2〜3日以上生じなくなった段階で（通常2週間程度），各希釈段階のウイルスを感染させた10ウェルのうち，いくつのウェルでCPEが誘導されているかを確認し，以下の式でpfu（plaque-forming unit）を計算する．

ⓑ ウイルス溶液はこの段階で10^{-2}希釈されるので，10^{-5}〜10^{-12}希釈となる．余ったウイルス液は，念のため4℃で保存．

ⓒ 日数がたつと細胞が傷んで判断しにくくなるので，希釈度数の高い（ウイルスの感染していない）ウェルと比較しながら判断する．

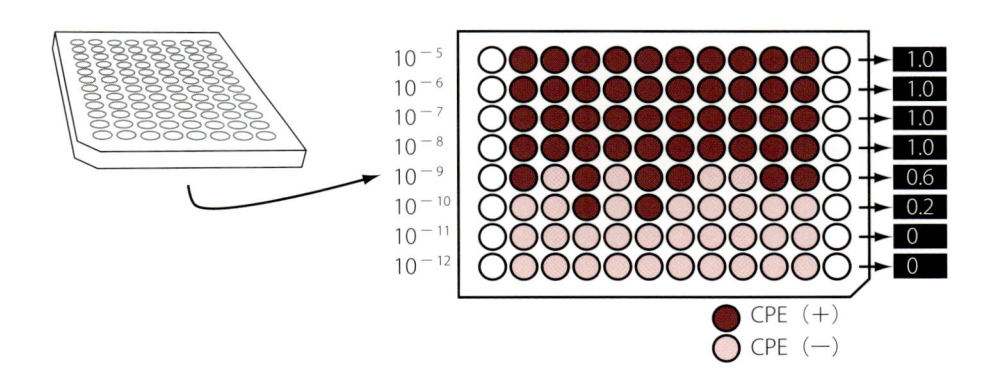

❽ 上記の結果より，以下の値を算出．ただし，10^{-12}の値が0でなければやり直す．

S = 1* + 1* + 1* + 1* + 1 + 1 + 1 + 1 + 0.6 + 0.2 = 8.8

　　　　*10^{-1}〜10^{-4}の分は1とみなす

力価（pfu/mL）= $10^{(0.8+S)}$ = $10^{9.6}$
　　　　　　　= 4.0×10^8 pfu/mL

❾ 可能であれば，希釈の段階からduplicate/triplicateで行い，平均値をとる

2) ODによるゲノムDNA量の測定

一番簡便な方法である．ウイルスのゲノムDNAの量を測定しているが，壊れた粒子のDNAも検出するので必ずしも感染性ベクターの力価を反映しているとはいえない．また，高力価のウイルス液でのみ測定可能である（低力価だとバックグラウンドレベルの吸光度しか得られない）．

プロトコール

❶ 0.1％ SDS/10 mM Tris（pH7.4）/1 mM EDTA 溶液でウイルス液を20倍希釈する
❷ 56℃で10分処理する
❸ 対象に対して OD_{260} を測定する ⓐ

ⓐ 1 OD＝約 10^{12} genome copy/mL となる

3) GFPベクターの力価

GFP遺伝子をコードしたベクターの力価測定法（gtu：GFP-transducing unit）．ウイルスを細胞に感染させ，誘導されるGFPレポーターの発現をフローサイトメーターで解析し，力価を算出する．

プロトコール

❶ 6ウェルプレートに準備した細胞から培地を除き，PBS^{++} を各ウェルにそれぞれ200μLずつ加えておく
❷ 力価測定を行うウイルス溶液の段階希釈を，希釈バッファーを用いて作製する ⓐ
❸ 各希釈段階から1μLずつのウイルスを細胞に加え，揺らしながら室温で1時間インキュベーションする
❹ 培地を1.8 mL加え，37℃で1日間培養する ⓑ
❺ 細胞を剥がし，ネガティブコントロール（非感染細胞）1ウェルあたりの細胞数をカウントする．フローサイトメーターを用いてGFP陽性細胞の割合を測定する
❻ GFP陽性細胞の割合が3～30％（この間で感染効率がリニアーであるとされている）の間に入っている希釈段階の結果を用いて，力価を算出する ⓒ

ⓐ ウイルスの濃度により異なるが，例えば，1，10^{-1}，10^{-2}，10^{-3}，10^{-4}，の希釈段階を作製．

ⓑ 293細胞では48～時間で新たなウイルス産生が起きるため，2日間以上放置しない．

ⓒ （例）細胞数　　$1×10^6$ cells/well
　　GFP（+）細胞　5％
　　希釈段階　　10^{-2} μL
　　力価　　$1×10^6 × 5％(0.05) × 1 mL/10^{-2}$ μL $= 5×10^6$ gtu/mL

ウイルス感染の確率はポアソン分布を取るため，理論上は，MOI＝1で63％，MOI＝3で95％の細胞が感染することになる．したがって，100％近い感染効率を得たい場合には，MOI＝3～5の量で行う．

アデノウイルスベクターによる導入法 トラブルシューティング

⚠ BJ5183株での相同組換えがうまくいかない

原因の究明と対処法

効率の高いエレクトロコンピテントセルと，バックグラウンドコロニーの低いpAdEasyを用いることが必須である．もし相同組換えがうまくいけば50～150個のコロニーが得られるはずである．もしコロニーの数が少ない場合はDNAの濃度を増やすことも可能である．また，ベクターとインサートDNAの比を変えることが効果がある場合もある．ベクターバックグラウンドが高いときには，制限酵素切断したベクターDNAをアルカリホスファターゼ処理したりアガロースゲル電気泳動で精製する必要がある．また，どうしてもうまく行かないときには，大腸菌BJ5183株を入手し直した方がよい．

⚠ ベクターが293細胞で効率よく増えない

原因の究明と対処法

ベクターの増殖効率は，挿入されている遺伝子（DNA）の配列や性質による．よく増えるベクターは，かなり雑にしてもきちんと増える．例えば，15-cmディッシュにP-0液を少量感染させ，ほぼ完全なCPEが起きるまで何日か放置しておいても，高濃度のウイルスが回収される．ただし，増殖能の低いベクターの場合には，このプロトコールのように丁寧に増殖させることをすすめる．

参考文献
1) He, T. C. et al.: Proc. Natl. Acad. Sci. USA, 95: 2509-2514, 1998
2) Luo, J. et al.: Nat. Protoc., 2: 1236-1247, 2007
3) Ng, P. & Graham, F. L.: Methods Mol. Med., 69: 389-414, 2002
4) Chartier, C. et al.: J. Virol., 70: 4805-4810, 1996
5) McConnell, M. J. & Imperiale, M. J.: Hum. Gene Ther., 15: 1022-1033, 2004

4章 遺伝子導入実験プロトコール

12 タンパク質直接細胞内導入法

タンパク質

道上宏之，松井秀樹

特徴
- 遺伝子に影響を与えず直接タンパク質を細胞外より細胞内へ導入可能
- 導入効率が高い
- 短時間で細胞内機能を制御可能
- ほぼすべての細胞において使用可能な手法

❶ タンパク質導入法とは

タンパク質導入法とは，PTD（protein transduction domain）または，CPP（cell-penetrating peptide）とよばれるペプチドを，ペプチドやタンパク質，低分子化合物，PNA，siRNAなどさまざまな物質に結合させ，目的の分子を細胞内へ導入し，細胞機能を制御する手法である．動物個体への応用も可能で，腹腔内投与・静脈内投与などにより全身の臓器への導入が可能である[1)2)]．ウイルスなどを用いた遺伝子治療と異なる新しいアプローチによる疾患治療の手法として注目されている．

タンパク質直接細胞内導入法（protein transduction system）は，1988年にGreenとFrankelの2つのグループが，同時に，エイズウイルス（HIV-1）の構成タンパク質であるTATは細胞膜を通過することを発表した[3)4)]．その後1999年に，Dowdyらは，116 kDaのβ-ガラクトシダーゼタンパク質とTATタンパク質内の11個のアミノ酸からなるTATドメインを融合したタンパク質をマウスに腹腔内投与し，脳を含めた全身の臓器に導入可能であることを証明した[5)]．その後ショウジョウバエのアンテナペディア転写因子（AntP）やヘルペス単純ウイルスⅠ型（Herpessimplex-virus-1：HSV-1）の構造タンパク質であるVP22なども細胞膜を通過することが明らかとなった[6)7)]．これによりタンパク質の機能を保持したまま，タンパク質を直接細胞および組織へと導入する手法へと発展し，ウイルスによる遺伝子導入法と並ぶ新たな機能解析手法として注目を集めた[8)9)]．また，TATドメインは，塩基性アミノ酸であるアルギニン（R）やリジン（K）を多く含むことが特徴である．このことより3〜15個程度の塩基性アミノ酸を多く含む，さらに細胞内導入効果の高いPTDが開発され，実験レベルおよび臨床レベルで応用されている[10)]．なかでも最も塩基性の高いアミノ酸であるアルギニンを基本としたポリアルギニンドメイン（R9や11R）がよく用いられている[11)12)]．さらに，ポリアルギニンを利用する高効率のPTDに，核，ミトコンドリアといった細胞内小器官やシナプスなどへの導入・輸送シグナルを結合することにより，目的のタンパク質やペプチドを細胞内微小環境に特異的に導入し，細胞機能をピンポイント制御する報告も増えている[13)]．

❷ 細胞内導入の原理

代表的なPTDであるTAT, AntP, VP22, ポリアルギニンなどの共通した特徴として, アルギニン (R) やリジン (K) といった強い塩基性のアミノ酸が多く含まれることがあげられる (図1). これまでに, それぞれのPTDにより異なる導入原理が提唱されてきたが, 少なくともTATとポリアルギニンについては次のような同じ細胞内導入メカニズムであると報告されている. 導入の初期段階では, これらのPTDは細胞膜表面のヘパラン硫酸プロテオグリカン (heparan sulfate proteoglycan) と電気的に結合する (図2)[14]. その後エンドサイトーシスの一種であるマクロピノサイトーシスにて, 細胞膜上の脂質ラフト部位 (lipid raft site) より細胞内へと導入される[15].

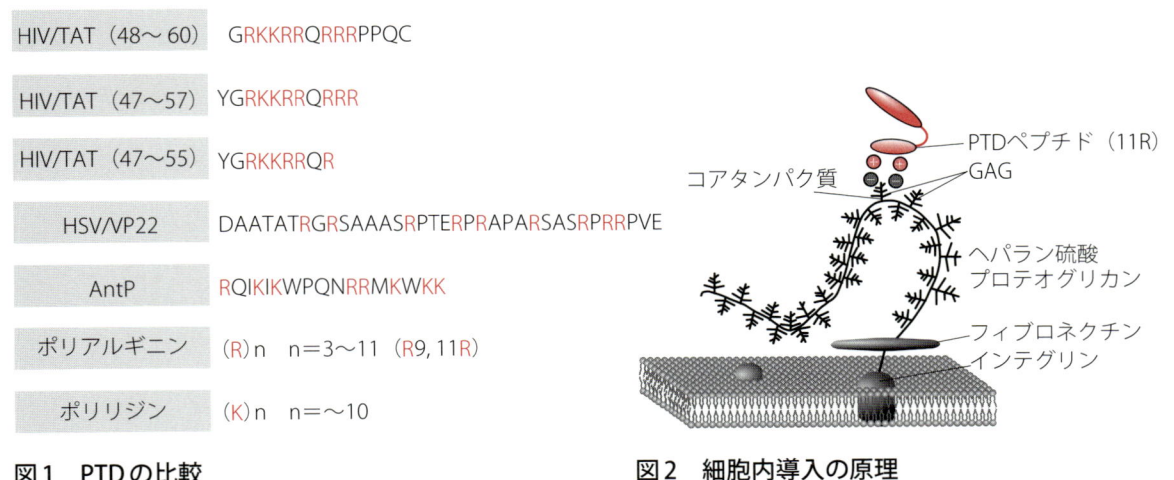

HIV/TAT (48〜60)	GRKKRRQRRRPPQC
HIV/TAT (47〜57)	YGRKKRRQRRR
HIV/TAT (47〜55)	YGRKKRRQR
HSV/VP22	DAATATRGRSAAASRPTERPRAPARSASRPRRPVE
AntP	RQIKIWPQNRRMKWKK
ポリアルギニン	(R)n　n=3〜11　(R9, 11R)
ポリリジン	(K)n　n=〜10

図1　PTDの比較
色文字は塩基性アミノ酸

図2　細胞内導入の原理

(ラベル: PTDペプチド (11R), GAG, コアタンパク質, ヘパラン硫酸プロテオグリカン, フィブロネクチンインテグリン)

❸ PTD融合タンパク質の作製

準備するもの

▶ 1) 機器類

- サーマルサイクラー
- アガロース電気泳動装置
- 恒温振盪機
- 超音波破砕装置
- FPLC…AKTA design (GEヘルスケア・ジャパン社)
- 透析カセット…PIERCE社
- 細胞培養機
- 蛍光顕微鏡
- エコノカラム…バイオ・ラッドラボラトリーズ社

- 三角フラスコ（可能であれば羽付き）300 mL & 3 L
- 遠心ボトル　250 mL & 50 mL（NALGENE社）

▶2）試薬類

- LB培地
- 抗生物質（アンピシリン・カナマイシンなど）
- IPTG
- PBS
- Lysis Buffer
  8 M Urea, 20 mM HEPES pH8.0, 100 mM NaCl
- Washing Buffer
  8 M Urea, 20 mM HEPES pH8.0, 20 mM Imidazole, 100 mM NaCl
- Elution Buffer
  8 M Urea, 20 mM HEPES pH8.0, 500 mM Imidazole, 100 mM NaCl
- タンパク質発現ベクター…PETシリーズ（メルク社）
  His-tag付きなど
- 制限酵素…タカラバイオ社など
- DNA polymerase…Pfu Turbo（アジレント・テクノロジー社）
- Mini prep kit…キアゲン社
- タンパク質精製用カラム…Ni-NTAアガロース（ライフテクノロジーズ社）

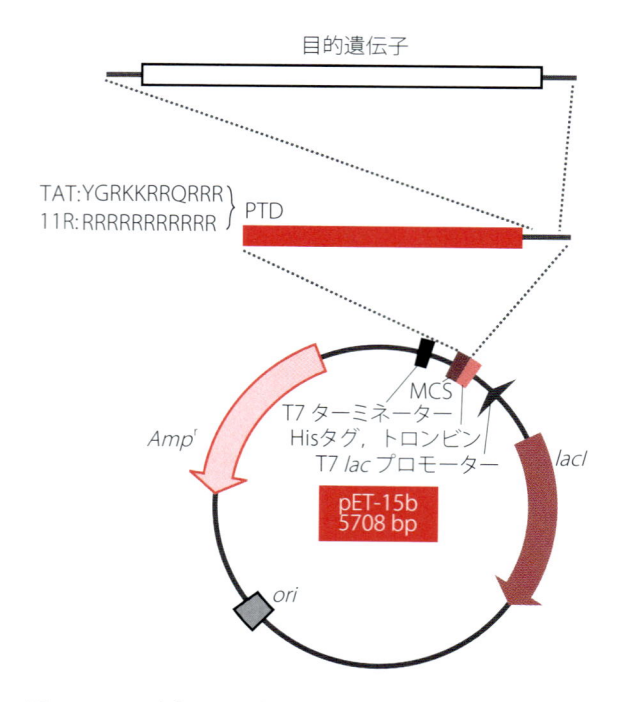

図3　PTD融合タンパク質発現ベクターの構造

プロトコール

▶ 1) 目的遺伝子とPTD配列の融合タンパク質発現ベクターの作製（図3）

❶ PTDと制限酸素サイトを含むセンスおよびアンチセンスオリゴを注文する

❷ ❶をアニーリングさせる

❸ PETシリーズなどのHis-tag付ベクターのN末端もしくはC末端のいずれかに❷をサブクローニングする ⓐ

❹ 目的のタンパク質をコードするプラスミドcDNAを用意し，制限酵素サイトを含む遺伝子を増幅し，❶〜❸で作製したPTDを挿入したPETベクターへサブクローニングする

ⓐ PTDの位置がN末端のものとC末端のもの，両方をいったん作製する．タンパク質の発現をチェックし，どちらにPTDがある方が発現効率および細胞内での機能がよいかについて評価する．細胞内に導入は確認できるが，機能がない場合もあり注意が必要．

▶ 2) PTD融合タンパク質の大量精製

【培養】（図4）

❺ 前日までに，PTD融合タンパク質プラスミドを大腸菌BL21（DE3）株に形質転換する

❻ 三角フラスコに100 mL滅菌したLB培地を調製し，抗生物質を加える

❼ 形質転換したコロニーをLB培地に植菌する ⓑ

❽ 恒温振盪機を用いて37℃，1晩，前培養を行う

❾ 前培養液100 mLをLB溶液1 Lに加えてOD_{600}が0.5〜0.8になるまで培養する ⓒ

❿ OD_{600}値が目的値になったことを確認し，1 mM IPTGを加えて37℃，3〜8時間振盪培養する ⓓ

⓫ 培養液を4℃，3,000Gで遠心を行い，上清を捨て，菌体を回収する

ⓑ コロニーをいくつかピックアップし少量の系（LB 3〜5 mL程度）で，タンパク質発現をチェックし，最も高率に発現しているコロニーを，1 Lの発現系で使用してもよい．

ⓒ IPTGを入れる前に大腸菌を採取し，グリセロールストック（−80℃）しておくと次回も同じコロニー由来の大腸菌を使用することが可能となる．

ⓓ IPTG投与後は，タンパク質の種類により発現培養温度（25〜37℃），や発現誘導時間（2〜16時間程度），目的タンパク質の安定性などにより大きくタンパク質収量が変化するため，発現量が少ない場合には発現条件を検討する必要がある．PTD融合タンパク質は，通常のタンパク質と比較して，発現量が1/10〜1/100となることもあるので注意が必要である．

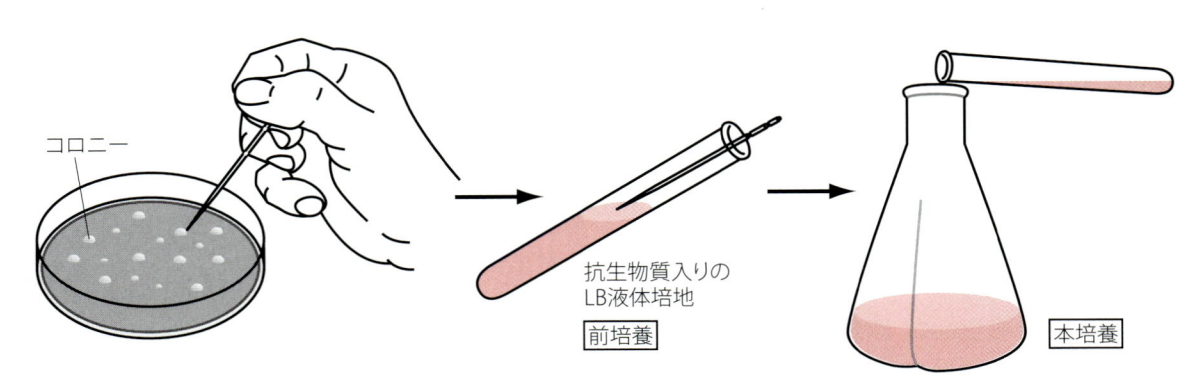

図4 培養の流れ

【精製】
⓬ 集菌した菌体に対して50〜100 mLの菌体破壊バッファー（Lysis Buffer）を加え，溶解する
⓭ 超音波破砕機を用いて，氷水中で⓬の溶解液を1分間破砕・1分間氷冷を3〜5回繰り返す

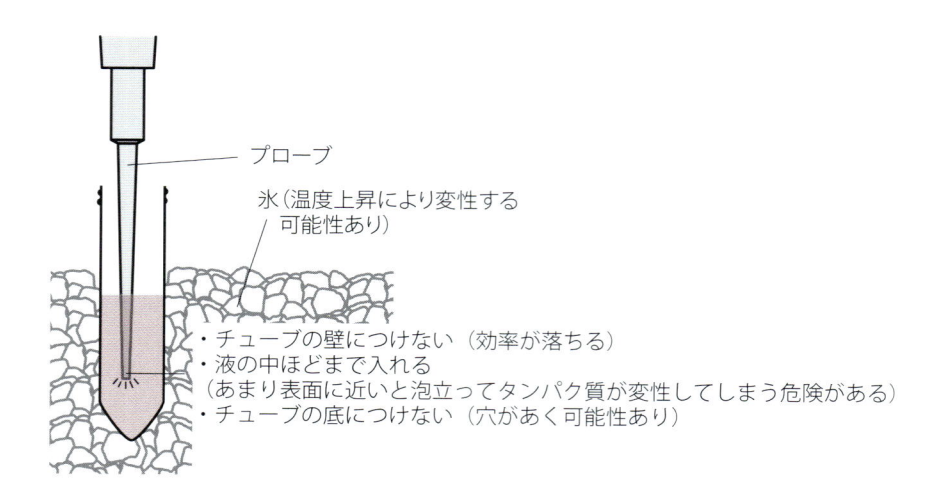

- プローブ
- 氷（温度上昇により変性する可能性あり）
- チューブの壁につけない（効率が落ちる）
- 液の中ほどまで入れる（あまり表面に近いと泡立ってタンパク質が変性してしまう危険がある）
- チューブの底につけない（穴があく可能性あり）

⓮ 4℃，40,000Gで遠心を行い，上清を回収する
⓯ Ni-NTAアガロースを4〜8 mL，カラムに充填し，Lysis Bufferを使って十分平衡化する
⓰ 試料をカラムに加え，カラムよりの排出を1 mL/分以下の速度でゆっくりと目的タンパク質をNi-NTAへ吸着させる
⓱ Washing Bufferを用いて，3回程度カラムを洗浄する
⓲ Elution Bufferを用いて，目的タンパク質を溶出させる
⓳ 試料を1 mLずつ分取する
⓴ 電気泳動（SDS-PAGE）を行い，目的のタンパク質が溶出できていることを確認する ⓔ

▶ 3）陽イオン交換クロマトグラフィー

㉑ Niカラムより精製されたPTD融合タンパク質をAKTA designなどのFPLCによりさらに精製する

▶ 4）透析

㉒ Elution bufferを実験で使用するbuffer（例えばPBSなど）に変えるために，透析カセットにより透析を行う

ⓔ Lysis bufferにて溶解したサンプル，Niカラムよりのフロースルー，Washing buffer添加後のフロースルーなど，途中経過で使用したサンプルを常に回収し，目的のPTD融合タンパク質が，途中で喪失していないかどうか必ずチェックする必要がある．

㉓透析後は，タンパク質濃度を測定する[f]．タンパク質濃度が低い場合は，限外濾過カラムを使用し濃縮する

㉔分注後，−80℃に保存する

[f] 10 μM〜1 mM（高濃度の場合，沈殿の可能性あり）．

❹ 導入法

☞ 1）細胞内へのタンパク質導入

準備するもの

- 共焦点レーザー顕微鏡
- 細胞培養装置

プロトコール

❶導入する細胞を用意する[a]

❷導入するタンパク質の濃度は，導入タンパク質の活性や安定性や分解スピードなどに依存するが，一般的に1〜10 μM程度の濃度で検討をするのが望ましい[b]

❸細胞培養液にPTD融合タンパク質を添加する

❹1〜2時間，37℃，5% CO_2インキュベーターで培養する

細胞に接触しないように十分注意して，導入タンパク質を投与する

❺導入および導入後の細胞内局在を確認する[c]

❻タンパク質の活性や発現量，その他機能に関して分子生理学的に検討する

[a] 30%以下コンフルエントの細胞をガラスボトムディッシュに培養すると，蛍光基を付加したタンパク質の場合，観察が容易である．細胞密度が高すぎると観察が困難となる場合がある．

[b] タンパク質導入法による細胞内導入は，ほぼ100%の細胞に入るといわれているが，導入したタンパク質の安定性や分解速度により，機能評価するのと同時に経時的なタンパク質の細胞内発現をチェックする必要がある．

[c] 蛍光タンパク質付加タンパク質や蛍光基付加ペプチドを蛍光顕微鏡または共焦点レーザー顕微鏡で観察する．その場合，導入後培養液を交換し，1〜数時間培養し観察する．

👉 2) in vivoでのタンパク質導入

PTD融合タンパク質は，マウスなどの生物の各種臓器に導入可能である．この場合，使用するタンパク質量は1〜10 mg程度で使用し，臓器を摘出し免疫染色などにて検討する．

準備するもの

- 共焦点レーザー顕微鏡
- 実験モデル動物

プロトコール

❶ BALB/C slc-nu/nuマウスを用意し，腫瘍モデル作製のために細胞移植を行う
❷ PTD融合タンパク質をPBSに溶解し1〜10 mgとなるよう調整する
❸ マウスへ投与する．投与方法は静脈内投与・腹腔内投与・皮下投与のいずれかで行う ⓐ
❹ 導入の成否，および導入後の局在について凍結切片を作製し観察する

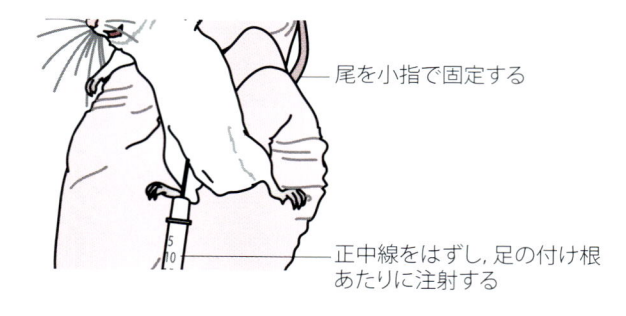

尾を小指で固定する

正中線をはずし，足の付け根あたりに注射する

ⓐ タンパク質導入ドメイン（PTDもしくはCPP）を用いた実験においては，導入タンパク質などの細胞内の局在を見る際には，可能な限り生細胞での観察を推奨する．タンパク質導入ドメインにより導入されたタンパク質やペプチドの多くがエンドサイトーシスの一種であるマクロピノサイトーシスにより細胞内へと導入され，エンドソームに多く導入される．パラホルムアルデヒド（PFA）などの固定により，細胞内のエンドソームが壊れ，生細胞での局在と固定後の局在が変化する場合が多いためである．固定して観察する場合には，細胞内での機能を他の方法で評価する必要がある．

❺ 実験を行う際のヒント

1 導入効率

導入効率については，細胞により差がある．神経系では，初代星状膠細胞は導入効率がやや低いが，初代神経細胞や悪性膠腫細胞は導入効率が非常に良好である．細胞導入の際に，培養溶液中の血清存在下では血清中のタンパク質と導入タンパク質が結合し，導入を妨げる場合がある．

2 発現効率

　PTDと融合させた組換えタンパク質を作製する際は，PTDの融合により発現効率が著しく低下する場合があり，融合タンパク質の発現条件を検討する必要がある．一例として，25℃オーバーナイト（16時間），37℃3時間など．

3 溶解タンパク質濃度

　尿素などによる変性タンパク質にて精製する場合や未変性（ネイティブ）タンパク質として精製する場合において，透析後に沈殿する場合があり，溶解溶液における溶解タンパク質濃度に注意する必要がある．

6 タンパク質導入法のもつポテンシャル

　PTDと融合，または結合し，細胞膜透過を確認された物質は，低分子化合物，ペプチド，antisense RNA/siRNA・DNA・PNAといった核酸，大きなタンパク質や40 nmのビーズ，さらに200 nmを超えるリポソームなどがある[1)2)]．さらに，血管内投与（静脈・動脈内投与），腹腔内投与，腫瘍内投与，脳室内投与，経皮的投与などさまざまなDDSによる導入の報告もある[16)]．今後，さまざまな生理活性物質とPTDを結合させた新規の薬剤の作製により，臨床的に有用な薬剤や実験技術が開発されることが期待される．ウイルスを使った遺伝子治療とはまた異なる手法により，既存の薬剤や新規のペプチド・タンパク質などの生理活性物質の効果を高める手法としては，今後最も期待できると思われる．

タンパク質直接細胞内導入法　トラブルシューティング

⚠ PTD融合タンパク質が精製できない

原因
❶タンパク質の発現が低い
❷可溶成分にタンパク質がない

原因の究明と対処法
❶IPTG後の温度などタンパク質発現条件を検討する〔37℃3時間もしくは，25℃オーバーナイト（16時間）〕
❷Lysis bufferの検討やPTDの変更
❸不溶成分に目的タンパク質が存在するかをウェスタンブロッティングなどにより検討
❹PTDの位置をN末端もしくはC末端に変更

⚠ 導入した蛍光タンパク質が観察できない

原因 ❶導入タンパク質濃度が低い
❷導入タンパク質の分解

原因の究明と対処法
❶導入濃度を上げる，細胞を変更する
❷最適な時間を設定，分解阻害薬の併用

⚠ PTD融合タンパク質の活性がない

原因 ❶PTDが活性を阻害している
❷タンパク質の変性

原因の究明と対処法
❶PTDの変更，short poly-Rへ変更
❷Lysis bufferの変更，透析条件の変更

⚠ PTD融合タンパク質が細胞内へ導入されない

原因 ❶PTD融合タンパク質が発現していない
❷導入後早期に分解されている

原因の究明と対処法
❶PTDの変更やPTDの位置をN末端もしくはC末端へ変更する
❷導入濃度を上げる，分解阻害剤との併用

参考文献
1) Sawant, R. & Torchilin, V.：Mol. BioSyst., 6：628-640, 2010
2) Berg, A. & Dowdy, S. F.：Curr. Opin. Biotech., 22：888-893, 2011
3) Schwarze, S. & Dowdy, S. F.：Trends. Pharmacol. Sci., 21：45-48, 2000
4) Wender, P. A. et al.：Proc. Natl. Acad. Sci. USA, 97：13003-13008, 2000
5) Schwarze, S. R. et al.：Science, 285：1569-1572, 1999
6) Suzuki, T. et al.：J. Biol. Chem., 277：2437-2443, 2002
7) Morris M. C.：Nat. Biotechnol., 19：1173-1176, 2001
8) Takenobu, T. et al.：Mol. Cancer. Ther., 1：1043-1049, 2002
9) Michiue, H. et al.：J. Biol. Chem., 280：8285-8289, 2005
10) Noguchi, H. et al.：Nat. Med., 10：305-309., 2004
11) Futaki, S. et al.：J. Biol. Chem., 276：5836-5840, 2001
12) Matsushita, M. et al.：J. Neuroci., 21：6000-6007, 2001
13) Gallouzi, I. E. & Steitz, J. A.：Science, 294：1895-1901, 2001
14) Tyagi, M. et al.：J. Biol. Chem., 276：3254-3261, 2001
15) Wadia, J. S. et al.：Nat. Med., 10：310-315, 2004
16) Gump, J. M. et al.：Trends Mol. Med., 13：443-448, 2007

5章

遺伝子導入実験における カルタヘナ法および関連法令

1 カルタヘナ法
2 関連法令

5章　遺伝子導入実験におけるカルタヘナ法および関連法令

1 カルタヘナ法

三浦竜一

　遺伝子導入技術はバイオサイエンス研究に欠かすことができない技術であり，さまざまな方法が開発され研究の目的に応じた使用がなされている．一部の遺伝子導入実験は遺伝子組換え生物を使用する遺伝子組換え実験に該当し，2004年2月に施行された**「遺伝子組換え生物等の使用等の規制による生物の多様性の確保に関する法律」**（カルタヘナ法）で定められた安全基準・管理や手続きなどを行わなければならない．さらにヒトや動物の病原微生物・病原体にも該当する場合，別法で規制の対象となることもある．本章では，哺乳動物に由来する培養細胞や組織・臓器，動物個体へ効果的に遺伝子を導入する方法として，広く活用される遺伝子組換えウイルスの作製や使用にかかわる法令対応についてわかりやすい解説を試みた．

① 背景

　カルタヘナ法の施行からすでに8年が経過し，すっかり定着したように思える．カルタヘナ法以前の遺伝子組換え実験は，1979年に当時の文部省が制定しその後何度も改正を重ねた「大学等における組換えDNA実験指針」や各省庁が制定した同様の指針に従って行われてきた．2003年に発効された**「バイオセーフティーに関するカルタヘナ議定書」**〔生物多様性の保全及び持続可能な利用に対する遺伝子組換え生物による悪影響（人の健康に対する危険も考慮したもの）の防止に関する国際的な枠組み〕の趣旨に基づき，わが国はカルタヘナ法を制定し，同時に上述の指針を廃止した．本書を読む研究者は，これ以後に遺伝子組換え実験を開始している人の方が多く，"組換えDNA実験"になじみがないかもしれない．ただ，最近でも予算申請などで"組換えDNA指針に従って適正に行う"といった文章をたまに目にするそうで，あらぬ誤解を招きかねない．指針では組換えDNA実験における実験者・ヒトの安全確保が主眼であったのに対して，カルタヘナ法ではそれも含めた遺伝子組換え生物による環境や社会への悪影響を防止することを目的とする．

　研究開発における具体的な対応は，**「研究開発等に係る遺伝子組換え生物等の第二種使用等に当たって執るべき拡散防止措置等を定める省令」**（研究開発二種省令）や**「研究開発等に係る遺伝子組換え生物等の第二種使用等に当たって執るべき拡散防止措置等を定める省令の規定に基づき認定宿主ベクター系等を定める件」**（告示）などで定められ，産業利用等については別な省令や告示などがある．また，環境中への拡散を防止しないで行う使用を第一

種使用等というのに対して，環境中への拡散を防止しつつ行う使用を第二種使用等という．ここでいうカルタヘナ法とは，この研究開発二種省令と告示を指し，第二種使用等について述べる．

② 概要

カルタヘナ法では，遺伝子組換え生物が対象であり，研究開発ではその「実験」と「保管」，「運搬」が規制されている．まず「実験」について ③〜⑨ で述べるが，簡単にいえば，実験に際して遺伝子組換え生物に応じたソフト面・ハード面の安全対策（拡散防止措置）を講じればよい．それでは，カルタヘナ法をおさらいしてみよう．

③ 定義

遺伝子組換え生物は，**「細胞外において核酸を加工する技術」の利用により得られた核酸またはその複製物（組換え核酸）を有する生物**と定義される（「異なる分類学上の科に属する生物の細胞を融合する技術」を利用する場合もあるが，本項では割愛する）．組換え核酸を有していれば，微生物や配偶子・胚を含めた動植物は遺伝子組換え生物に該当する．ウイルスやウイロイドも定義上生物にあたる．一方，ES細胞やiPS細胞も含めた培養細胞は生物に該当しないのでカルタヘナ法の対象とはならない．しかし，遺伝子組換え微生物を保有している状態にある培養細胞はその限りではない．例えば，遺伝子導入に用いた組換えウイルスが導入後も複製し産生される場合や，導入した遺伝子から組換えウイルスが産生される場合などがこれに該当する．基本的な用語は，以下のように定義されている（図1）．

○**宿主**：組換え核酸が移入される生物（ヒトを含まない）
○**ベクター**：組換え核酸のうち，移入された宿主内で当該組換え核酸の全部または一部を複製させるもの
○**供与核酸**：組換え核酸のうち，ベクター以外
○**核酸供与体**：供与核酸が由来とする生物（ヒトを含む）

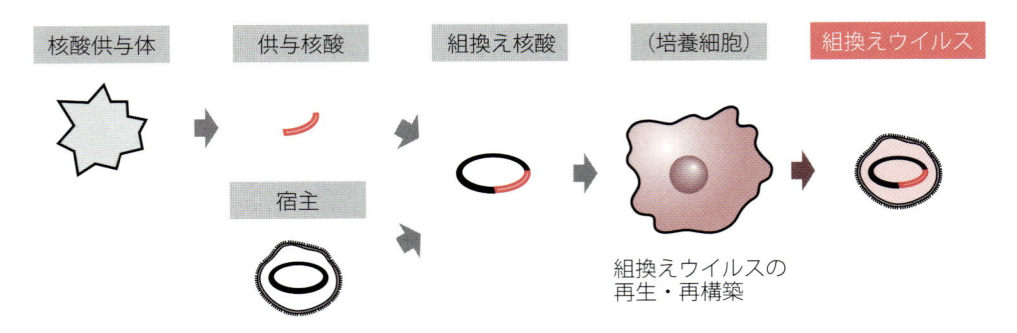

図1 一般的な組換えウイルスの作製の概要

例えば，オワンクラゲ由来のGFP遺伝子をもつ組換えアデノウイルスでは，オワンクラゲが核酸供与体でGFP遺伝子が供与核酸となる．アデノウイルスはベクターではなく宿主である．それはウイルスが生物と定義されていることによる．仮に組換えプラスミドであれば，プラスミドはベクターである．この組換えプラスミドを大腸菌に導入すれば，大腸菌が宿主であるが（特に定めてある宿主・ベクターの組み合わせを「認定宿主ベクター系」とよぶ），培養細胞に導入しても，先に述べたようにそもそも遺伝子組換え実験にあたらない．ベクターは，学術的に用いられるウイルスベクターや発現ベクター，遺伝子治療ベクターとは意味するところが異なる．

❹ 遺伝子組換え実験の区分

遺伝子組換え実験は，微生物使用実験，大量培養実験，動物使用実験（動物作成実験と動物接種実験），植物等使用実験（植物作成実験，植物接種実験，きのこ作成実験）のいずれかに分類される．

組換えウイルスを培養細胞で作製し増殖させれば微生物使用実験であり，それを動物に接種すれば動物接種実験となる．遺伝子を導入した培養細胞を動物に接種する場合，その培養細胞が複製する組換えウイルスを保有していれば動物接種実験であり，いなければ動物作成実験となる．いずれも接種された動物は組換え核酸を有する遺伝子組換え動物となるが，組換え核酸の場合，それを導入した動物のすべてが遺伝子組換え動物として扱われるわけではない．細胞，ウイルスまたはウイロイドに核酸を移入してその核酸を移転させ，または複製させることを目的として遺伝子導入を行う場合，一言で言えば，組換え核酸を定着させる意図をもって動物に移入する場合，動物使用実験であり遺伝子組換え動物となる．例えば，人工合成したsiRNAは通常定着を目的として移入しないので，遺伝子組換え実験として扱われない．一方，二本鎖DNAではたとえ定着させる意図をもっていなくとも，相同組換えで定着する可能性があるので，動物作成実験としておく方が無難である（図2）．

❺ 実験分類

最初に述べたように，遺伝子組換え生物はその環境中へ与える悪影響の程度に応じた拡散防止措置（❻参照）を執らなければならない．宿主や核酸供与体となる生物も種によって環境中へ多かれ少なかれ何らかの悪影響を与える．カルタヘナ法では，病原性や伝播性（伝達性，伝染性，感染性ともいう）を基準にして生物をクラス1～4までに分類している．この分類を「実験分類」といい，宿主または核酸供与体となる生物を定めた分類であって，遺伝子組換え実験にあたって執るべき拡散防止措置を定める際に用いられるものと定義されている．病原微生物は，微生物学的にBSL（バイオセーフティレベル）1～4までに分類されるが，実験分類は動植物，ウイルスやウイロイドも含めたすべての生物を対象とし，その分

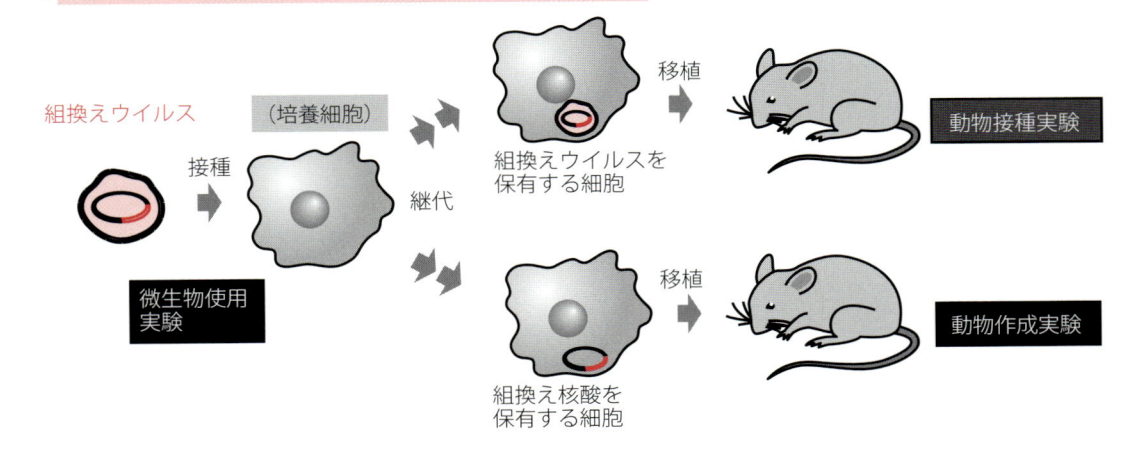

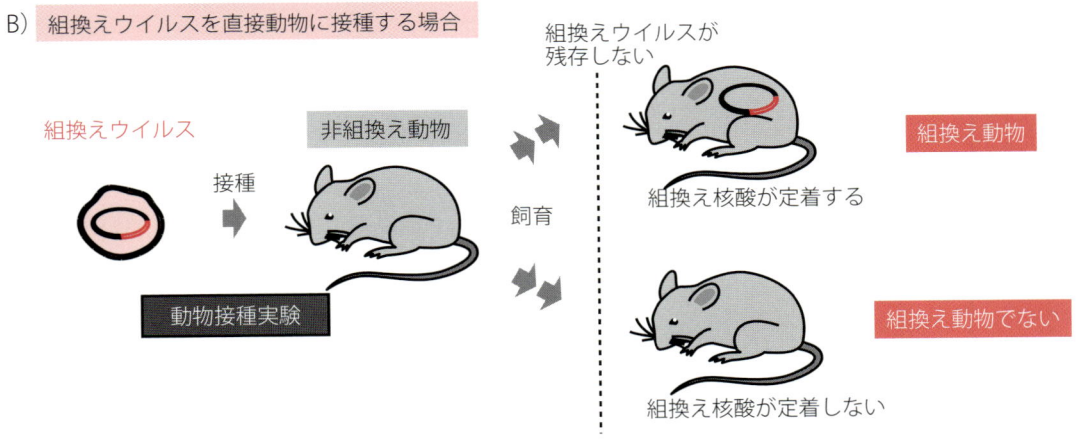

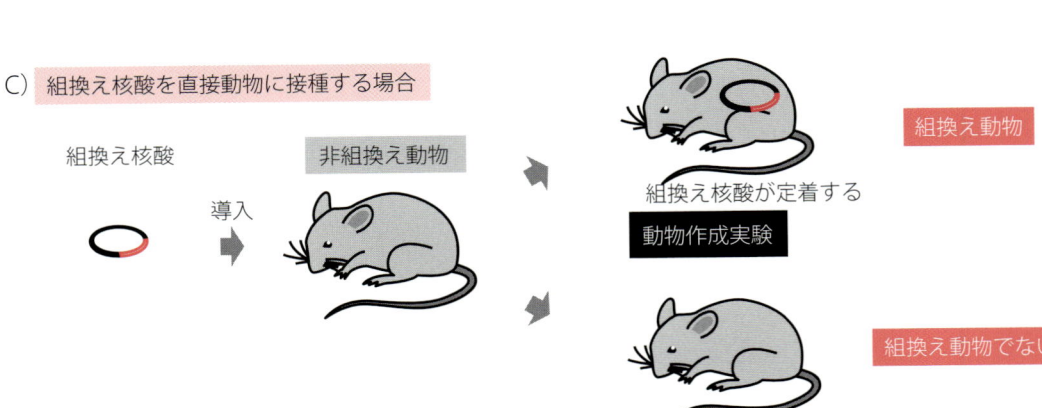

図2 遺伝子組換え実験の区分
A）組換えウイルスを接種した培養細胞を動物に導入する場合．B）組換えウイルスを直接動物に接種する場合．C）組換え核酸を直接動物に接種する場合．動物に組換え核酸が定着する場合が組換え動物であり遺伝子組換え実験に該当する

類は国内のみに適用される．とはいえ，クラス4とBSL4，クラス3とBSL3それぞれに分類される微生物はほぼ共通する．実験分類は同じ生物種であっても，株によってクラスが異なる場合がある（表）．

表 カルタヘナ法における宿主および核酸供与体の実験分類

	病原性[※1]	伝播性[※1]	ウイルスおよびウイロイド	原核生物および真菌	原虫・寄生虫
クラス4	高	高	エボラウイルス 痘そうウイルス ラッサウイルス ヘンドラウイルス ニパウイルスなど	規定なし	規定なし
クラス3	高	低	SARSコロナウイルス ハンタウイルス 口蹄疫ウイルス アフリカ豚コレラウイルス アフリカ馬疫ウイルス 小反芻獣疫ウイルス 豚コレラウイルス 黄熱ウイルス ウエストナイルウイルス 狂犬病ウイルス（固定株・弱毒化株を除く） HIV1型（増殖力欠損株を除く） 牛疫ウイルス インフルエンザウイルス（高病原性株）	ブルセラ菌 結核菌 野兎病菌 ペスト菌 鼻疽菌 炭疽菌 類鼻疽菌 サルモネラ菌 リッケチア マイコプラズマ・マイコイデス（牛肺疫）など	規定なし
クラス2	低	—	狂犬病ウイルス（固定株・弱毒化株） HIV1型（増殖力欠損株） 牛疫ウイルス（生ワクチン株） インフルエンザAウイルス（高病原性を除く） Bウイルス サル痘ウイルス ポリオウイルス デングウイルス 日本脳炎ウイルスなど	ボツリヌス菌 コレラ菌 腸管出血性大腸菌 赤痢菌など	エキノコックス クリプトスポリジウム マラリア原虫など
クラス1	なし	—	いずれも哺乳動物等に対する病原性がないもので， ・原核生物を自然宿主とするウイルス ・真核生物を自然宿主とするウイルスでクラス2〜4以外のウイルス（魚や昆虫などに感染するウイルス） ・薬事法により承認を受けた生ワクチン株（一部除く）	クラス3と2以外で哺乳動物等に対する病原性がないもの	クラス2以外で哺乳動物等に対する病原性がないもの

※1：病原性および伝播性は，哺乳動物等（哺乳綱および鳥綱に属する動物）に対するもの
※2：動物（ヒトを含み，寄生虫を除く）または植物は，病原性，伝播性によらず，すべてクラス1に該当

❻ 拡散防止措置の決定

　実験分類は非遺伝子組換え生物を分類しているのに対して，拡散防止措置（P1〜3レベルやP1A〜3Aレベルなどをいう）は遺伝子組換え生物が拡散することを防止するために執る措置をいう．仮に非遺伝子組換え生物の拡散防止措置を設定するとすれば，その実験分類と相関すると考えられる．すなわち，クラス2の生物はP2やP2Aレベルの拡散防止措置であるし，クラス3であればP3やP3Aレベルとなる．

　遺伝子組換え生物では，宿主のゲノム核酸の中に宿主と異なる核酸供与体の遺伝子を通常もたせる．組換えても宿主が本来もつ病原性や伝播性を変化させていないと判断できれば，拡散防止措置も変化はない．一方，宿主の遺伝子を欠損させるなどして，病原性あるいは伝播性を低くしたり失わせたりすれば，拡散防止措置を下げることも可能となる．逆に，病原性や伝播性が顕著に高くなれば，拡散防止措置を上げなければならないだろう（図3）．

　病原性や伝播性が変化するかどうかは，供与核酸の性質や機能，その宿主や感染する動物への影響の有無などを検討することで大概予測できるし，執るべき拡散防止措置も大概定められている．しかし，一部にはカルタヘナ法の定める要件，あるいは予測ができない組み合わせなどにより，執るべき拡散防止措置が定められていないとされることがある．これがいわゆる大臣確認実験である．その前に，拡散防止措置がいかに決定されるのかを確認しよう．

❼ 機関内委員会の審査

　遺伝子組換え実験の拡散防止措置について，当事者の判断だけでなく第三者によりその判断を検証するシステムが，指針の時代から引き続き導入されている．すなわち，大学を含めた研究機関は，遺伝子組換え生物の安全な取扱いを審査する機関内委員会を設置し，機関長はその審査に基づいて承認を与えるか与えないかを決定する．こうした委員会審査は，遺伝

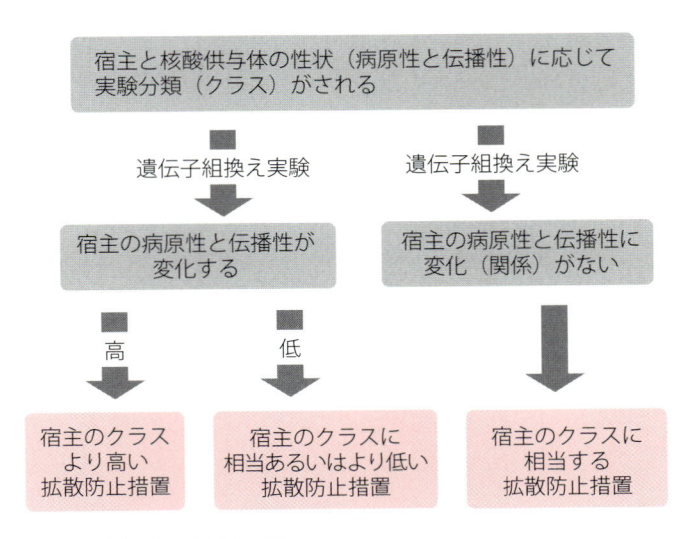

図3　拡散防止措置の決定

子組換え実験のほかに，動物実験，一部のヒトや家畜の病原微生物・病原体の使用，ヒトES細胞の樹立・使用，ヒトゲノム研究，臨床研究，疫学研究でも行われ，実はバイオサイエンスやライフサイエンス研究だけの特徴でもある．また実験によっては，複数の委員会で審査されることもある．例えば，人体から採取したヒト細胞に，組換えセンダイウイルスを用いて遺伝子を導入してヒトiPS細胞を樹立し，それを動物に移植する実験では，倫理審査委員会，遺伝子組換え実験安全委員会，動物実験委員会それぞれの審査と承認を要する．

遺伝子組換え実験に話を戻すと，実験管理者および機関内委員会ともに執るべき拡散防止措置が定められていると判断すれば，機関実験として機関長の承認により開始できる．先に述べたように，執るべき拡散防止措置が定められていないと判断された場合は大臣確認実験であり，機関長の承認の前に，あらかじめ文部科学大臣の確認を受けることが義務づけられている．許可や承認ではなく確認であり，承認はあくまで機関長が行うことに注目しよう．このシステムも独特である．確認まで通常数カ月を要するので留意しよう．

❽ 大臣確認実験

執るべき拡散防止措置が定められていない場合は，大臣確認を要すると述べたが，執るべき拡散防止措置がわかっていたら，大臣確認申請をしなくともよいという意味ではない．大臣確認された遺伝子組換え生物であれば，拡散防止措置は当然決定している．それを他所に提供しても，執るべき拡散防止措置自体は変わらないはずである．しかし，新たに使用することになった機関でも大臣確認申請を別に行わなければならない．これは，拡散防止措置が講じられた施設の確認がなされていないこともあるし，注意を要する遺伝子組換え生物の使用を国が把握する役割も担っていると思われる．

カルタヘナ法では，大臣確認実験となる要件が決まっている．すなわち，宿主が何であっても，核酸供与体あるいは供与核酸が①クラス4，②クラス3で未同定核酸または病原性を高めると推定される同定済核酸，③当該感染症の治療を困難にする薬剤耐性遺伝子（宿主がクラス2以上である場合すべて），④タンパク質性毒素にかかわる供与核酸（100 μg/kg以上）のいずれかに該当する場合は，無条件で大臣確認実験となる．宿主がクラス4あるいはクラス3も無条件である．実験分類が決定されていないウイルスまたはウイロイド，あるいはそれ以外の病原微生物を宿主とする場合は，まさしく執るべき拡散防止措置が決まっていない大臣確認実験である．

重要なのは，遺伝子組換えウイルスが自立的増殖能をもっていれば，それを用いる実験は大臣確認実験となることである（バキュロウイルス，植物ウイルス，ファージおよびその誘導体，一部の哺乳動物に感染するウイルスは除く）．ただし，いわゆる増殖力欠損型に遺伝子改変されたウイルスはこれに含まれない．遺伝子導入で用いる組換えウイルスの多くは，増殖力欠損型にすることで大臣確認を回避しているが，増殖力欠損型の定義はウイルス種によって異なる．遺伝子導入に用いられる主なウイルスについて以下に述べる．

❾ 遺伝子組換えウイルス

ウイルス遺伝子の本来の機能が失われないように外来遺伝子を挿入しさえすれば，通常自立的な増殖能が維持された組換えウイルスができる．しかし，それでは大臣確認実験の要件に該当してしまう．そこで，ゲノム遺伝子を部分欠損したり一部の機能を失わせたりすることでウイルスの増殖力を欠損させて，機関承認実験とする．もちろんこうした遺伝子操作は，同時に安全性を高めることになる．国内外のウイルスベクターの開発はこうした方向に進められ，結果としてさまざまの分野の多くの研究者が手にすることとなった．

1 アデノウイルス

E1A遺伝子のコード領域の全体あるいは大部分を欠失させて，その機能を欠損させたものが，増殖力欠損型に該当する．市販されるキットはほぼすべてこれに該当するが，E1A遺伝子の代わりにがん細胞などの増殖細胞で特異的に機能するプロモーター制御下においた場合は，いわゆる制限増殖型として大臣確認を要する．また，野生型のアデノウイルスと共感染させることで欠損部分が回復したり，野生型ウイルスまたは当該ウイルスの欠損を相補するウイルス（AAVやSV40）と共感染することにより，集団として感染性を保ちつつ継代維持されたりすることが知られているので，こうした現象を利用して増殖型組換えウイルスを得たり感染性集団として使用する場合も，大臣確認に該当する．

2 レンチウイルス，レトロウイルス

ウイルスベクターとして知られるレンチウイルスは，レトロウイルス科のレンチウイルス亜科に属するウイルスで，市販されるベクターはHIV-1（human immunodeficiency virus-1型）あるいはSIV（simian immunodeficiency virus）に由来する．一方，レトロウイルスの方はオンコウイルス亜科に属し，主にマウスモロニー白血病ウイルス（MMLV）に由来する．このように言い分けられているが，ともにウイルスゲノム両端の遺伝子（LTR）に挟まれたゲノム遺伝子を大きく欠損させ，代わりに目的とする遺伝子を挿入する構造となっている．こうした組換えウイルスは増殖力欠損型にあたるが，カルタヘナ法では，HIV-1の増殖力欠損型についてさらに明確に定義している．すなわち，組換えHIV-1と野生型HIV-Ⅰが共感染などの特殊な場合においても，自立的な増殖力および感染力または病原性を獲得しないことを増殖力欠損型の条件としている．具体的には，以下のすべてを満たさなければならない．

- 調節遺伝子およびアクセサリ遺伝子（nef, vif, vpr, vpu）の機能をすべて欠損しており，制御遺伝子（tat, rev）の少なくともいずれか一方の機能を欠損しているもの
- 構造遺伝子の固有部分をすべて欠損するもの（フレームシフトやポイントミューテーションによる機能欠損を除く）
- プロウイルスにおいてLTRのプロモーター活性をもたず，HIV-Ⅰの全ゲノムが転写されないもの

もちろん，市販されているキットの多くはこの要件を満たしているので大臣確認実験にはならない．

3 センダイウイルス

　マウスの重要な感染症の原因ウイルスとして知られるセンダイウイルスも，ウイルスベクターとして用いられるようになった．そのウイルス表面のタンパク質の遺伝子を欠損させ，代わりに目的遺伝子を挿入し組換えウイルスを作製する．この際，表面タンパク質あるいはその代わりとなるタンパク質を別なプラスミドなどで供給することで，一過的に感染能をもったウイルス粒子ができあがる．これを感染させた一次感染細胞では，表面タンパク質は供給されないので，正しいウイルス粒子がつくられず二次感染は起こらない．増殖力欠損型に該当し，大臣確認を要しないことになる．同じ一本鎖マイナス鎖RNAウイルスに属するウイルス（VSV, 狂犬病ウイルス，麻疹ウイルスなど）も基本的には同じことが可能であり，一部はウイルスベクターとして利用されている．

　プラスミドに組み込まれたウイルスゲノム核酸は通常T7プロモーターの下流にあるので，T7RNAポリメラーゼを発現するようにした培養細胞でなければ組換えウイルスは作製されない．たとえ誤ってプラスミドを細胞や動物に接種しても，ウイルス由来のRNAが転写されないように安全装置が付けられている．

4 シンドビスウイルス，セムリキフォレストウイルス

　市販のベクターに遺伝子を挿入し in vitro で転写したRNAを細胞に導入するだけで比較的簡単に組換えウイルスが作製できる．構造遺伝子を欠損させてあって，それをコードする別なヘルパーRNAを同一細胞に共導入することで一次感染する組換えウイルスが作製される．セムリキフォレストウイルスは野生株がクラス3であるが，この増殖力欠損株は特にクラス2に分類されているので，大臣確認の要件には当てはまらない．上述したHIV-1も同様に増殖力欠損株をクラス2としている．

5 ワクシニアウイルス

　ワクシニアウイルスMVA株やDI株などは，ニワトリ胎児線維芽細胞のみで効率的に増殖し，哺乳動物細胞などではほとんど増殖しない．こうした特定の細胞のみであっても自立的な増殖力および感染力を有し，かつ，その使用などを通じて増殖するとみなされる．そのため，こうした組換えワクシニアウイルスは増殖力欠損型とはみなされず，大臣確認を必要とする．

6 アデノ随伴ウイルス（adeno associated virus：AAV）

　ゲノムサイズが4 kbと小さく，単独では増殖できない．病原性のないパルボウイルスであり，実験分類はクラス1である．上述した供与核酸を用いない限り，大臣確認実験には当たらない．

```
□ 宿主のクラスと他の法令による規制の有無
□ 核酸供与体のクラス
□ 供与核酸により付与される性状

□ 拡散防止措置の検討
□ 基準を満たした施設の整備

□ 大臣確認実験の要否
□ 機関内委員会への申請と機関長の承認

□ (機関外から譲受) 情報の提供
```

図4　遺伝子組換ウイルスを用いる実験でのチェック項目

7　注意点

　大臣確認を要しない組換えウイルスであっても，必要に応じてカスタマイズしている場合は，増殖力欠損型とはみなされず大臣確認を要するウイルスに変化していることもある．また，海外で作製された組換えウイルスも大臣確認を要する場合もあるので，その輸入やもち込み前には十分に確認すべきである（図4）．

　自立増殖能を維持した組換えウイルスの場合，供与核酸によって思わぬ病原性を示す場合もある．2001年には，ある種の遺伝子操作により組換えポックスウイルスの病原性が非常に高くなることが発表された．近年，生命科学の分野でも盛んにいわれるようになったデュアルユース（民軍両用，平和利用の技術や知見が軍事利用やテロに使用される危険性をもつこと）の典型的な事例として，よく取り上げられる．WHOの安全性マニュアル（Laboratory biosafety manual 3rd edition）によれば，供与核酸が既知の生物活性を有しており，その産物が危害を生じさせる可能性のある状況において，その発現レベルと併せて評価すべきものとして，トキシン，サイトカイン，ホルモン，発現調節因子，病原性にかかわる因子またはエンハンサー，腫瘍形成因子，抗生物質耐性因子，アレルゲンがあげられる．

　また，こうした遺伝子も含め，病原微生物の感染防御に関係する遺伝子や哺乳動物の生育に重要な遺伝子の発現を抑制するsiRNAなどを産生する組換えウイルスでも，拡散防止措置のレベルを上げなければならないことがある．

　組換えウイルスがさまざまな研究分野でさまざまな使われ方がなされていることを考えれば，上述の1〜6に当てはまらないケースもあるかもしれない．作製や導入前に文部科学省のHPで調べたり，機関内委員会や専門家に問い合わせたりすることをおすすめする．また，カスタマイズ，海外からの輸入・もち込み，上述の遺伝子を供与核酸とする組換えウイルスのいずれかに該当する場合は，計画を立案する側もそれを審査する側も特に注意を払うべきであろう．そして，きわめてまれではあるが，意図しない成果に出くわし予期していない危険な知見を背負い込むおそれがあることも，十分に承知しておくべきだろう．

A)

1次包装
チューブや試験管
※ドライアイス禁止

2次包装
中に吸収材または緩衝材
※ドライアイス禁止

3次包装
通常保冷容器と
ダンボール

※さらにジュラルミン製の包装などで
4次包装とする場合もある

B) 輸出する場合

包装，容器または送り状には下記を記載する

- □ 組換え生物であること
- □ 安全な取り扱い，保管、輸送および利用の要件
- □ 輸出者および輸入者の連絡先

C) ドライアイスを使用する場合

気化した気体が適度に排出されるようにすること．
航空輸送の場合下記の表示をする（UN1845）

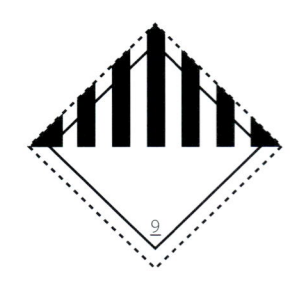

図5　組換え微生物の梱包と標示（例）

❿ 運搬と保管

　遺伝子組換え生物を譲渡あるいは譲受する前に，その拡散防止措置にかかわる情報をあらかじめ授受しておかなければならない（情報の提供）．さらに輸出する場合には，所定の様式による表示が義務づけられている．通常の航空輸送の手続きもあるので，専門の業者に代行してもらうことがほとんどのようだ．逃走や漏出がないように二重三重にした容器を用いる（図5）．

　組換え微生物であれば，その拡散防止措置が執られた実験室でなくとも保管することができるが，容器や保管庫には遺伝子組換え生物を保管していることがわかる表示をすることとなっている．

5章 遺伝子導入実験におけるカルタヘナ法および関連法令

2 関連法令

三浦竜一

　カルタヘナ法制定以降，ヒトや家畜の病原体にかかわる重要な法律の改正が行われた．1つは2006年に改正された「**感染症の予防および感染症の患者に対する医療に関する法律**」（感染症法）で，もう1つは2011年に改正された「**家畜伝染病予防法**」（家伝法）である．感染症法や家伝法にある病原体が，たとえ遺伝子操作により病原性や伝播性を欠損させてあっても，原則として法の対象外とはならない．すなわち，カルタヘナ法に加え，感染症法や家伝法でも規制される．ただし，遺伝子組換え病原体の構造や性質などにより，対象から除外するよう申請することができる．申請者は対象外とする科学的根拠を示し，国はその妥当性を検討しその可否を判断することとなる．

❶ 感染症法

　感染症法は，感染症の発生を予防しおよびそのまん延の防止を図ることを目的とし，それまであった伝染病予防法などのいくつかの法律を統合して1998年に制定された．感染力や罹患した場合の重篤性などに基づき，危険性が高い感染症を一類から五類に分類し，発生時の届出義務と対応などを具体的に定めた．その後，鳥インフルエンザやSARSの発生，野兎病発生施設から輸入されたプレーリードッグの追跡調査ができなかったことなどを踏まえて，国内へ病原体の侵入を防ぐために防疫体制を2003年にさらに強化した．この改正で動物の輸入届出制度が導入され，遺伝子組換えマウスの輸入にも適用されることとなったが，施行後幸いにも大きな混乱はみられなかった．

　2006年には，上述の感染症の病原体のうち，特に生物テロに使用されるおそれのある危険度の高い病原体を特定病原体に指定し，ばく露等の予防（バイオセーフティ）に加えて，特に紛失，盗難，濫用，悪用などの防止（バイオセキュリティ）に配慮した適正な管理体制を定めている．特定病原体を一種から四種に分類し，二種病原体あるいは三種病原体を入手し使用保管する場合，それぞれ国に許可あるいは届出をしなければならない（一種病原体は禁止，四種病原体は機関管理）．こうした観点からの規制であるため，取扱施設の基準や遵守事項は細かく決められ，病原体の使用保管だけでなく実験室への入退室の記録，機器点検や教育訓練の記録も残さなければならない．厚生労働省の担当官と警察関係者の立入検査が定期的にあり，実験室だけでなく経路や建物のセキュリティなどの入念なチェックが行われる．二種病原体は事前の許可がないと輸入できないし，三種病原体は輸入の届出を伴う．ともに国内輸送では，経路にある都道府県の公安委員会に許可をもらわなければならない（表1）．

表1 感染症法における感染症の分類と病原体の分類

A)

感染症の分類	感染症の名称
一類感染症	エボラ出血熱 痘そう ラッサ熱 ペストなど
二類感染症	ポリオ 結核 ジフテリア SARS 鳥インフルエンザ
三類感染症	コレラ 細菌性赤痢 腸管出血性大腸菌感染症 腸チフス パラチフス
四類感染症	黄熱 狂犬病 炭疽 鳥インフルエンザ ボツリヌス マラリア 野兎病 ニパウイルス感染症 日本脳炎など
五類感染症	風疹 麻疹 破傷風 後天性免疫不全症候群 クロイツフェルト・ヤコブ病など

B)

病原体の分類	病原体の名称	遵守事項
一種病原体等	エボラウイルス 痘そうウイルス ラッサウイルスなど	禁止
二種病原体等	ペスト菌 ボツリヌス菌・毒素 炭疽菌 野兎病菌 SARSコロナウイルス	所持の許可 輸入の許可 滅菌譲渡の届出, 発生予防規程の作成 病原体等取扱主任者の選任・責務 教育訓練記帳義務 運搬の届出等 施設・保管等の基準 事故届 災害時の応急措置
三種病原体等	多剤耐性結核菌 コレラ菌 狂犬病ウイルス サル痘ウイルス Bウイルス ハンタウイルス ニパウイルス ブルセラ菌 鼻疽菌 類鼻疽菌 リケッチアなど	所持の届出 輸入の届出 記帳義務 運搬の届出等 施設・保管等の基準 事故届 災害時の応急措置
四種病原体等	インフルエンザAウイルス 腸管出血性大腸菌 ポリオウイルス 黄熱ウイルス デングウイルス 日本脳炎ウイルス 赤痢菌 コレラ菌 結核菌 サルモネラ菌 志賀毒素など	機関管理 施設・保管等の基準 事故届 災害時の応急措置

B)の病原体には,弱毒株や海外のワクチン株も原則含まれるが,規制対象外も一部ある

❷ 家伝法

　2010年の口蹄疫の流行では,20万頭以上の家畜の殺処分と1,000億円を超える被害となった.家伝法はこうした家畜の感染症の発生の予防とまん延の防止により畜産の振興を図ることを目的としている.2011年には,国の許可を必要とする監視伝染病病原体と届出を要する届出伝染病病原体を指定し,その所持や取扱の基準などを具体的に定めた.ただし,ヒトにも感染し重篤な症状を示す人獣共通感染症の病原体(狂犬病ウイルスや炭疽菌など)は,

表2　家伝法における伝染病の分類と病原体の分類

A)

伝染病の分類	伝染病の名称
家畜伝染病	牛疫 牛肺疫 口蹄疫 流行性脳炎 狂犬病 水胞性口炎 リフトバレー熱 炭疽 出血性敗血症 ブルセラ病 結核病 高病原性・低病原性鳥インフルエンザ ニューカッスル病 家きんサルモネラ感染症 伝達性海綿状脳症 鼻疽 馬伝染性貧血 アフリカ馬疫 小反芻獣疫 豚コレラ ヨーネ病など
届出伝染病	アカバネ病 類鼻疽 破傷風 レプトスピラ症 トリコモナス ニパウイルス感染症 野兎病 オーエスキー病など

B)

病原体の分類	病原体の名称	遵守事項
家畜伝染病病原体	（重点管理家畜伝染病病原体） 口蹄疫ウイルス 牛疫ウイルス（L株等を除く） アフリカ豚コレラウイルス	所持の許可 滅菌譲渡の届出 発生予防規程の作成 病原体取扱主任の選任 教育訓練 記帳義務 災害時の応急措置
	（要管理家畜伝染病病原体） マイコプラズマ・マイコイデス（牛肺疫） アフリカ馬疫ウイルス 小反芻獣疫ウイルス 豚コレラウイルス インフルエンザAウイルス（高病原性及び低病原性鳥インフルエンザ）	施設・保管等の基準： 重点はBSL3ag, 要管理はBSL3 （ただし，低病原性インフルエンザウイルスを除く）
届出伝染病病原体	牛疫ウイルス（L株等） 水胞性口炎ウイルス（VSV） ニューカッスル病ウイルス（NDV） パスツレラ・マルトシダ（一部除く） サルモネラ・エンテリカ（家きんサルモネラ症） マイコバクテリウム・オビス ボービス（結核菌） 馬インフルエンザウイルスなど	所持の届出 記帳義務 災害時の応急措置 施設・保管等の基準： BSL2

伝染病の病原体（A）の一部が，病原体や感染症法の病原体（B）に指定されている．Aの伝染病の病原体を輸入する場合は，動物検疫所に対して，禁止品輸入許可申請を行い許可を得なければならない（感染症法と二重の輸入手続きを要する病原体もある）．Aの伝染病の病原体には，再生可能なゲノム核酸も含まれる．また，弱毒株や海外のワクチン株も原則含まれる

すでに感染症法で定められているので，鳥インフルエンザウイルスを除き入っていない．免疫学の研究で用いられる水胞性口炎ウイルス（VSV）やニューカッスル病ウイルス（NSV）は届出伝染病病原体であるので，所定の届出と管理を要する．

　この改正前から家畜の病原体の輸入は動物検疫所に対して許可申請あるいは届出を行わなければならなかった．この制度は継続しているので，上述した家伝法や感染症法の手続きとは別に行わなければならない．これには，感染症法の病原体も一部含まれるし，再構成可能な全長あるいは一部欠損したゲノム核酸も病原体として扱うとしているので，疑わしい場合は動物検疫所のHPで検索しておこう（表2）．

●おわりに

　カルタヘナ法が制定された頃は，現在のように組換えウイルスがさらに普及することまで予想されていなかったかもしれない．近年は特にRNA干渉やiPS細胞などで，多くの研究者がさまざまな分野で組換えウイルスを手にしたように思う．今後も技術や手法が開発され続け，新たなツールも出現することだろう．さまざまな組換えウイルスを研究に取り入れるときに，その研究をスムーズに開始させるためのヒントが本章から見つかれば幸いである．

―謝辞―
　ご助言下さった東京大学医科学研究所の斎藤泉先生と独立行政法人放射線医学総合研究所の野島久美恵先生に心から感謝致します．

参考ウェブサイト
本章は，以下のHPを参考に作成した．
1）文部科学省「ライフサイエンスの広場　生命倫理・安全に対する取組」
　　http://www.lifescience.mext.go.jp/bioethics/index.html
2）文部科学省「ライフサイエンスにおける安全に関する取組　遺伝子組換え実験」
　　http://www.lifescience.mext.go.jp/bioethics/anzen.html#kumikae
3）厚生労働省「感染症法に基づく特定病原体等の管理規制について」
　　http://www.mhlw.go.jp/bunya/kenkou/kekkaku-kansenshou17/03.html
4）農林水産省「家畜伝染病予防法に基づく病原体の所持に係る許可及び届出制度について」
　　http://www.maff.go.jp/j/syouan/douei/eisei/e_koutei/kaisei_kadenhou/pathogen.html
5）動物検疫所「家畜伝染病予防法の解説」
　　http://www.maff.go.jp/aqs/hou/36.html

付録

Tag 抗体リスト

付録 Tag抗体リスト

仲嶋一範，北村義浩，武内恒成

※この表にあげたものは，すべて実際に使用経験があるものに限った．したがって，ここに記載のもの以外でも，再現性よく使用可能な用途や抗体はあるであろう．
注）2012年5月現在の情報となります．

WB…ウエスタンブロティング　IH…免疫組織化学　IC…免疫細胞化学　IP…免疫沈降
赤字＝信頼できる特によい抗体（ただし，使用可能な用途に注意）
細字＝通常は使用可能だが，ロット間のバラツキが若干ある

● モノクローナル抗体

Tags抗体名	Clone名または抗原	品番	メーカー	WB	IH	IC	IP	備考
β-Gal	E.coli β Gal	Z3781	プロメガ社		●			
Cre Recombinase（77-343）	Cre Protein	MAB3120	メルクミリポア社	●				
E tag	peptide	27-9412-01 27-9412-02	GEヘルスケア社	●			●	アフィニティーは若干低いが，特異性は高い
Flag M2	M2	F3165	シグマ・アルドリッチ社	●		●	●	アガロース担体品，CY3担体品，KRP担体品もよい
GFP	1E4	M048-3	MBL社	●		●	●	
GFP	7.1+13.1 Mix	1814460	ロシュ・ダイアグノスティックス社	●			●	
GFP（Mouse）	GF200	04363-24	ナカライテスク社	●				
GFP（Rat）	GF090R	04404-84	ナカライテスク社		●	●		あまり強くない
GST	GS019	04435-84	ナカライテスク社	●				
GST	rProtein	SC138	Santa Cruz社	●				
HA	3F10	1867423	ロシュ・ダイアグノスティックス社	●		●	●	アフィニティーが高く使いやすい．ただし，HRP標識品はうまくいかないことがあり，未標識品がよい．アガロース担体品もある
HA	12CA5	1583816	ロシュ・ダイアグノスティックス社	●			●	アフィニティーは低いが特異性は高い
HA	HA124	04364-14 06340-96	ナカライテスク社	●		●		
HA	TANA2	M180	MBL社	●		●	●	
HA11	16B12	MMS-101P MMS-101R	Covance社	●		●	●	HAタグした強制発現時のIHには使用可能
His	HI192	04428-84	ナカライテスク社	●				
His C末	peptide	R930-25	ライフテクノロジーズ社	●				
HisG	6×His-Gly	R940-25	ライフテクノロジーズ社	●				
Penta His	peptide	34660	キアゲン社	●				
Poly His	His-1	H1029	シグマ・アルドリッチ社	●				
c-Myc	MC045	04362-34	ナカライテスク社	●			●	
c-Myc	PL14	M047	MBL社	●		●	●	

Tags抗体名	Clone名 または抗原	品番	メーカー	WB	IH	IC	IP	備考
c-Myc	9E10	SC-40	Santa Cruz社	●	●		●	
c-Myc Agarose	9E10	SC-40AC	Santa Cruz社				●	
T7	Peptide	69522-3	メルクミリポア社	●				
V5	rProtein	R960-25	ライフテクノロジーズ社	●			●	アフィニティーが比較的低いようで，WBで洗いすぎるとシグナルが消失しやすい．特異性は高い
VSV-G	P5D4	V5507	シグマ・アルドリッチ社	●			●	化学発光のWBなら20,000倍希釈でもOK

● ポリクローナル抗体

Tags抗体名	品番	メーカー	WB	IH	IC	IP	ELISA	備考
β-Gal	55976	コスモバイオ社	●	●				
Cre Recombinase	69050-3	メルクミリポア社	●					
E tag	ab3397	Abcam社	●			●		
Flag	F7425	シグマ・アルドリッチ社	●			●		
GFP	A-6455	ライフテクノロジーズ社	●		●			
GFP	06-896	メルクミリポア社	●					
GFP agarose	D153-8	MBL社				●		
GFP (chick)	ab13970	Abcam社	●	●	●			IHには1,000倍希釈でOK
GFP (goat)	ab6673	Abcam社	●			●		
GFP (rabbit)	598	MBL社	●	●	●			IHには1,000倍希釈でOK
GST	27-4577	GEヘルスケア社	●					
HA	ab9110	Abcam社	●			●		
HA	561	MBL社	●		●	●		
HA agarose	561-8	MBL社				●		
HA-Probe（Y-11）	SC-805	Santa Cruz社	●	●	●			IHには200倍希釈で使用
6×His	SC-803	Santa Cruz社	●					
6×His Agarose	SC-803AC	Santa Cruz社				●		
6×His	ab9108	Abcam社	●					
6×His	D291	MBL社	●		●	●		
6×His Agarose	D291-8	MBL社				●		
MBP	800-30S	NEB社	●					
MBP	E8030S	NEB社	●					
c-Myc	562	MBL社	●		●	●		
c-Myc	2272	CellSignal社	●					
c-Myc	ab9106	Abcam社	●			●	●	
c-Myc	SC-789	Santa Cruz社	●			●		
VSV-G HRP	ab3556	Abcam社	●				●	

索 引

数 字

3ステップ式マルチパルス減衰方式 ……………………… 83, 131
11R …………………………………… 221
293細胞 ……………… 78, 199, 210

欧 文

A～C

AdEasy法 …………………………… 206
Agoタンパク質 ……………………… 41
β-ガラクトシダーゼ ………………… 96
Bing …………………………………… 188
BJ5183 ………………………………… 209
Bosc23 ………………………………… 188
C57BL/6Jマウス ……………………… 94
CAGGSベクター ……………………… 99
cDNA …………………………………… 56
CHO ……………………………………… 152
cis配列 ………………………………… 198
CMVベクター ………………………… 99
CPE ……………………… 212, 215, 217
Cre/loxP ……………………………… 64

D～F

DDS ……………………………………… 149
DH5α …………………………………… 209
Dicer ……………………………… 55, 59
DNA/RNAキメラ型siRNA ………… 54
Drosha ………………………………… 60
dsRNA …………………………… 41, 55
EBV-basedベクター ………………… 22
Env ……………………………………… 187
ES細胞 ………………………………… 43
FITC …………………………………… 80

G～I

Gag-Pol ………………………… 187, 197
GEF法 ………………………………… 158
GFP ………………………………… 17, 79
gtu ……………………………………… 218
H1プロモーター ……………………… 60
HDL ……………………………………… 176
HDLの特性の確認 …………………… 179
HeLa …………………………………… 152
HIVベクター ……………… 183, 196, 200
in vitro転写 …………………………… 56
in vivo …………………… 83, 94, 124, 226
in vivoイメージングシステム …… 172
in ovo …………………………… 99, 110
in utero ……………………………… 112

L～O

LacZ …………………………………… 80
LIPOPLEX …………………………… 72
LTM法 …………………………… 158, 159
LTR ………………………… 182, 189, 196
microRNA …………………………… 33
mock infectoin ……………………… 202
mODC ………………………………… 19
MOI (multiplicity of infection) ……………………… 215, 216
naked DNA法 ………………………… 94
N-end rule …………………………… 21
NIH3T3 ……………………………… 187
OD ……………………………………… 218

P～R

p24 ……………………………… 200, 202
pCAGGSベクター …………………… 95
PEG ………………………… 149, 201, 202
photoactivation …………………… 18
photoconversion …………………… 18
photocromism ……………………… 18
PLAT-E ………………………… 189, 191
pMiwベクター ……………………… 99
polⅡ系プロモーター ……………… 63
polⅢ系プロモーター ……………… 62

Polybrene …………………………… 200
PTD融合タンパク質 ……………… 221
replication-defective …………… 187
RISC (RNA-induced silencing complex) ……………… 41, 45, 59
RNAi … 26, 33, 40, 44, 50, 55, 59
RNAi医薬 …………………………… 67
RNAiコンソーシアム ……………… 64
RNAiノックダウン効果 …………… 58
RNAiライブラリー ………………… 68
RT-PCR ……………………………… 56

S～T

SELEX法 ……………………………… 36
shell less culture ………………… 103
shRNA ………… 28, 55, 59, 65, 106
shRNA発現ライブラリー ………… 64
SIN型ベクター ……………………… 198
siRNA …… 28, 33, 41, 44, 50, 55, 107
siRNA設計ウェブサイトの比較 ……………………………………… 46
siRNAデリバリー ………… 167, 175
siRNAの主な修飾基とその効果 ……………………………………… 51
SK-OV-3 ……………………………… 85
Tag抗体 ……………………………… 246
TAT …………………………………… 221
$TCID_{50}$ …………………………… 216
Tet-OFF ……………………………… 106
Tet-ON ………………………… 63, 106
titer …………………………………… 215
Tol2システム ……………………… 105
trans配列 …………………………… 198

U～Z

U6プロモーター ……………………… 60
U937 …………………………………… 152
UM-UC-3 …………………………… 76
ZFN (zinc finger nuclease) … 27, 32

和　文

ア行

脚付電極 …………………………… 133
アデノウイルス
　　………… 62, 182, 184, 206, 237
アデノウイルス使用実験の
　一般的な注意点 ……………… 207
アデノ随伴ウイルス …… 184, 238
アテロコラーゲン ……………… 167
アニーリング作業 ……………… 57
アプタマー法 ………………… 36, 38
アンチジーン法 ………………… 31
アンチセンスオリゴヌクレオチド
　…………………………………… 171
アンチセンス配列 ……………… 65
アンチセンス法 ……………… 33, 38
アンフォトロピックウイルス
　…………………………… 182, 188
イオン性液体 …………………… 160
遺伝子改変動物 ………………… 32
遺伝子組換えウイルス … 230, 237
遺伝子組換え実験の区分 232, 233
遺伝子銃 ………………………… 15
遺伝子導入装置 … 85, 91, 94, 100,
　　114, 124, 133, 137, 142, 144
遺伝子抑制法 ………………… 26, 31
インジェクション ………… 125, 158
インターフェロン応答
　…… 26, 27, 42, 43, 56, 67, 173
ウイルスベクター …………… 28, 180
ウイルスベクターの比較 ……… 180
ウェブサイト …………………… 44
エキソンスキッピング ………… 34
エコトロピックウイルス
　…………………………… 182, 188
エレクトロポレーション法
　………………… 83, 90, 110,
　　112, 122, 131, 141, 200, 209
エンドトキシン ………………… 98
オーバーグロース …… 88, 93, 204
オフターゲット効果
　…… 27, 29, 30, 42, 46, 50, 67

カ行

ガイド鎖 ………………………… 41
海馬初代培養神経細胞 ………… 131
海馬スライス培養 ……………… 142
化学修飾 ………………………… 50
核酸供与体 ………………… 231, 234
拡散防止措置 …………………… 235
過増殖 …………………………… 204
家伝法 …………………………… 242
カルタヘナ法 …………………… 230
幹細胞 …………………………… 43
感染症法 ………………………… 241
感染症の分類 …………………… 242
肝臓 ……………………………… 175
眼胞 ……………………………… 103
機関内委員会 …………………… 235
基底核原基 ……………………… 138
球状電極 ………………………… 103
キュベット …………… 83, 85, 91, 137
供与核酸 ………………………… 231
局所投与 ………………………… 168
矩形波 ………………………… 90, 92
クローン化ライブラリー ……… 68
蛍光タンパク質 ………………… 17
ケージド DNA/RNA …………… 69
ケージング試薬 ………………… 69
原形質吐出 ……………………… 158
減衰波 ………………………… 90, 92
抗ウイルス反応 ……………… 42, 56
合計測定エネルギー …………… 87
コザック配列 …………………… 20
コドンの至適化 ………………… 18
コレステロール ………………… 175
コレステロール結合 siRNA …… 176
コンタミネーション …………… 57
コンフルエンシー ……………… 204

サ行

最適化の手順 …………………… 155
サイドエフェクト ……………… 63

細胞数 …………………………… 79
細胞内局在 ……………………… 19
細胞変性効果 …………………… 210
三重鎖形成性オリゴヌクレオチド
　…………………………………… 31
視蓋原基 ………………………… 103
紫外線硬化性樹脂 ……………… 160
視床 ……………………………… 120
視床下部 ………………………… 120
実験デザイン …………………… 12
実験分類 ………………………… 232
シード領域 ……………………… 46
シナプス形成 …………………… 132
シャーレ型白金プレート電極 … 127
シャンク ………………………… 161
宿主 ……………………………… 231
樹状突起形成 …………………… 132
シュードタイプ ……………… 183, 197
小脳顆粒細胞 …………… 142, 144
情報の提供 ……………………… 240
ショートヘアピン RNA …… 55, 59
自立的増殖能 …………………… 236
神経管 …………………………… 100
神経幹細胞 ……………………… 142
神経細胞 ………………………… 137
ジーンターゲティング法 ……… 32
スケールのアップダウン ……… 80
ステムループ型ベクター ……… 59
スパイン ………………… 135, 147
成熟速度 ………………………… 19
精巣腫瘍 ………………………… 173
全身投与 ………………… 170, 173
センス配列 ……………………… 65
センダイウイルス … 182, 185, 238
増殖力欠損型 …………………… 236
相同組換え ……………………… 32
相補 DNA ……………………… 56
側板中胚葉 ……………………… 104
ソノポレーション ……………… 148
ソノポレーター ………………… 152

索引

タ行

大臣確認実験	197, 236
体節	104
第二種使用等	231
大脳基底核原基	138
大脳皮質	138
ターゲット配列	27, 28
ターミネーター配列	65
単一神経細胞	145
タンデム型ベクター	61
タンパク質導入法	220
中間中胚葉	104
超遠心	177
超音波	148
超音波照射方法の比較	150
超音波造影剤	149
超音波の基本知識	148
デュアルユース	239
転移モデルマウス	170
電気条件	86, 95, 116, 127, 128, 134, 139, 143, 145, 146
電気パルス	92, 95
伝染病の分類	243
導入試薬	75, 77, 208
導入試薬の比較	74
導入試薬を選ぶための8つのTIPS	74
導入方法の比較	15
動物使用実験	232
特許	19
ドミナントネガティブ法	35
ドラッグデリバリー	67, 149
トランスファーパルス	84
トランスフェクション	192, 200, 210
トランスフェクション効率	58
トランスポゼース	105, 110
トランスポゾン	110
トレニア（Torenia fournieri）	164

ナ行

二次リソソーム	73
二本鎖RNA	40, 55
ニワトリ胚	99, 110
脳スライス培養	141
ノックアウト	26, 42
ノックダウン	42, 106

ハ行

バイオセーフティレベル	232
培養皿上の成熟神経細胞	131
配列選択のルール	44
波長特性	18
バックファイアリング	158
パッケイジング細胞	187
パッケイジングシグナル	189
パッケイジングミックス	199
発現リーク	63
発生期	122
針電極	95, 120
皮下移植腫瘍	168
光応答性	18
微小ガラス電極	145
微小ピペット	100, 102
微小メス	100, 101
微生物使用実験	232
ヒト免疫不全ウイルス	183
ヒト卵巣がん細胞	85
ピンセット型電極	124, 144
浮遊細胞	153
プール型ライブラリー	68
ブラー	161
プラスミド	61, 95, 122
プレート型電極	99
フレーム付シャーレ円形白金電極	142
プロウイルス	105
プロモーターの比較	63, 118
分解速度	19
分子集合	18
ベクター	231
ベクターの種類と使い分け	62
変法 new culture	109
ポアーリングパルス	83
棒状電極	104
墨汁注入用ピペット	100, 101
哺乳動物細胞	43
ポリエチレングリコール	149
ポリクローナル抗体	247
ポリブレン	193

マ行

マイクロバブル	149
マウス	94, 154, 176
マウスオルニチンデカルボキシラーゼ	19
マウス精巣	171
マウス白血病ウイルス	182
網膜	121
モノクローナル抗体	246
モルフォリノアンチセンスオリゴ	33, 160

ラ行

ラット	154
ランプテスト値	161
力価	201, 215
力価の確認方法	215
リボザイム法	35, 38
リポソーム法	72
リポタンパク質	175
リポフェクション法	57, 72, 200
リポプレックス	73
リン酸カルシウム共沈殿法	72
ルシフェラーゼ	80, 92, 172
ループ配列	65
レーザー吸収剤	158, 160
レーザー熱膨張式微量インジェクション	158
レスキュー実験	30
レトロウイルス	61, 182, 187, 237
レンチウイルス	61, 182, 196, 237
ローダミン	80

執筆者一覧

【編　集】

仲嶋一範	慶應義塾大学医学部解剖学教室
北村義浩	国立印刷局小田原工場嘱託医
武内恒成	新潟大学大学院医歯学総合研究科分子細胞機能学

【執筆者】（五十音順）

石田　綾	東京大学大学院医学系研究科神経細胞生物学
内野慧太	国立がん研究センター研究所分子細胞治療研究分野
恵口　豊	大阪大学大学院医学系研究科遺伝子学
岡部繁男	東京大学大学院医学系研究科神経細胞生物学
落谷孝広	国立がん研究センター研究所分子細胞治療研究分野
川嵜麻実	新潟大学大学院医歯学総合研究科分子細胞機能学
北村俊雄	東京大学医科学研究所細胞療法分野/幹細胞シグナル制御部門
楠澤さやか	慶應義塾大学医学部解剖学教室
久保健一郎	慶應義塾大学医学部解剖学教室
桑原宏哉	東京医科歯科大学大学院脳神経病態学
小島裕久	日本大学生物資源科学部生体制御科学研究室
下郡智美	理化学研究所脳科学総合研究センター視床発生研究チーム
高橋朋子	東京大学大学院理学系研究科生物化学専攻
高橋まり子	東京大学医科学研究所細胞療法分野
高橋淑子	京都大学大学院理学研究科生物科学専攻
竹下文隆	国立がん研究センター研究所分子細胞治療研究分野
立花克郎	福岡大学医学部解剖学講座
田畑秀典	慶應義塾大学医学部解剖学教室
田谷真一郎	国立精神・神経医療研究センター神経研究所病態生化学研究部
筒井大貴	名古屋大学大学院理学研究科生殖分子情報学研究室
程　久美子	東京大学大学院理学系研究科生物化学専攻
長沢達矢	東京大学大学院理学系研究科生物化学専攻
仲村春和	東北大学大学院生命科学研究科脳構築研究分野
西　賢二	東京大学大学院理学系研究科生物化学専攻
仁科一隆	東京医科歯科大学大学院脳神経病態学
萩原啓太郎	国立がん研究センター研究所分子細胞治療研究分野
東山哲也	名古屋大学大学院理学研究科生殖分子情報学研究室/JST・ERATO東山ライブホロニクス
藤木亮次	東京大学分子細胞生物学研究所エピゲノム制御因子研究分野
古田寿昭	東邦大学理学部生物分子科学科
北條浩彦	国立精神・神経医療研究センター神経研究所神経薬理研究部
星野幹雄	国立精神・神経医療研究センター神経研究所病態生化学研究部
舛廣善和	日本大学生物資源科学部生体制御科学研究室
松居亜寿香	理化学研究所脳科学総合研究センター視床発生研究チーム
松井秀樹	岡山大学大学院医歯薬学総合研究科細胞生理学
松下夏樹	愛媛大学プロテオ医学研究センター
松田孝彦	京都大学ウイルス研究所増殖制御学研究分野
三浦竜一	東京大学ライフサイエンス研究倫理支援室
三谷幸之介	埼玉医科大学ゲノム医学研究センター遺伝子治療研究部門
道上宏之	岡山大学大学院医歯薬学総合研究科細胞生理学
宮崎早月	大阪大学大学院医学系研究科幹細胞制御学
宮崎純一	大阪大学大学院医学系研究科幹細胞制御学
三輪佳宏	筑波大学医学医療系分子薬理学
横田隆徳	東京医科歯科大学大学院脳神経病態学

◆編者プロフィール

仲嶋一範（なかじま　かずのり）

1988年慶應大学医学部卒業．内科研修を経て大阪大学大学院に進学（御子柴克彦教授），'94年医学博士．学振特別研究員（PD），理化学研究所筑波研究センター研究員，米国St.Jude小児研究病院客員研究員（兼務），理化学研究所脳科学総合研究センター研究員（兼務）等を経て，'98年慈恵医大DNA研究所分子神経生物学研究部門長・講師として独立．同助教授を経て，2002年より慶應大学医学部解剖学教授．1999～2002年さきがけ研究21研究員兼務．細胞の集合から意味のある機能と形態が生まれる不思議さに感動して研究しています

北村義浩（きたむら　よしひろ）

1989年東京大学大学院修了，医学博士．Tufts大学医学部研究員，国立感染症研究所室長などを経て2005～'10年に東京大学医科学研究所特任教授として中国科学院微生物研究所（北京）で感染症研究に従事．'11年から国際医療福祉大学基礎医学研究センター教授．'18年より国立印刷局小田原工場嘱託医．感染症研究が専門．【座右の銘】「駿足長阪」能力ある者こそみずから困難を求め自分の力を試す．【読者へのメッセージ】大局観をもって研究を進めてください

武内恒成（たけうち　こうせい）

奈良県出身．放射線医学総合研究所研究員を経て，1994年総合研究大学院大学（自然科学研究機構生理学研究所）博士課程修了．奈良先端科学技術大学院大学助手，名古屋大学生命理学講師，京都府立医大講師，新潟大学大学院医歯学総合研究科分子細胞機能学（生化学第二）准教授を経て，2014年1月より愛知医科大学医学部生物学教室教授．【座右の銘】師匠の月田承一郎先生から受け継いだ言葉「あっちこっちにあがっているアドバルーンに惑わされることなく，より地道な努力をせねば，あかんよ」

実験医学別冊

目的別で選べる遺伝子導入プロトコール
発現解析とRNAi実験がこの1冊で自由自在！最高水準の結果を出すための実験テクニック

2012年7月15日　第1刷発行	編　集	仲嶋一範，北村義浩，武内恒成
2018年9月20日　第3刷発行	発行人	一戸裕子
	発行所	株式会社　羊　土　社
		〒101-0052
		東京都千代田区神田小川町2-5-1
		TEL　　　03（5282）1211
		FAX　　　03（5282）1212
		E-mail　　eigyo@yodosha.co.jp
		URL　　　www.yodosha.co.jp/
© YODOSHA CO., LTD. 2012	装　幀	野崎一人
Printed in Japan	印刷所	株式会社平河工業社
ISBN978-4-7581-0184-4		

本書に掲載する著作物の複製権，上映権，譲渡権，公衆送信権（送信可能化権を含む）は（株）羊土社が保有します．
本書を無断で複製する行為（コピー，スキャン，デジタルデータ化など）は，著作権法上での限られた例外（「私的使用のための複製」など）を除き禁じられています．研究活動，診療を含み業務上使用する目的で上記の行為を行うことは大学，病院，企業などにおける内部的な利用であっても，私的使用には該当せず，違法です．また私的使用のためであっても，代行業者等の第三者に依頼して上記の行為を行うことは違法となります．

JCOPY ＜（社）出版者著作権管理機構　委託出版物＞
本書の無断複写は著作権法上での例外を除き禁じられています．複写される場合は，そのつど事前に，（社）出版者著作権管理機構（TEL 03-3513-6969，FAX 03-3513-6979，e-mail : info@jcopy.or.jp）の許諾を得てください．

「目的別で選べる 遺伝子導入プロトコール」広告 INDEX

広告資料請求サービス

㈱高研 ･････････････････････････････････ 後付7
タカラバイオ㈱ ･･････････････････････････ 後付8
ネッパジーン㈱ ････････････････････ 後付9，10，11
㈱ビジコムジャパン ･･････････････････････ 後付4
㈱ベックス ･････････････････････････････ 後付6
ロシュ・ダイアグノスティックス㈱ ･･････････････ 後付3
ロンザジャパン㈱ ･･････････････････････ 後付1，2

（五十音順）

【PLEASE COPY】

▼広告製品の詳しい資料をご希望の方は、この用紙をコピーしFAXでご請求下さい。

	会社名	製品名	要望事項
①			
②			
③			
④			
⑤			

お名前（フリガナ）　　　　　　TEL.　　　　　FAX.
　　　　　　　　　　　　　　　E-mailアドレス
勤務先名　　　　　　　　　　　所属

所在地（〒　　　　）

ご専門の研究内容をわかりやすくご記入下さい

FAX：03(3230)2479　　E-mail：adinfo@aeplan.co.jp　　HP：http://www.aeplan.co.jp/

広告取扱　エー・イー企画

「実験医学」別冊
目的別で選べる
遺伝子導入プロトコール

ロンザジャパン株式会社

入らないとあきらめていませんか？
～ Nucleofector™ による難易度の高い細胞への遺伝子導入方法 ～

ロンザジャパン株式会社

Nucleofector™ テクノロジーの概要

Nucleofector™ は、1998年にT細胞への非ウイルス性の遺伝子導入機器として開発されました。そして2001年に研究市場に紹介されて以来、これまで困難とされてきた初代細胞や浮遊培養の細胞株への遺伝子導入が必要な研究者から高い支持を得てきました。システム導入実績は世界中に数千台にのぼり、査読を受けた論文が4000報以上発表されています。

Nucleofector™ は電気パルスにより細胞膜に瞬時に細孔を形成するエレクトロポレーションを基盤とした技術です。Nucleofector™ プログラムと細胞に最適化された試薬を組み合わせることで、細胞質へはもちろん核膜を通して核内への核酸基質の導入を実現しました。これにより、細胞株によっては99%という高導入効率と細胞増殖に依存しない遺伝子導入の実現が可能になりました。これまでの実績に基づき、650種以上の多種多様な細胞型に対応したプロトコルを整備しています。また、同じ実験条件でDNA、RNA、オリゴヌクレオチド、PNAペプチド、タンパク質など様々な基質の導入に適用でき、複数の基質の共導入も可能です。

2010年には4D-Nucleofector™を発表しました。

4D-Nucleofector™ システムは、電極に導電性ポリマーを採用し、細胞懸濁液への金属イオンの流出を防止することで細胞へのストレスを軽減しました。また、モジュラー設計されているため、必要なユニットを組み合わせて様々なアプリケーションに柔軟に対応できます（図1）。

コアユニット：
システムの制御ユニット。機能ユニットを最大5つまで制御可能。タッチスクリーンでシステムを操作。

Xユニット：
20 μl もしくは 100 μl の遺伝子導入に対応。20 μl のNucleocuvette™ 容器は16連型になっており、連続した実験に最適。

Yユニット：
24ウェルの培養プレートに直接挿入するディッピング電極により接着状態の細胞に遺伝子導入が可能。

図1　4D-Nucleofector™ システム（コア、X、Yユニット）と2種類のキュベット

4D-Nucleofector™ Xユニットの機能

4D-Nucleofector™ Xユニットは、これまで難しいとされてきた細胞型にも高効率と高生存率で遺伝子導入が可能です（表1）。2種類のキュベットを選択することで細胞数を 2×10^4 ～ 2×10^7 と幅広く設定できるため、レポーターアッセイ、RNAi、ウェスタンブロットなど目的に応じてサイズを使い分けることもできます。これらの20 μlと100 μlのどちらのNucleocuvette™ 容器を選択しても試薬とプログラムは共有することができるため、一度設定された条件はシームレスに使用できます。また、サイズの違いは遺伝子導入のパフォーマンスに影響しません（図2）。実験は以下のような簡単なプロトコルで行います。

Xユニットプロトコル
1. 4D-Nucleofector™ を立ち上げプログラムを設定する
2. 細胞のペレットにサプリメントを混ぜたNucleofection™ 溶液を加えて懸濁する
3. 基質（DNA, siRNA, ペプチドなど）の入ったNucleocuvette™ に細胞懸濁液を加える
4. 4D-Nucleofector™ に移し、プログラムを開始する（プログラムは1ウェルあたり数秒で完了）
5. あらかじめ温めておいた培地を遺伝子導入された細胞懸濁液に加え、インキュベーターで培養する
6. 細胞や基質の種類によってはNucleofection™ の4時間後に結果を観察することも可能

PR記事

表1　4D-Nucleofector™ Xユニットでの遺伝子導入実績

細胞型	導入効率	生存
ヒト末梢血T細胞（未刺激）	76%	78%
ヒト末梢血T細胞（刺激）	70%	59%
ヒトES細胞	68%	98%
ラット海馬ニューロン	60%	75-90%
マウス神経幹細胞（NSC）	60%	80%
HL-60	58%	61%
SHSY-5Y	81%	80%
HEK293	93%	89%

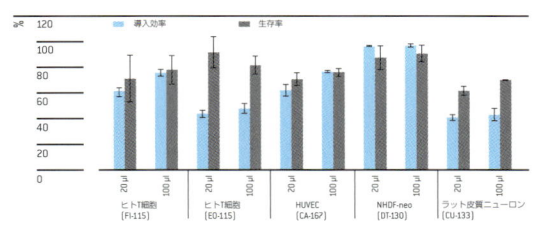

図2　同じプログラムを適用し、二種類の形状のNucleocuvette™フォーマット（20 μlと100 μl）を用いて様々な初代細胞に遺伝子導入。Nucleofection™後24時間経過した細胞の遺伝子導入効率（フローサイトメトリー）と生存率（パルスなしの細胞でノーマライズ）を解析。

4D-Nucleofector™ Yユニットで接着Nucleofection™

これまでエレクトロポレーションベースの方法では接着状態の培養を必要とする細胞を浮遊状態にする必要がありました。4D-Nucleofector™ Yユニットを使用すれば接着細胞に直接遺伝子導入できます。24ウェルのプレートに培養した細胞に対し、ふた型の電極をセットして遺伝子導入を行います。大きな利点のひとつとして、培養開始後1日から2週間のどのタイミングでも遺伝子導入が可能であることが挙げられます（図3）。これにより、ニューロンの発生過程を実験の目的に応じて観察することができます（図4）。Nucleofection™により高い導入効率が得られる上、遺伝子導入後も生理学的状態を維持することができます（表2）。

Yユニットプロトコル

1. 細胞を24ウェルのプレートに培養する
2. 4D-Nucleofector™を立ち上げプログラムを設定する
3. 培地を抜き、サプリメントを混ぜたNucleofection™溶液と基質（DNA, siRNA, ペプチドなど）を加える
4. ディッピング電極をセットする
5. 4D-Nucleofector™に移し、プログラムを開始する（プログラムは1ウェルあたり数秒で完了）
6. Nucleofection™溶液を抜き、あらかじめ温めておいた培地を遺伝子導入された細胞に加えてインキュベーターで培養する
7. 細胞や基質の種類によってはNucleofection™の4時間後に結果を観察することも可能

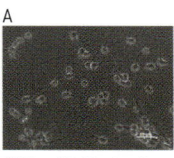

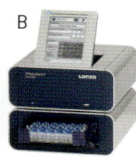

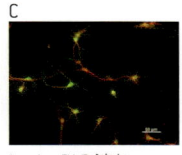

図3　4D-Nucleofector™ YユニットでNucleofection™の流れ
A) 遺伝子導入前に播種し24ウェルのプレート細胞を（カバーガラス状での培養も可能）接着培養。
B) ディッピング電極を使用し細胞をはがさずにNucleofection™。
C) 遺伝子導入した細胞をプレート上で接着したまま観察。

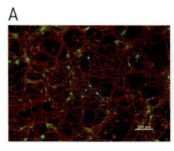

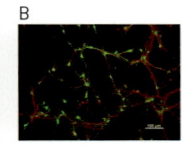

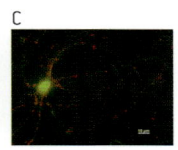

図4　4D-Nucleofector™ Yユニットでマウス皮質ニューロンに遺伝子導入。A) 播種3日後に遺伝子導入しその24時間後に染色。
B) 播種6日後に遺伝子導入しその24時間後に染色。
C) 播種12日後に遺伝子導入しその24時間後に染色。

表2　4D-Nucleofector™ Yユニットでの遺伝子導入実績

細胞型	導入効率	生存
ラット皮質ニューロン	30-70%	50-80%
ラット海馬ニューロン	40-60%	50-85%
マウス皮質ニューロン	30-45%	60-85%

おわりに

ロンザの Nucleofector™ は、これまで難しいとされてきた初代細胞と細胞株への遺伝子導入を可能にした新しい技術です。これまでに報告された遺伝子導入の実績はロンザのデータベースで公開しています（http://www.lonzabio.com/6.html）。また、専門アドバイザーによる実験の相談やデモを開催しています。ご興味のある方はお問合わせください。

お問合せ先

ロンザジャパン株式会社
バイオサイエンス事業部

〒104-6591　東京都中央区明石町 8-1　聖路加タワー 39 階

TEL : 03-6264-0660
E-mail : bioscience.techicalsuport.jp@lonza.com
http://www.lonza.co.jp/bioscience

新世代のトランスフェクション試薬

Go X-treme!
エクストリーム

X-tremeGENE HP
X-tremeGENE 9
X-tremeGENE siRNA

▶▶▶ 無償サンプル提供！

Request your Free Sample today!

ご希望の方は弊社営業担当者まで！

● **細胞に優しい**
細胞毒性が低いので副次効果が少なく、機能解析等のアッセイに最適

● **簡単なプロトコール**
血清含有培地でも使用でき、実験時間の短縮が可能

● **難しい細胞にもトランスフェクション可能**
幹細胞やプライマリー細胞、浮遊細胞などの難しい細胞にもトランスフェクション可能

オーダーインフォメーション

製品名	製品番号		包装単位	希望販売価格（税抜）
X-tremeGENE HP DNA トランスフェクション試薬	6 366 244	06 366 244 001	0.4mL	¥28,000
	6 366 236	06 366 236 001	1.0mL	¥59,000
	6 366 546	06 366 546 001	5×1.0mL	¥239,000
X-tremeGENE 9 DNA トランスフェクション試薬	6 365 779	06 365 779 001	0.4mL	¥26,000
	6 365 787	06 365 787 001	1.0mL	¥55,000
	6 365 809	06 365 809 001	5×1.0mL	¥220,000
X-tremeGENE siRNA トランスフェクション試薬	4 476 093	04 476 093 001	1.0mL	¥25,000
	4 476 115	04 476 115 001	5×1.0mL	¥100,000

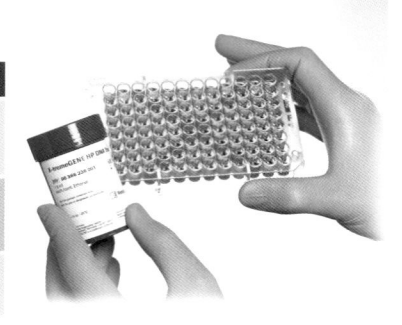

〈Roche〉ロシュ・ダイアグノスティックス株式会社
AS事業部（研究用試薬・機器）

〒105-0014　東京都港区芝2丁目6番1号
TEL.03-5443-5287　FAX.03-5443-7098

URL：http://www.roche-biochem.jp
E-Mail：tokyo.as-support@roche.com

For life science research only.Not use in diagnostic procedures.
X-TREMEGENE is trademark of Roche.

SIRION BIOTECH ウィルス関連製品 & サービス

高効率ウィルス導入試薬 TransMAX™

アデノウィルス導入試薬 AdenoBOOST™ とレンチウィルス導入試薬 LentiBOOST™

特徴

- **導入効率の大幅向上**：感染効率が低いため従来は十分な遺伝子導入・発現ができなかった細胞への導入でも、AdenoBOOST™ で 20-50 倍、LentiBOOST™ で 2-4 倍の発現量の増大が期待できます。
- **低い毒性**：高濃度で使用した場合も細胞や生体への毒性がほとんどありません。
- **多様な細胞に適用可能**：レセプター（アデノウィルスの CAR など）の発現に関係なく、ほとんどの細胞種でお使い頂けます。また、今まではウィルスを用いた遺伝子導入が困難であった細胞に対しても使用可能です。
- **ウィルス量の節約**：ウィルスの量を節約しても従来と同等以上の発現量を達成することが可能です。
- **簡単な操作**：操作はトランスダクションの直前にウィルス液に AdenoBOOST™ または LentiBOOST™ を加えるだけです。以降は通常と同様の操作を行うことで高い効果が得られます。

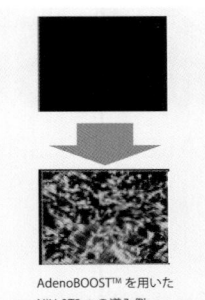

AdenoBOOST™ を用いた NIH-3T3 への導入例

アデノウィルスベクター構築キット AdenoONE™

AdenoONE™ 精製キット

特徴

- **速さ**：アデノウィルスの精製を 20 分程度で完了することが可能です。塩化セシウムを用いた濃度勾配法と比較して短時間で完了します。
- **簡便性**：AdenoONE™ 精製キットはクロマトグラフィーを用いた簡便な方法で精製が可能です。作業はカラムを溶媒で平衡化し、サンプルを導入後、洗浄し溶出するだけで完了です。
- **高純度**：簡便でありながら非常に高純度の精製が可能です。
- **効率性**：15cm^2 ディッシュから 10E9-10E10 (IU) 程度のウィルスを得ることが可能です。

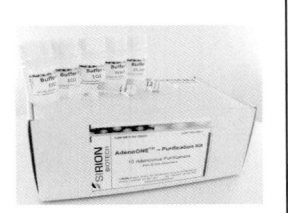

AdenoONE™ クローニングキット

特徴

- **速さ**：SIRION BIOTECH 社独自の BAC テクノロジーの採用により、ベクターのクローニングから作製まで 4 週間程度で完了することが可能。
- **信頼性**：洗練されたセレクションシステムにより、プロトコルに従って作業するだけで偽陽性となるベクターを排除できます。
- **簡便性**：マニュアルと全ての必要な試薬・細胞がパッケージ化されており、到着後すぐにお使い頂けます。
- **安全性**：複製不能な E1/E3 領域が除かれた Ad5 を採用しており、安全性にも優れております。

カスタムウィルスベクター構築サービス

SIRION BIOTECH 社では、お客様のご要望に応じたノックダウン用、強制発現用ウィルスベクターの構築も承っております。

アデノ随伴ウィルス [1]、アデノウィルス、レンチウィルス

特徴

- **高効率ノックダウン / 発現**：独自の技術、ノウハウと独自の配列バリデーションプラットフォームにより、高効率ノックダウン、高発現が可能なウィルスベクターを作製します。ノックダウン効率は mRNA レベルで 90%、85%、80% からご選択頂けます。
- **柔軟性**：お客様のご要望、ご使用用途に合わせて、プロモータやエンハンサー、インスレーター等の最適化を行います。in vivo 用に高純度、高力価ウィルスの作製も可能です。また、TET-inducible なノックダウンおよび強制発現用のベクターの構築も可能 [2] です。
- **短納期**：独自のベクター作製 / ベクター精製技術と確立されたベクタープラットフォームの活用により、短期間 [3] でのベクター構築が可能です。

[1]：アデノ随伴ウィルスは serotype1, 2, 3, 4, 5, 6, 8 がご提供可能です。serotype8 の場合、別途権利者からのライセンスが必要です。
[2]：別途 TET-inducible 社からのライセンスが必要な場合が御座います。
[3]：配列入手からの作製期間　アデノウィルス　4 週間；　レンチウィルス　6 週間；　アデノ随伴ウィルス　12 週間

- 日本国内のお問い合わせは -

株式会社ビジコムジャパン　　e-mail: sales@bizcomjapan.co.jp　URL: www.bizcomjapan.com

品川オフィス：　〒108-0047　東京都港区高輪３－１２－４ベローチェ高輪 103　TEL. 03-6277-3233 FAX. 03-6277-3265

羊土社のオススメ書籍

実験医学別冊
論文だけではわからない
ゲノム編集成功の秘訣 Q&A
TALEN、CRISPR/Cas9の極意

山本 卓／編

あらゆるラボへ普及の進む、革新的な実験技術「ゲノム編集」初のQ&A集です、実験室で誰もが出会う疑問やトラブルを、各分野のエキスパートたちが丁寧に解説します、論文だけではわからない成功の秘訣を大公開！！

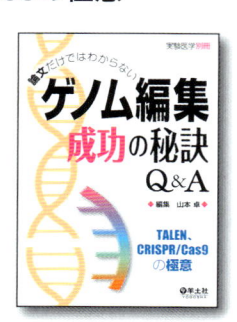

■ 定価（本体5,400円＋税）　■ B5判
■ 269頁　　ISBN 978-4-7581-0193-6

実験医学別冊
次世代シークエンス解析スタンダード
NGSのポテンシャルを活かしきるWET&DRY

二階堂 愛／編

エピゲノム研究はもとより、医療現場から非モデル生物、生物資源まで各分野の「NGSの現場」が詰まった1冊、コツや条件検討方法などWET実験のポイントが、データ解析の具体的なコマンド例が、わかる！

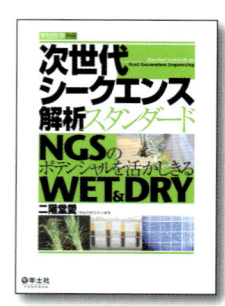

■ 定価（本体5,500円＋税）　■ B5判
■ 404頁　　ISBN 978-4-7581-0191-2

実験医学別冊　NGSアプリケーション
RNA-Seq 実験ハンドブック
発現解析からncRNA、シングルセルまであらゆる局面を網羅！

鈴木 穣／編

次世代シークエンサーの最注目手法に特化し、研究の戦略、プロトコール、落とし穴を解説した待望の実験書が登場！発現量はもちろん、翻訳解析など発展的手法、各分野の応用例まで、広く深く紹介します。

■ 定価（本体7,900円＋税）　■ A4変型判
■ 282頁　　ISBN 978-4-7581-0194-3

実験医学別冊 NGSアプリケーション
今すぐ始める！メタゲノム解析実験プロトコール
ヒト常在細菌叢から環境メタゲノムまでサンプル調製と解析のコツ

服部正平／編

試料の採取・保存法は？　コンタミを防ぐコツは？　データ解析のポイントは？　腸内、口腔、皮膚、環境など多様な微生物叢を対象に広がる「メタゲノム解析」、その実践に必要なすべてのノウハウを1冊に凝縮しました。

■ 定価（本体8,200円＋税）　■ A4変型判
■ 231頁　　ISBN 978-4-7581-0197-4

発行　羊土社 YODOSHA
〒101-0052　東京都千代田区神田小川町2-5-1　TEL 03(5282)1211　FAX 03(5282)1212
E-mail：eigyo@yodosha.co.jp
URL：www.yodosha.co.jp/

ご注文は最寄りの書店、または小社営業部まで

NEW

BEX

CUY21, CUY21EDITの製造元ベックスがおくる
新世代エレクトロポレーター

CUY21EDIT Ⅱ

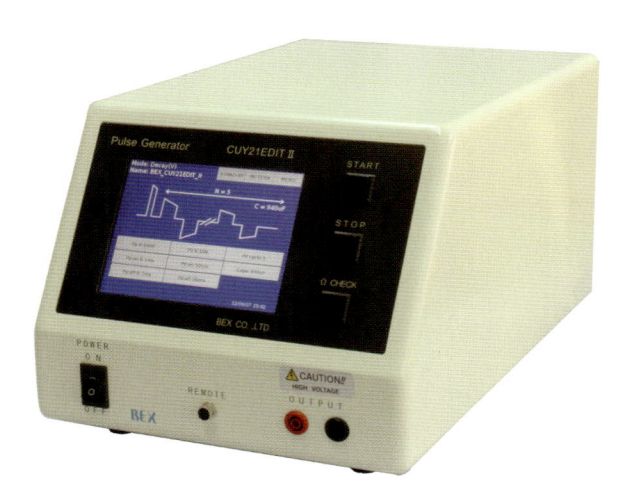

- 5.7インチタッチパネル搭載
  設定操作がより簡単快適になりました
- 定電流パルス **業界初!!**
  サンプルの抵抗の変化に関係なく一定の
  電流が流れるパルスを設定できます
- 多彩なパルス設定
  これ1台で in vitro, in vivo, ex vivo 等
  様々なアプリケーションに対応

CUY21EDIT, CUY21EX も好評発売中!!

CUY21EDIT
世界で1,000台以上の実績を誇る
in vivo エレクトロポレーターのスタンダード機

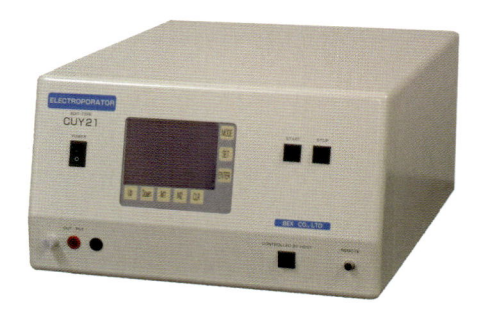

CUY21EX
デュアルパルス方式で細胞へのダメージを
大幅に軽減する、in vitro, in vivo 兼用機

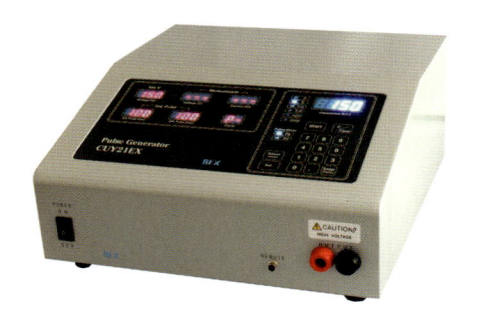

お問い合せはこちらまでどうぞ。デモは随時受け付けております。

製造・発売元
株式会社ベックス

〒173-0004　東京都板橋区 2-61-14
TEL: 03-5375-1071　FAX: 03-5375-5636
E-mail: info@bexnet.co.jp　URL: http://www.bexnet.co.jp

AteloGene®

in vivo siRNA 導入キット

AteloGene®はmiRNAの*in vivo*導入にもご利用いただけます

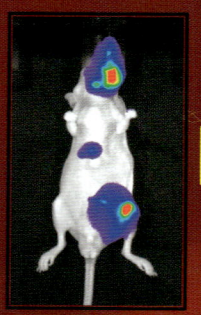

miRNAの全身投与例

マウス全身転移がんの遺伝子発現抑制

miR-16によるルシフェラーゼ発現抑制システムを安定発現させた前立腺がん細胞の全身転移モデルを確立。AteloGene® Systemic Useを用いてmiR-16を全身投与したところ、転移がん中のルシフェラーゼ発現が顕著に抑制され、miRNAの効果的なデリバリーが確認された。

miR-16投与前 → miR-16投与2日後

(x10⁶ photon/sec)

（データ提供：国立がんセンター・竹下文隆先生、落谷孝広先生）

- RNaseによる分解からmiRNAやsiRNAを保護
- 主成分は高い生体親和性を持ち、医療機器として実績のあるアテロコラーゲン
- miRNAやsiRNAをAteloGene®と混合するだけで、すぐに投与可能
- 局所投与用「Local Use」、全身投与用「Systemic Use」の選択が可能

www.atelocollagen.com

※本製品は研究用試薬です。

お問合せ先 株式会社 高研
〒112-0004 東京都文京区後楽1-4-14
TEL 03-3816-3525　FAX 03-3816-3570
高研URL http://www.kokenmpc.co.jp
E-Mail:support@atelocollagen.jp

AteloGene® 選ばれています

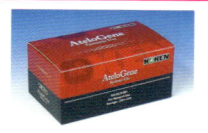

AteloGene®は腫瘍をはじめ、筋ジストロフィー、関節炎、接触性皮膚炎など多くの疾患研究に利用されています。siRNAやmiRNAを生体内へ効率よくデリバリーすることに加え、生体親和性の高さが特徴です。また、実験手法に合わせて最適なご提案が出来るよう、投与部位でゲル化し、核酸を徐放する局所投与用、尾静脈投与により血流にのって全身へ核酸をデリバリーする全身投与用の2種類の製品を販売しています。

アテロコラーゲンとは

N-テロペプチド　三重らせん領域　C-テロペプチド
α-1, α-1, α-2

コラーゲンは3本のポリペプチド鎖が三重らせん構造を形成した、細胞外マトリックスを構成するタンパク質です。その両末端にテロペプチドと呼ばれる、抗原性を示す部位があります。このテロペプチドをプロテアーゼにより除去したものがアテロコラーゲンであり、その抗原性は極めて低いものです。このため、皮内注入剤や創傷被膜材などの医療機器として長年にわたり利用されており、生体における高い安全性も確認されています。

TaKaRa

SIN型レンチウイルスベクターシリーズに蛍光タンパク質搭載タイプ 新登場！

pLVSIN-AcGFP1/ZsGreen1 Vector

製品コード　6187～6192

特長
- 初代培養細胞、非分裂細胞を含むほぼすべての哺乳類細胞に遺伝子導入が可能
- 3' LTR/ΔU3のSIN型ベクターであり安全性が高い
- 鮮やかな緑色蛍光タンパク質を搭載
  - 目的タンパク質との融合発現に適した単量体 AcGFP1
  - レポーター発現に適した四量体 ZsGreen1
- N末、C末融合発現ベクター、IRESベクターから目的に合わせて選択
- サイレンシングが起こりにくいEF1αプロモーター搭載タイプも用意

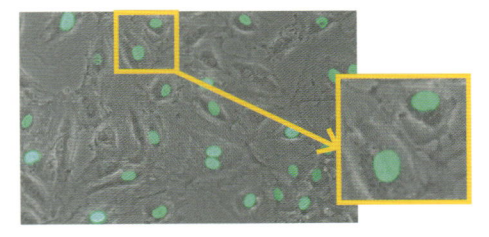

HUVEC細胞への遺伝子導入例
pLVSIN-AcGFP1-C1 Vector（製品コード 6188）を用いて導入した核局在タンパク質Cdt1が、AcGFP1と融合発現して核内に存在している。
（明視野および蛍光顕微鏡写真を重ねて表示）

製品名	製品コード	蛍光タンパク質	プロモーター	備考
pLVSIN-AcGFP1-N1 Vector	6187	単量体	CMV	ラ 営
pLVSIN-AcGFP1-C1 Vector	6188	単量体	CMV	ラ 営
pLVSIN-EF1α-AcGFP1-N1 Vector	6189	単量体	EF1α	ラ 営
pLVSIN-EF1α-AcGFP1-C1 Vector	6190	単量体	EF1α	ラ 営
pLVSIN-IRES-ZsGreen1 Vector	6191	四量体	CMV	ラ 営
pLVSIN-EF1α-IRES-ZsGreen1 Vector	6192	四量体	EF1α	ラ 営

本製品は、研究開発二種告示（平成16年文科省告示第7号）別表第2区分2の(2)の"HIV-1増殖力等欠損株"としての条件を満たすため、宿主（ウイルス）としての実験分類をクラス2として扱うことができます。

ラ：本製品のご購入に際してライセンス確認書が必要になります。　営：営利施設の場合、ご購入前にライセンスを取得していただく必要があります。
※pLVSIN-AcGFP1/ZsGreen1ベクターは、Living Colors Fluorescent Protein Productsに関するライセンスの対象製品です。

▶▶詳細は弊社ウェブカタログをご確認ください。

タカラバイオ株式会社
東日本支店　TEL 03-3271-8553　FAX 03-3271-7282
西日本支店　TEL 077-565-6969　FAX 077-565-6995
Website　http://www.takara-bio.co.jp

TaKaRaテクニカルサポートライン
製品の技術的なご質問にお応えします。
TEL 077-543-6116　FAX 077-543-1977

MP039C改

In Vitro & In Vivo エレクトロポレーション

NEPAGENE

最強の遺伝子導入装置、現る

最新テクノロジーにより、超高性能・小型化・軽量化を実現

スーパーエレクトロポレーター NEPA 21

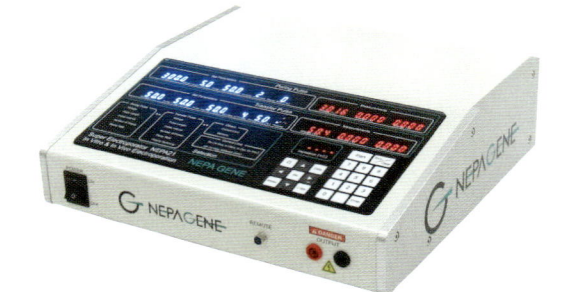

◆ 原 理

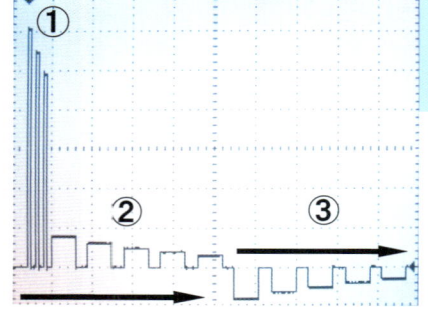

3ステップ式マルチパルス方式に減衰率設定機能（0～99％）が加わり
エレクトロポレーションがさらに進化しました！！

細胞へのダメージを軽減して、導入効率が大幅に向上しました。

① ポアーリングパルス（高電圧・短時間・複数回・減衰率設定）
　　細胞膜に、微細孔を開けます。
　　パルスを複数回・減衰率設定する事により、細胞へのダメージを軽減。
② トランスファーパルス（低電圧・長時間・複数回・減衰率設定）
　　遺伝子や薬剤を複数回に渡り細胞内に送り込みます。
③ 極性切替したトランスファーパルスにより、さらに導入効率を向上させます。

＊下位機種 CUY21 シリーズ（CUY21SC・CUY21Pro-Vitro）のアプリケーションに全て対応しております。

In Vitro キュベット アプリケーション

ネッパジーン社が開発した NEPA21 スーパーエレクトロポレーターは、独自の3ステップ式マルチパルス方式に減衰率設定機能が加わり、遺伝子導入が困難と言われるプライマリー細胞（初代細胞）や免疫・血液系細胞へも高生存率・高導入効率を実現しました。
また、高価な専用試薬・バッファーは使用しないので、膨大なランニングコストが掛からず大変経済的です。

プライマリー細胞（初代細胞）・株化細胞

遺伝子導入が困難と言われるプライマリー細胞（初代細胞）でも、脅威の生存率・導入効率を実現しました。

マウス神経細胞　大脳皮質 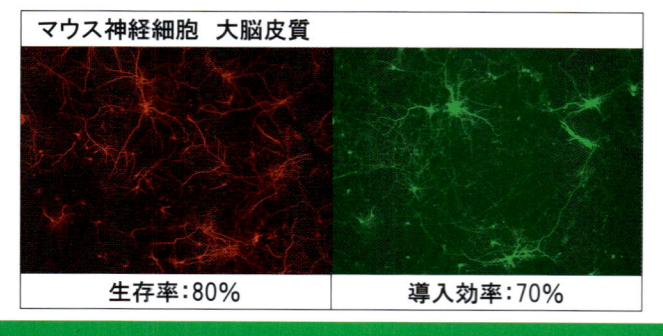
生存率：80%　　導入効率：70%

BMMC　マウス骨髄由来肥満細胞（マスト細胞） 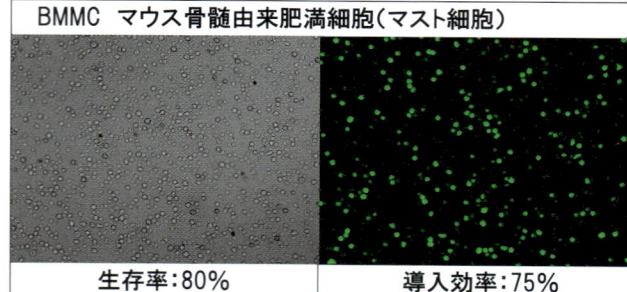
生存率：80%　　導入効率：75%

ネッパジーン株式会社　〒272-0114　千葉県市川市塩焼3-1-6
Tel：047-306-7222　Fax：047-306-7333
http://www.nepagene.jp
info@nepagene.jp

In Vitro 付着細胞用脚付電極 アプリケーション

NEPA21と付着細胞用脚付電極を組み合せることにより、マルチウェルディッシュ上で、**付着状態（接着状態）の細胞**に**直接遺伝子導入**が可能です。　神経細胞等の剥がせない細胞に最適！！

● エレクトロポレーション法による初代培養神経細胞（接着状態）への遺伝子導入

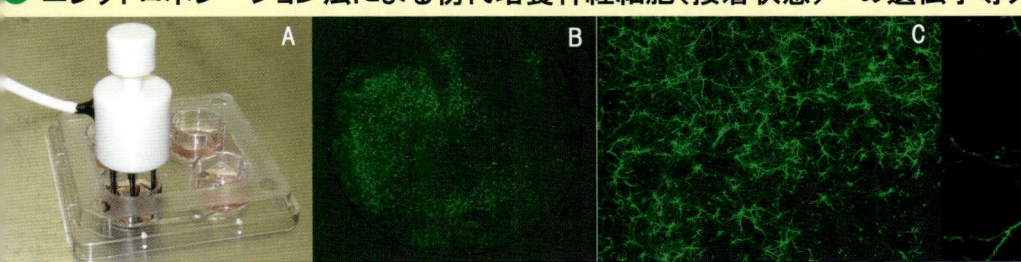

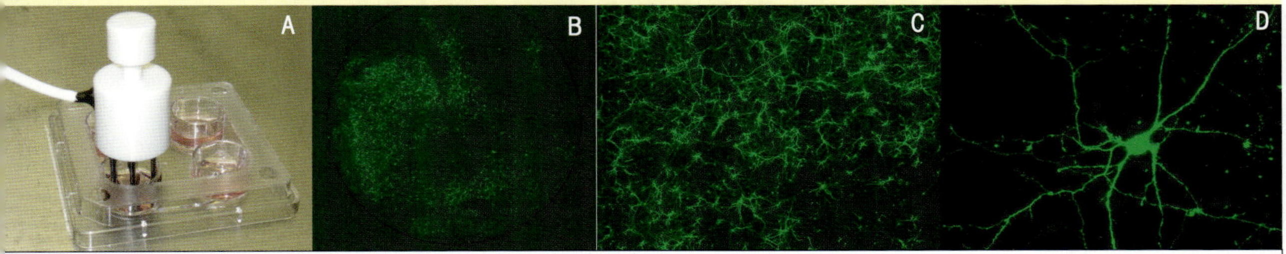

マウスE15胎仔の大脳皮質より調整後6日間培養した初代培養神経細胞に、付着状態でpCAGGS-EGFPプラスミドの遺伝子導入を試みた。
図A：4ウェルディッシュ（NUNC社）上で、CUY900-13-3-5（付着細胞用脚付電極　24ウェル・4ウェル用）を使用してエレクトロポレーション
図B：エレクトロポレーション後、2日間培養した神経細胞のEGFP抗体染色画像
図C：図Bの拡大写真　初代培養神経細胞（接着状態）に高い導入効率でGFPが発現している。
図D：図Cの拡大写真（40倍）　神経突起がよく観察できる。

In Vivo 電極 アプリケーション

NEPA21とネッパジーン社の豊富な電極を組み合せることにより、**アダルトマウス・ラット組織**（筋肉・肝臓・皮膚・精巣・卵巣・眼球・膀胱・腎臓・脳・網膜・角膜）・植物種子に**直接遺伝子導入**が可能！

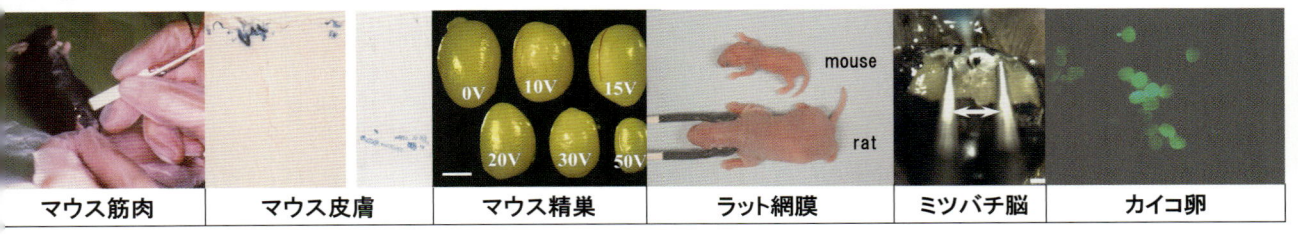

マウス筋肉　　マウス皮膚　　マウス精巣　　ラット網膜　　ミツバチ脳　　カイコ卵

In Utero (Exo Utero) 電極 アプリケーション

NEPA21とピンセット電極を組み合せることにより、**マウス子宮内胎児**の脳室に**直接遺伝子導入**が可能です。脳の機能解析に最適！

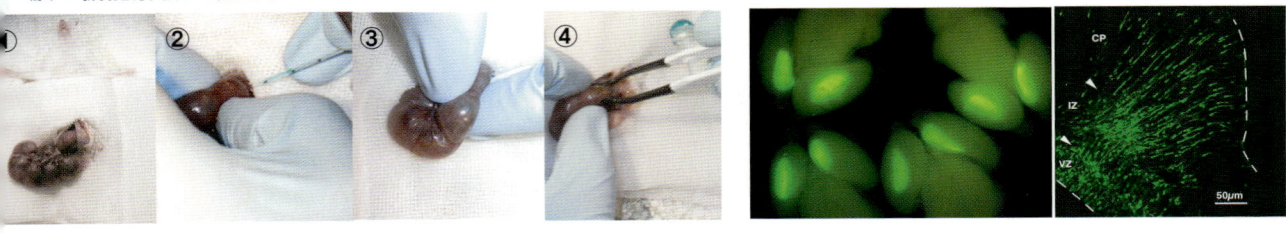

In Ovo 電極 アプリケーション

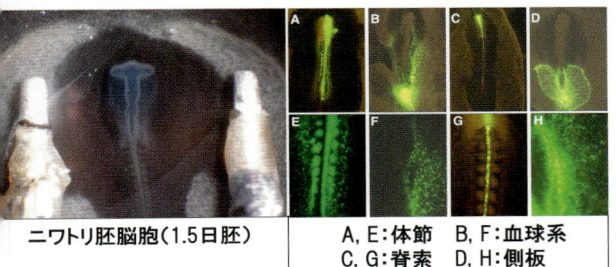

ニワトリ胚脳胞（1.5日胚）

A, E：体節　　B, F：血球系
C, G：脊索　　D, H：側板

Ex Vivo 電極 アプリケーション

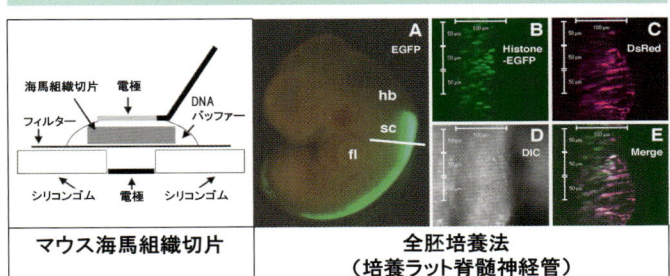

マウス海馬組織切片

全胚培養法
（培養ラット脊髄神経管）

ネッパジーン株式会社　　〒272-0114　千葉県市川市塩焼3-1-6
Tel：047-306-7222　Fax：047-306-7333
http://www.nepagene.jp
info@nepagene.jp

遺伝子導入装置のエキスパート
NEPA GENE

電気式遺伝子導入装置（エレクトロポレーション）

NEW

NEPA21 スーパーエレクトロポレーター
試薬不要で高導入効率・高生存率

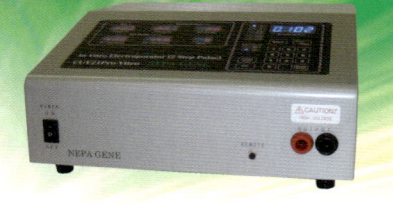

CUY21Pro-Vitro エレクトロポレーター

CUY21SC エレクトロポレーター

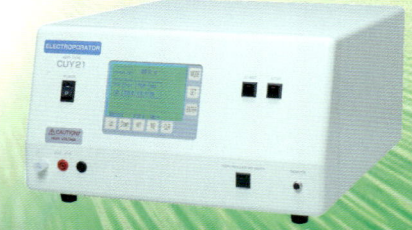

CUY21EDIT エレクトロポレーター

超音波式遺伝子導入装置（ソノポレーション）

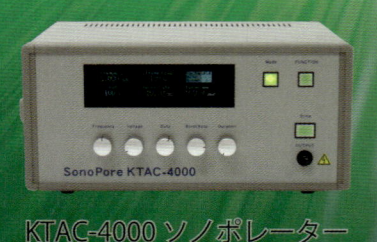

KTAC-4000 ソノポレーター
低侵襲な超音波を利用

レーザー熱膨張式マイクロインジェクター

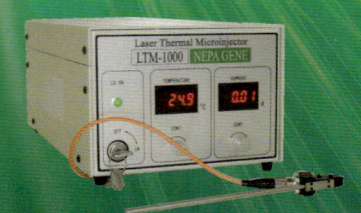

LTM-1000 マイクロインジェクター
0.1μm の針で植物細胞・神経細胞に

ネッパジーン株式会社

〒272-0114　千葉県市川市塩焼 3-1-6
Tel 047-306-7222　Fax 047-306-7333
http://www.nepagene.jp　info@nepagene.jp